新农村能工巧匠速成丛书

沼气工

周长吉 主编

中国农业出版社

内容提要

本书全面系统地介绍了沼气的相关知识、沼气工应掌握的基本技能和操作要点。全书共分九章，包括绪论，沼气发酵的基本原理，沼气发酵的常用工艺，沼气工程设计，沼气工程施工，沼气工程的启动、运行及管理，沼气及沼渣、沼液的综合利用，建筑识图，实例分析；并附有沼气工程施工图纸。适合广大沼气工初学者、爱好者入门自学，也适合在岗沼气工自学参考，以进一步提高操作技能；也可作为职业院校、培训中心等的技能培训教材。

主　　编　周长吉

副 主 编　闫俊月　林　聪

编写人员　（以姓名笔画为序）

尹建锋　闫俊月　杜立英　林　聪

周长吉　周　磊　周　涛　曹　楠

盛宝永　魏晓明

前言

随着中国国民经济和现代科学技术的迅猛发展，我国农村也发生了巨大的变化。在党中央构建社会主义和谐社会和建设社会主义新农村的方针指引下，为落实党中央提出的“加快建立以工促农、以城带乡的长效机制”、“提高农民整体素质，培养造就有文化、懂技术、会经营的新型农民”、“广泛培养农村实用人才”等具体要求，全社会都在大力开展“农村劳动力转移培训阳光工程”，以增强农民转产转岗就业的能力。目前，图书市场上针对这一读者群的成规模成系列的读物不多。为了满足数亿农民工的迫切需求和进一步规范劳动技能，中国农业出版社组织编写了《新农村能工巧匠速成丛书》。

该套丛书力求体现“定位准确、注重技能、文字简明、通俗易懂”的特点。因此，在编写中从实际出发，简明扼要，不追求理论的深度，使具有初中文化程度的读者就能读懂学会，稍加训练就能轻松掌握基本操作技能，从而达到实用速成、快速上岗的目的。

《沼气工》不涉及高深的专业知识，您只要按照本书的指引，通过自己的努力训练，很快就可以掌握沼气工的基本技能和操作技巧，成为一名合格的沼气工。

本书全面系统地介绍了沼气的相关知识、沼气工应掌握的基本技能和操作要点。全书共分九章，包括绪论，沼气发酵的基本原理，沼气发酵的常用工艺，沼气工程设计，沼气工程施工，沼气工程的启动、运行及管理，沼气及沼渣、沼液的综合利用，建筑识图，实例分析；并附有沼气工程施工图纸。适合广大沼气工初学者、爱好者入门自学，也适合在岗沼气工自学参考，以进一步提高操作技能；也可作为职业院校、培训中心等的技能培训教材。

编 者

2013年7月

目 录

绪　论

第一节　发展农村沼气的意义

随着能源紧缺和环境污染问题的日益严峻，能源利用多元化和寻求可再生的清洁能源已成为世界各国政府的重要能源发展战略。由于生态、能源和环保需要，作为可再生能源重要组成部分的沼气工程近年来在我国农村得到了长足发展，规模和数量不断扩大。农村沼气建设把可再生能源技术和高效生态农业技术结合起来，对解决农户炊事用能，改善农民生产、生活条件，促进农业结构调整和农民增收节支，巩固生态环境建设成果具有重要意义。因此，农村沼气项目，被誉为建设资源节约型社会的能源工程，建设环境友好型社会的生态工程，增加农民收入的富民工程，改善农村生产生活条件的清洁工程，为农民办实事办好事的民心工程。

一、发展沼气是解决农村能源的重要途径

随着世界经济的飞速发展，能源紧张和环境恶化问题日益严重，国际性争夺能源的形势日益加剧，各国政府都在大力寻找和开发替代能源。在广阔的农村，随着生产生活水平的提高，农村对优质商品能源的需求量在不断增加，农村地区能源供需矛盾也将更加突出。目前以秸秆、薪柴等传统生物质能源和燃煤等化石能源为主的农村生活能源消费结构，既不利于环境保护，又加剧了商品能源供求的紧张，相应也增加了农民负担。

沼气是可再生的清洁能源，不仅可用于做饭、照明，而且还可作为发电、供暖、驱动汽车的动力来源，其能源效率明显高于传统生物质能源及化石能源。发展农村沼气，优化广大农村地区能源消费结构，是我国能源战略的重要组成部分，对增加优质能源供应、缓解国家能源压力具有重大的现实意义。例如，建设一个 8 m^3 的户用沼气池，可年均产沼气 385 m^3，相当于

替代 605 kg 标准煤，能解决 3～5 口人之家一年 80%的生活燃料。一个配套年存栏 1 万头育肥猪场的大中型沼气工程，年可处理鲜猪粪 7 200 t 左右，生产沼气约 55 万 m^3，相当于给居民供气每年可替代 850 t 标准煤。由此可见，开发沼气能源有着重要的意义。

二、发展沼气是建设新农村的迫切需要

沼气建设作为农村的一项基础设施建设和改善农村生产生活条件、提高农民生活质量的重要手段，以其日臻成熟的技术和科学实用的模式，实现了家居温暖清洁化、庭院经济高效化、农业生产无害化和农村环境优良化，在社会主义新农村建设中发挥着极为重要的作用。

1. 沼气建设能促进经济发展 社会主义新农村建设的中心是发展经济，其宗旨是要增强农村的综合经济实力，提高广大农民的物质生活和文化生活水平。发展沼气工程，一方面，可以将过去大量被烧掉的农作物秸秆和畜禽养殖的废弃物加入沼气池密封发酵，生产沼气，减少污染，扩大能源供应渠道；另一方面，沼渣、沼液还能制成优质的有机肥料，扩大有机肥料的来源。施用沼肥，可以有效地改良土壤，减少化肥用量，改善和提高农作物的产量和质量，一个 8 m^3 的沼气池，年产沼液沼渣 10～15 t，可满足 0.13～0.2 hm^2（2～3 亩*）无公害瓜菜的用肥需要，可减少 20%以上的农药和化肥施用量。沼液喷洒作物叶面，灭菌杀虫，秧苗肥壮，粮食增产 15%～20%，蔬菜增产 30%～40%，从而可直接促进优质农产品的生产。此外，利用沼气后，可使过去农民砍柴、运煤花费的大量劳动力节约下来，投入到农业生产中去；同时节省了买柴、买煤、买化肥、买农药花费的资金，使农户减少了日常的经济开支，得到了实惠。可以说建设沼气工程，从各个方面都直接或间接地促进了农村经济的发展。

2. 沼气建设能改善村容村貌 社会主义新农村建设需要贯彻统筹协调的原则，既要体现经济发展的总体水平，又要体现与经济发展水平相适应的社会发展程度。建设社会主义新农村，村容、村貌就必须整洁、美观。目前，我国农村大多仍没能从根本上改变“脏、乱、差”的现状，厕所简陋，畜禽粪便随意堆放，蚊蝇乱飞，污染问题非常严重，既影响农民的生活质量，也容易导致疾病、疫病的发生。发展农村沼气，同步进行改圈、改厨、改厕，人、畜粪便

* 亩为非法定计量单位，1 公顷＝15 亩。

和生活污水流入沼气池进行厌氧发酵处理，可杀灭寄生虫卵和部分病菌，基本达到粪便无害化处理的标准，有效地改善了农村环境卫生状况，提高了生态文明水平。

3. 沼气建设能实现乡风文明 建设社会主义新农村，是外部形象与内在素质的统一。农村的发展离不开农民，农民的素质决定农村发展的速度，决定农村文明的程度，决定农村现代化的进度。因此，应采取多种形式和方法，提高农民的内在素质，引导农民解放思想，转变观念，跟上时代步伐，培养有理想、有道德、有文化、有纪律的社会主义新型农民。以沼气为纽带的生态家园富民工程建设，其本身就是一项科技含量比较高的项目，又因其效益显著，能提高农民学科学、用科学的积极性，提高农民的科技水平，使他们加入到将实用技术转化为现实生产力的行列中去。农户可根据自身的实际情况发展种养、加工等庭院经济项目，这样可以大量消化和转移农村富余劳动力，消除一些社会不安定因素，又可提高人力资源、土地资源以及其他资源的利用率。种养业的发展提供了大量原材料和经济基础，促使农业生产由粗放型向集约型、由粗加工向深加工发展，促使农民逐步树立起商品的信息观念、时效观念、价值观念和市场观念，从而使农民的科学文化素质普遍得到提高，有力地促进乡风文明建设，推动农村社会的全面进步。

三、发展沼气是保护农村生态环境的重要手段

沼气作为一种清洁能源，对农村生产生活是一项重大变革。农村沼气将人畜粪便等废弃物在沼气池中变废为宝，是保护生态环境的有效途径。

1. 提高农民生活质量 沼气是一种具有较高热值的可燃气体，燃烧后对大气污染小，而且一点就着，使用方便。这样就克服了很多农民以农作物秸秆、木柴和煤为基本生活燃料，长期烟熏火燎，农村老年人眼病流行，还造成大气污染的现象。

2. 减少人、畜传染病传播 沼气是一道阻断病菌传播的“防火墙”，对防控人、畜传染病效果显著。人畜粪便通过沼气池发酵，进行粪便无害化处理，杀灭危害人体健康的传染病病菌，以及血吸虫、蛔虫、钩虫和牲畜传染病的虫卵和病菌，有效地保护了人、畜的健康。

3. 促进农村循环经济的发展 农村发展沼气，减少了焚烧秸秆和畜禽粪便造成的环境污染，沼液沼渣作为优质有机肥料的施用，提高了农产品的质量，减少了化肥、农药对土壤的破坏，能够促进“种植业（饲料）—养殖业

(粪便)—沼气池—种植业(优质农作物)”生态产业链的形成，建立农业循环发展的经济模式，具有巨大的综合效益。

第二节 我国农村沼气发展现状

一、我国沼气工程建设规模

沼气是我国目前大力发展的四大重点可再生能源项目之一。近年来的中央一号文件，都对沼气产业的发展提出要求，以增加投资规模、充实建设内容、扩大建设范围的方式促进沼气产业的发展。国家《2003—2015 年新能源和可再生能源发展规划要点》提出沼气在我国具有巨大的市场空间。在《全国农村沼气工程建设规划》及《全国农业生物质能产业发展规划》中制定了沼气的发展目标：到 2020 年，全国农村户用沼气总数发展到 8 000 万户，普及率达 70%；建设大型沼气工程总量 8 000 处以上，沼气年利用量达到 440 亿 m^3。

我国农村沼气经过多年的发展，现在已经取得了显著的成效。进入 21 世纪，农业部在全国范围内组织实施了“生态家园富民示范工程”，从 2003—2010 年的 8 年间，中央用于农村沼气建设的资金已经达到 240 亿元，仅 2009—2010 年就达到 132 亿元，截至 2009 年，农村沼气用户已经达到 3 500 万户；用于处理农业废弃物的大中小型沼气工程共有 56 534 处（表 1 - 1），年产沼气 76 492.17 万 m^3，集中供气 97.19 万户，年发电 10 289.35 万度。

表 1 - 1 2009 年农村大中小型沼气工程情况

序号	类型	数量
1	大型沼气工程（池容≥500 m^3）	3 717
2	中型沼气工程（500 m^3＞池容＞50 m^3）	18 853
3	小型沼气工程（池容≤50 m^3）	33 964

在区域分布方面，受畜禽养殖、气候条件及经济发展的影响，全国沼气工程发展不均衡。在大型沼气工程方面，畜禽养殖大省四川省和河南省发展最好，2009 年，两省的大型沼气工程数量分别为 415 处和 490 处，池容分别为 32 万 m^3 和 31 万 m^3。其次是福建、广东、江西、海南等南方省份，气候适合沼气工程的发展，大型沼气工程数量为 300 处左右，池容 25 万 m^3 左右。浙

江、山东和江苏等沿海省份大型沼气工程数量也比较多，特别是江苏，2009年大型沼气工程178处，其中绝大部分沼气用于发电，总装机容量7.5 MW，是装机容量最大的省份，装机容量比较大的省份还有山东、甘肃和内蒙古。

二、沼气工程的类型

1. 户用沼气池 随着沼气技术的发展和农村户用沼气的推广，根据各地使用要求和气候、地理等条件，户用沼气池多种多样，但其基本原理，都属于水压式沼气池的范畴。

该类型沼气池的主体是由发酵间和储气间两部分组成。以沼气发酵液液面为界，上部为储气间，下部为发酵间。当发酵间产生的沼气逐渐增多时，沼气压力随之增高，将发酵间的料液压至进出料间，直至内外压力平衡为止，这叫作“气压水”。当用户使用沼气时，池内气压减小，进出料间的料液便返回池内，以维持新的平衡，这叫作“水压气”。这样，不断产气和用气，池内外的液面差不断变化，始终保持池内外压力处于平衡状态。

2. 大中型沼气工程 现有沼气工程，根据排放的废弃物性质不同，所处的实际环境条件对厌氧发酵后残留物处理方式和要求的不同，大体上可分为两大类，即能源生态型和能源环保型。近年来，采用沼气热电联产并实现沼渣沼液就地消纳零排放的沼气工程越来越多，发展较快，可单独列为热电肥联产零排放型。上述工程模式的工艺技术、经济环境等有很大的差异。

能源生态型即沼气工程周边的农田、鱼塘、果园等能够完全消纳经沼气发酵后的沼渣、沼液，以生态农业的观点统一筹划、系统安排，使沼气工程成为生态农业的纽带。我国大中型畜禽粪便沼气工程目前近90%是能源生态型的。这种模式需要将养殖业和种植业合理配置，但不需要后处理的高额花费，还可促进生态农业建设，所以能源生态型沼气工程是一种理想的工艺模式。其特点是后处理过程比较简单，投资和运行成本均较低。

能源环保型沼气工程适用于周边环境无法消纳沼气发酵后的沼渣、沼液，必须将沼渣制成商品肥料，将沼液经后处理达标后排放的情况。能源环保型沼气工程的首要目的是要求达标排放，否则就要停产。对于大中型养殖场来说，为了排放水达标，在工艺上首先要使污水减量化，在猪场、牛场采用干清粪的方式，人工收集固体有机物，进行好氧制肥。粪水则进入沼气池，进行沼气发酵。

该工程模式的优点是：

① 沼气工程处理效率高，工程规范化，管理操作水平高。

② COD、BOD、NH_3-N、TP的去除率高，出水达标排放。

③ 资源得到综合利用，有机肥得到充分开发，没有二次污染。

其缺点是：

① 工程投资较大，运行费用相对较高。

② 管理和操作要求高。

③ 对于畜禽养殖废水来说，沼气的获得量相对减少。因此，多用于对排放要求较高的城市郊区。

目前在一些大型的养殖场中，热电肥联产零排放型沼气工程越来越引起重视，该模式是将所产的沼气用于发电，电效率约38%～40%，热效率约42%。发电机组的烟道气通过废热锅炉换热，以蒸汽的形式将热量回收，提供给发酵系统自身增温。发酵所产的沼渣沼液用作周边农田的肥料，从而提高了能源和资源利用效率。目前北京的德清源养鸡场和蒙牛澳亚牧场等大型沼气工程均采取了此种模式。

由于沼气工程选择路线不同，所采用的厌氧发酵装置也有区别。能源生态型适用的厌氧装置主要有完全混合式反应器、升流式厌氧固体反应器、塞流式厌氧反应器及厌氧接触反应器等。能源环保型适用的厌氧装置主要有升流式厌氧污泥床反应器、膨胀颗粒污泥床反应器和内循环厌氧反应器（IC）等高效厌氧反应器。

厌氧发酵装置是沼气工程最核心的部分，其结构形式也从传统的钢筋混凝土结构、钢结构，发展到可机械化施工的利浦结构、搪瓷钢板拼装结构及一体化厌氧罐技术等。用混凝土建造发酵罐由来已久，但其工序复杂、用料多且施工周期长，给施工带来许多不便。而利浦罐技术由于施工周期短、质量高和施工方便等优点为人们所接受，在大中型沼气工程中，这种具有世界水平的制罐技术已越来越多地用于卷制厌氧罐、储气柜和沼液池等工艺装置，取得了良好的效果。搪瓷拼装制罐技术将预先设计并制备好的2～4 mm厚柔性搪瓷钢板，现场栓接拼装可制成几百立方米到几千立方米大小不等的罐体，具有施工周期短、造价低和质量高等优点。由于其特殊防腐材料的开发利用，解决了钢制罐体的腐蚀问题，而且这种罐体可以随意拆卸，重新安装到其他地点，为那些因原料供应中断而停用的沼气工程提供了减少投资损失的有效途径。

将产气、储气集中在一个罐体中完成的一体化厌氧发酵装置，由于其占地面积小、施工工期短和建造成本低等优点已成为目前沼气工程技术发达国家的主要形式。其顶部储气柜可采用单膜或双膜结构，用于收集、储存沼气，罐体可选择采用上述的几种罐体结构之一，全部采用组合装配方式建造。该装置在寒冷季节也能正常运行，在我国新建沼气工程中应用越来越多，呈现较好的发展趋势。

近年来，对多种类、高浓度原料厌氧发酵装置的研发已取得较大进展，如覆膜干式厌氧发酵槽反应器和一体化两相厌氧发酵技术等，目前都有运行的示范工程。

第三节　我国农村沼气发展过程中存在的问题

我国农村沼气产业经过多年的发展，已经取得了显著的成就，但相对德国、瑞典等欧洲沼气工程发达国家，工艺设计及运行经验等方面仍存在很多不足，现有沼气工程运转状况也不尽如人意，并逐渐暴露出一些亟待解决的问题，主要表现在以下几个方面。

一、工程技术水平参差不齐

我国沼气工程的设计、施工、运行以及设备的生产都已经有了一些部门或地方性的规范和标准，如《大中型沼气工程技术手册》、《大中型沼气工程施工及验收规范》等，但尚未形成具有权威的国家级标准和规范，也没有相应的机构进行技术检测和监督。目前，沼气工程分属各个行业部门、各个省市，无统一管理。由于缺乏国家权威的技术标准和规范，各地沼气工程由各高校、公司、设计单位自行设计，用户组织施工，造成沼气工程技术水平参差不齐，沼气装置的发酵速率、产气率、污染物去除率相差甚远；更有少数工程设计不合理，施工不严格，造成损失、事故，甚至失败。中国沼气工程发展至今，工程数量已居全球之冠，而且还在高速发展。为了推动沼气工程的可持续发展，必须尽快由国家有关部门牵头统一制定技术标准和规范，加强对沼气工程建设的监督和管理。

二、缺少专业化施工队伍

目前，无论大中型沼气工程还是户用沼气工程的施工建设，均由用户自行寻找施工队伍承建，大部分都没有沼气工程施工资格认证。虽然近十年来，国内相继成立了一大批沼气建设专业公司，但规模均较小。实力较强的公司不足20家，大部分公司尚未形成较强的设计、开发、建设和服务的能力。相比国外，目前仅德国就有大约400家公司从事农业废弃物沼气工程的规划、设计、建造与服务。为此，要提高中国沼气工程的整体技术水平，不仅要研究开发厌氧反应器和配套设备的设计、制造技术，还必须实行专业化、标准化、规模化生产，鼓励和扶植沼气专业化公司的发展，逐步提高沼气工程的技术水平和建设水平，降低工程造价，提高工程经济效益。

三、安全生产存在隐患

沼气工程对安全管理要求很严格，有些沼气工程用户安全管理松懈，不具备完善的安全设施或设备，存在一定的安全隐患。主要表现在缺失防火、防爆、避雷等防护设施设备和警示标识；储气柜和沼气利用端之间无阻火器或水封池；未制订安全事故应急预案等。工程业主应引起足够重视，牢固树立“安全第一，预防为主”的思想，主管部门也应加大检查与监督力度。

四、后续服务体系薄弱

目前，农村沼气建设虽然取得了显著成效，但由于各地的自然条件、科技水平、政府意识的差异，造成农村沼气服务体系建设滞后，沼气工程用户缺乏日常维护技术，在沼气使用中缺乏完善和规范的后续管理、维修、服务体系，如沼气零配件供应渠道不畅，有的农户装上脱硫剂后从未更换，有进出料服务需求的，找不到服务载体等，不能适应沼气产业快速发展和运行，也严重影响了沼气工程建设效益的正常发挥和可持续发展。在目前沼气建设发展比较成熟的阶段，要巩固和发展沼气建设成果，必须建立服务专业化、管理物业化、运作市场化的多元化有效后续管理模式，在抓好修建沼气池的同时，必须加大对沼气用户的技术培训力度，使其掌握沼气日常管理、安全使用和综合利用等技术，并且大力发展沼气后续服务建设，以满足沼气工程快速发展的需要。

五、沼液与沼渣处理问题

沼渣、沼液等发酵后残余物有很高的肥效，是良好的有机肥原料，是可以高效利用的资源。但实际生产中发现，由于有的工程周围无足够农田消纳沼液，有偷排的现象，排放不达标。目前，我国农村作物种植和畜禽养殖脱节，部分养殖场没有自己的农地，从而较难实施沼渣沼液就地还田利用，沼渣沼液的肥料经济价值无法得到充分体现。

第四节 开展农村沼气技术培训的必要性

通过对我国沼气产业存在的诸如工程设计不合理、设备选择不匹配、生产维护不配套、后续管理不完善等问题进行深入分析，可以发现缺乏培训有素的沼气建设队伍、沼气管理队伍和沼气服务队伍，是产生上述问题的根源。我国农村沼气工程，大部分是由当地农民建造、运行、管理，自身技术水平较低，并且缺乏专业的培训，致使问题丛生。我国目前已建立了沼气生产工的技术培训体系，截至2008年底，累积鉴定24.75万人，但仍不能满足产业快速发展的需要。尤其是在2012年国家下发的《全国现代农业发展规划（2011—2015年）》中，将实施农村沼气工程作为发展现代农业的十四项重点工程之一后，可以预计，在今后一段时期，我国农村沼气产业将迎来一个新的发展高潮。为此，开展农村沼气技术培训，刻不容缓。

第二章

沼气发酵的基本原理

第一节 沼气发酵原理

一、沼气发酵的概念

沼气发酵，又名厌氧消化，是指在厌氧条件下由多种沼气发酵微生物的共同作用，将有机物进行分解并产生甲烷和二氧化碳的过程。沼气发酵过程广泛存在于自然界中，在气温较高的夏、秋季节，人们经常可以看到，从死水塘、污水沟、储粪池中，会有一些气泡冒出，如果可以把这些小气泡收集起来，用火去点，便可产生蓝色的火苗，这就是植物茎叶、生活污水、人畜粪便等有机物在厌氧条件下被转化成的沼气。

人类对沼气发酵的认识也经历了一个漫长的过程。早在 1866 年就有人明确认识到沼气的产生是一个微生物学过程，直到 1967 年布赖恩特（M. P. Bryant）分离纯化了沼气发酵微生物中的产氢产乙酸菌和产甲烷菌后，人们对沼气发酵的微生物学原理才开始有了正确的认识。特别是近三四十年来，随着沼气发酵技术的广泛运用，使得人们对沼气发酵的原理和条件有了较为深刻的认识，从而有力地推动了沼气发酵技术的发展。

二、沼气发酵的过程

有机物的沼气发酵过程是一个非常复杂的、由多种（厌氧或兼性）微生物共同作用的生化过程。在此过程中，不同的微生物的代谢过程相互影响，相互制约，形成复杂的生态系统。

1. 两阶段理论 20 世纪 30～60 年代，人们普遍认为沼气发酵过程可以简单分为酸性发酵和碱性发酵两个阶段，即两阶段理论。

在第一阶段，复杂的有机物，如糖类、脂类和蛋白质等，在产酸菌的作用下，发生水解和酸化反应，被分解为低分子的中间产物，如乙酸、丙酸、丁酸等有机酸、乙醇等醇类和氢、二氧化碳等。因为该阶段，有大量的有机酸产生，使发酵液的 pH 降低，所以此阶段被称为酸性发酵阶段，或称产酸阶段。

在第二阶段，产甲烷菌利用第一阶段产生的中间产物，如有机酸、醇类等为原料，将其分解为甲烷和二氧化碳等。由于有机酸在第二阶段不断被转化为甲烷和二氧化碳，同时系统中有 NH_4^+ 的存在，使发酵料液的 pH 不断升高。因此，此阶段被称为碱性发酵阶段，或称产甲烷阶段。

2. 三阶段理论　沼气发酵过程两阶段理论，几十年来一直占据统治地位，在国内外有关厌氧发酵的专著和教科书中一直被广泛应用。但随着厌氧微生物学研究的不断进展，很多学者都发现两阶段理论不能真实完整地反映沼气发酵过程的本质。1979 年，布赖恩特根据对产甲烷菌和产氢产乙酸菌的研究结果，提出了三阶段理论：水解发酵阶段、产氢产乙酸阶段和产甲烷阶段，如图 2－1 所示。该理论认为产甲烷菌不能利用除乙酸、氢、二氧化碳和甲醇、甲酸等以外的有机酸和醇类，长链脂肪酸和醇类必须经过产氢产乙酸菌转化为乙酸、氢和二氧化碳等后，才能被产甲烷菌利用。

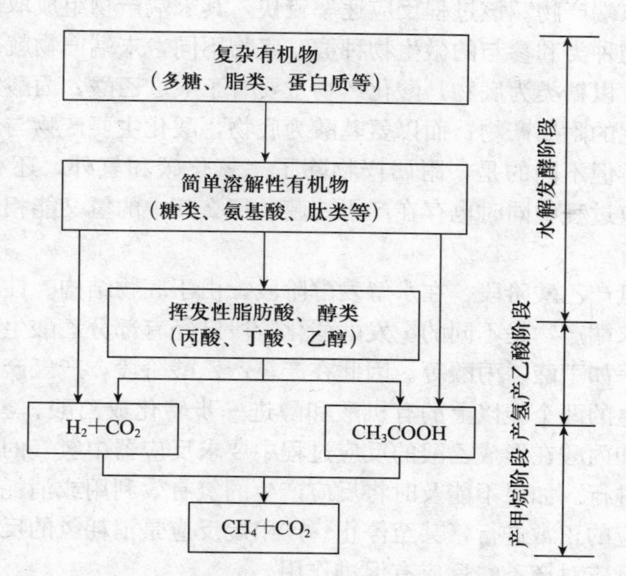

图 2－1　沼气发酵过程三阶段理论示意图

（1）水解发酵阶段　在水解发酵阶段，复杂的非溶解性的有机物在厌氧菌胞外酶的作用下，首先被分解为简单的溶解性有机物，继而这些简单的有机物在产酸菌的作用下，经过厌氧发酵和氧化再转化成乙酸、丙酸、丁酸等脂肪酸和醇类。农业废弃物的主要化学成分为多糖、蛋白质和脂类。其中多糖类物质又是发酵原料的主要成分，它包括淀粉、纤维素、半纤维素等。这些复杂有机物大多数在水中不能溶解，必须首先被厌氧发酵菌所分泌的胞外酶水解为可溶性的糖、氨基酸、肽类后，才能被微生物所吸收。因此，水解发酵阶段的前半段被认为是厌氧发酵过程的限速阶段。影响水解的速度和水解程度的因素较多，如水解温度、发酵原料在反应器内的停留时间、发酵有机质的组成、有机质颗粒大小、水解产物浓度等。胞外酶能否有效接触到底物对水解速度的影响很大，因此大颗粒比小颗粒底物降解要缓慢得多。对来自于植物中的物料，其生物降解性取决于纤维素和半纤维素被木质素包裹的程度。纤维素和半纤维素是可以生物降解的，但木质素难以降解，当木质素包裹在纤维素和半纤维素表面时，酶难于接触纤维素与半纤维素，导致降解缓慢。

在水解发酵阶段的前半段，纤维素经水解主要转化成较简单的糖类；蛋白质转化成为较简单的氨基酸；脂类转化成为脂肪酸和甘油等。

在水解发酵阶段的后半段，水解生成的溶解性有机物被转化为以挥发性脂肪酸为主的末端产物。该过程反应速率较快，其末端产物组成取决于厌氧发酵的条件、底物种类和参与的微生物种群。底物不同，末端产物就会存在很大的差别。比如：以糖类为底物，酸化产物主要有丁酸、乙酸、丙酸等，二氧化碳和氢则为酸化的附属产物；而以氨基酸为底物，酸化主要产物与以糖类为底物时基本相同，但不同的是，附属产物除了二氧化碳和氢外，还有氨气和硫化氢。若在反应过程中同时也存在产甲烷菌，那么其中的氢又能相当有效地被产甲烷菌利用。

（2）产氢产乙酸阶段　在水解发酵阶段，由于底物结构、性质的差别，经过反应之后末端产物是不同的。发酵酸化阶段已经有部分乙酸生成，但还会伴有其他物质，如丁酸、丙酸等。因此在产氢产乙酸阶段，产氢产乙酸菌将发酵酸化阶段产生的两个碳以上的有机酸和醇进一步转化成乙酸、氢和二氧化碳。乙醇、丁酸和丙酸在形成乙酸的反应过程中要求反应器中氢气的分压很低，否则反应无法进行。如果不能及时将反应产生的氢有效利用或消耗的话，就会影响产乙酸反应的正常进行，甚至停止。产甲烷反应是消耗氢的反应，因此，高效的产甲烷反应对产乙酸反应有促进作用。

（3）产甲烷阶段　有机物厌氧发酵经过一系列反应后，最后一个反应阶段就是由产甲烷菌主导反应进行的产甲烷阶段。在这个阶段，严格专性厌氧的产甲烷细菌将乙酸、甲酸、甲醇和氢、二氧化碳等转化为甲烷和二氧化碳。大约 72%的甲烷来自于乙酸的分解，剩下的 28%由二氧化碳和氢合成。

3. 四种群理论 几乎与布赖恩特提出三阶段理论的同时，泽科斯(J. G. Zeikus)提出了四菌群学说，即四种群理论。该理论认为复杂有机物的厌氧消化过程中有 4 个种群的厌氧微生物参与，这 4 个种群是：水解发酵菌、产氢产乙酸菌、耗氢产乙酸菌以及产甲烷菌。

如图 2－2 所示，复杂有机物在第Ⅰ类种群水解发酵菌作用下先被转化成糖类、氨基酸等，然后被转化为有机酸和醇类。第Ⅱ类种群产氢产乙酸菌把有机酸和醇类转化为乙酸、氢和二氧化碳、单碳化合物（甲醇、甲酸等）。第Ⅲ类种群耗氢产乙酸菌能将氢和二氧化碳转化为乙酸，但研究结果表明，这一部分乙酸的产量较少，一般可忽略不计。第Ⅳ类种群产甲烷菌把乙酸、氢和二氧化碳、单碳化合物（甲醇、甲酸等）转化为甲烷和二氧化碳。

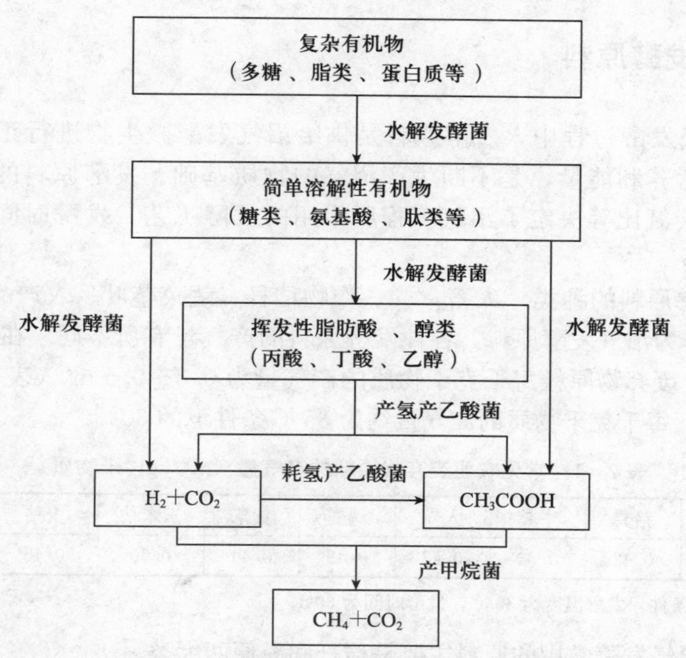

图 2－2 沼气发酵过程四种群理论示意图

与三阶段理论相比，四种群理论增加了耗氢产乙酸菌群，但总体来说，三阶段理论和四种群理论是对厌氧发酵过程的较为全面和准确的描述。

第二节　沼气发酵的影响因素

沼气发酵过程是由多种微生物共同作用、由多层中间步骤组成的复杂过程，这一过程中起主导作用的就是各种分解菌及产甲烷菌。它们对温度、pH、有机负荷、碳氮比、混合搅拌及其他各种因素都有一定的要求。沼气发酵工艺条件就是在工艺上满足微生物的这些生活条件，使它们在合适的环境中生活，以达到发酵旺盛、产气量高的目的。

沼气池发酵产气的好坏与发酵条件的控制密切相关。在发酵条件比较稳定的情况下，产气旺盛，否则产气不好。实践证明，往往由于某一条件没有控制好而引起整个产气过程运转失败。比如原料干物质浓度过高时，产酸量加大，酸大量积累而抑制产气。因此，控制好沼气发酵的工艺条件及影响因素是维持正常发酵产气的关键。

一、发酵原料

在沼气发酵过程中，发酵原料是供给沼气发酵微生物进行正常生命活动所需的营养和能量，是不断生产沼气的物质基础。发酵原料的种类、进料浓度、碳氮比等决定了沼气工程所采用的发酵工艺、发酵时间和沼气产气率。

1. 发酵原料的种类　人畜禽粪、作物秸秆、蔬菜茎叶、农产品加工废水等都可以作为沼气发酵原料。各种发酵原料的产气量有所不同。在35 ℃条件下常见农业废弃物原料每千克干物质的产气量为0.3～0.5 m^3（表2-1），在20 ℃条件下每千克干物质的产气量约为35 ℃条件下的60%。

表2-1　常见农业废弃物原料的产气量（m^3/kg，干物质）

原料种类	猪粪	牛粪	人粪	鸡粪	青草	玉米秸	麦秸	稻草
产气量	0.42	0.30	0.43	0.49	0.44	0.50	0.45	0.40

注：试验条件：发酵温度为35 ℃，发酵时间为60 d。

农村沼气发酵常用的原料主要是秸秆和粪便两大类。

秸秆类的特点是：

① 随农事活动批量获得，能长时间存放不影响产气，可随时满足沼气池进料需要，可一次性大量入池。

② 每立方米沼气池只能容纳风干秸秆 50 kg 左右，一旦入池后，从沼气池内取出较为困难，通常采用批量入池、批量取出的方法。

③ 入池前要进行切短、堆沤等处理。

④ 和粪便一起发酵时效果更好。

⑤ 需要较长时间才能分解达到预期的沼气产量。

粪便类的特点是：

① 不管是否使用，每天都要产生，长时间存放后原料产气量大大减少，因此适合每天投入沼气池。

② 分解速度相对较快。

③ 入池和发酵后取出都很方便。

④ 单独使用，产气效果也很好。

我国农村沼气发酵的一个明显特点就是采用混合原料（一般为农作物秸秆和人畜粪便）入池发酵。因此，根据农村沼气原料的来源、数量和种类，采用科学、适用的配料方法是很重要的。

2. 发酵原料的浓度　在沼气发酵中保持适宜的发酵料液浓度，对于提高产气量、维持产气高峰是十分重要的。为了准确而有效地评价和计量发酵原料的浓度，常用总固体（TS）、挥发性固体（VS）等指标进行评价和计量。

（1）总固体（TS）　总固体又称干物质。将一定量原料在 103～105 ℃的烘箱内，烘至恒重，就是总固体，它包括可溶性固体和不可溶性固体。原料中的总固体含量常用百分含量表示，其计算方法如下：

$$\text{原料中总固体含量}(\%)=\frac{\text{烘干后样品质量，即干物质质量}}{\text{烘干前样品质量}}\times 100\%$$

（2）挥发性固体（VS）　在总固体中，除含有灰分外，还常夹杂有泥沙等无机物，将烘干箱烘干的固体物进一步放入马福炉中，于（550±50）℃的条件下灼烧 1 h，此时固体物中所含的有机物全部分解而挥发，剩余部分为灰分。挥发性固体（VS）常用百分含量来表示，其计算方法为：

$$\text{原料中挥发性固体含量}(\%)=\frac{\text{总固体}-\text{灰分}}{\text{总固体}}\times 100\%$$

国内外研究资料表明，能够进行沼气发酵的发酵料液浓度范围是很宽的，1%～30%的料液 TS 浓度，甚至更高的浓度都可以生产沼气。在我国农村，根据原料的来源和数量，沼气发酵通常采用 7%～10%的 TS 浓度。在这个范围内，夏季由于气温高，原料分解快，发酵料液浓度可适当低一些，一般以 7%左右为好；在冬季，由于原料分解较慢，应适当提高发酵料液浓度，通常以10%为佳。同时，对于不同地区来讲，所采用的适宜料液浓度也有差异，一般来说，北方地区适当高些，南方地区可以低些。总之，确定一个地区适宜的发酵料液浓度，要在保证正常沼气发酵的前提下，根据当地不同季节的气温、原料的数量和种类来决定。合理地搭配原料，才能达到均衡产气的目的。从经济的观点分析，适宜的发酵料液浓度不但能获得较高的产气量，而且还会有较高的原料利用率。

为了保持适宜的原料浓度，保证沼气发酵微生物能经常得到新鲜的营养物质，维持产气正常而持久，必须经常补充新鲜原料。加进新鲜原料和排出废料的速度要一致。按体积计算，加入的新鲜原料和排出的废料是相等的。按质量计算，加进新鲜原料中有机物的质量应多于排出液中分解物的质量。

配制发酵料液的浓度，要根据发酵原料的含水量（表2-2）和不同季节所要求的浓度确定。当沼气池容积一定时，如果发酵原料加水量过多，发酵料液过稀，滞留期短，原料未经充分发酵就被排出，这不但影响产气，还浪费发酵原料；如果加水量过少，发酵料液过浓，使有机酸聚积过多，发酵受阻，产气率会降低。

表2-2　常用发酵原料的干物质含量

发酵原料	干物质含量（%）	发酵原料	干物质含量（%）
干麦秸	82.0	鲜马粪	22.0
干稻草	83.0	鲜猪粪	18.0
玉米秸	80.0	鲜人粪	20.0
杂草	24.0	鲜鸡粪	30.0
鲜牛粪	17.0	鲜人尿	0.4

进料浓度关系到发酵浓度，对不同沼气装置来说，所需的最佳浓度是不同的。例如，以工业有机废水为原料的沼气池，如厌氧污泥反应器（UASB）、厌氧过滤反应器（AF）、厌氧颗粒污泥膨胀床（EGSB）对原料的固体含量要求很低，一般不超过1%，但对可溶性COD浓度则无限制。大多数沼气发酵原料液是不可能浓缩的，即使可能，在经济上也是不合算的，所以进料浓度就采用废水原有浓度。实际工程中根据厌氧发酵对最终产物的要求，配合发酵工艺和选择的消化池型，调整发酵料液的浓度。

3. 发酵原料的碳氮比（C/N）　发酵原料的碳氮比，是指原料中有机碳素和氮素含量的比例关系。微生物生长对碳氮比有一定要求。厌氧发酵适宜的碳氮比范围较宽，一般认为在厌氧发酵的启动阶段碳氮比不应大于30：1，只要消化器内的碳氮比适宜，进料的碳氮比则可高些。因为厌氧细菌生长缓慢，同时老细胞又可作为氮素来源，所以，污泥在消化器内的滞留期越长，对投入氮素的需求越少。在实际应用中，原料的碳氮比以（20～30）：1搭配较为适宜。

碳氮比较高的发酵原料如农作物秸秆，需要同含氮量较高的原料，如人畜粪便配合以降低原料的碳氮比，取得较佳的产气效果，特别是在第一次投料时，可以加快启动速度。在使用作物秸秆为主要发酵原料时，如果人畜粪便的数量不够，可添加适量的碳酸氢铵等氮肥，以补充氮素。农村常用沼气发酵原料的碳氮比见表2-3。

表2-3　农村常用厌氧发酵原料的C/N值

原料种类	碳素含量（%）	氮素含量（%）	碳氮比
干麦秸	46	0.53	87：1
干稻草	42	0.63	67：1
玉米秸	40	0.75	53：1
树　叶	41	1.00	41：1
大豆秧	41	1.30	32：1
花生秧	11	0.59	19：1
野　草	14	0.54	26：1
鲜羊粪	16	0.55	29：1
鲜牛粪	7.3	0.29	25：1
鲜猪粪	7.8	0.60	13：1
鲜人粪	2.5	0.85	2.9：1
鲜马粪	10	0.42	24：1

4. 发酵原料的堆沤

（1）原料堆沤的作用　原料（包括粪和草）预先沤制后进行沼气发酵，能使沼气中甲烷含量上升，加快产气速度。但纯粪便一般不需要进行预堆沤，可以调整浓度后直接进消化池。

秸秆类原料进行预先堆沤后用于沼气发酵，有很多好处：

① 在堆沤过程中，原料中带进去的发酵细菌大量生长繁殖，起到富集菌种的作用。

② 在堆沤过程中，秸秆中的大分子化合物经细菌分解，形成大量小分子化合物，进池后，可被分解菌很快分解或直接形成甲烷。

③ 秸秆原料经堆沤后，纤维素变松散，扩大了纤维素分解菌与纤维素的接触面，大大加速纤维素的分解速度，加速沼气发酵的过程。

④ 堆沤腐烂的纤维素原料含水量较大，入池后很快沉底，不易浮面结壳。

⑤ 在堆沤过程中能产生 70 ℃以上的高温，可以杀死原料中的病菌及虫卵。

⑥ 原料堆沤后体积缩小，便于装池。同时，原料中的空气大部分被排除，有利于厌氧发酵。

（2）堆沤的方法

① 堆肥法。在气温较高的地区或季节，可在地面进行堆沤；在气温较低的地区或季节可采用半坑式堆沤；在严寒地区或寒冬季节可采用坑式堆沤。

高温堆沤是一种好氧发酵，需要通入尽量多的空气并排除二氧化碳。坑式或半坑式堆沤应在坑壁上从上到下开几条竖槽，一直通到底。在堆沤物内部插几个出气管也具有同样的效果。

堆沤的程序是首先将秸秆铡碎成 3 cm 左右长，之后分层堆铺，每铺 10 cm 厚，泼 2%的石灰澄清液和 1%左右的粪水（粪水占秸秆的重量比），同时还补充一些水（最好是污水）。第一层原料吃透水后再铺第二层，依次再铺第三层、第四层。堆好后用稀泥封闭或用塑料膜覆盖。气温较高的季节堆沤 2～3 d；气温较低季节，一般堆沤 5～7 d，即可作发酵原料。从直观来看纤维已变松软，颜色已呈咖啡色，即已达到要求，不宜再继续堆沤，以免原料损失过大。

② 简易堆沤法。农村中通常采用一种更为简单的堆沤方法，就是将秸秆直接堆在地面上，分层踩紧，泼上上述数量的石灰水和粪水，最好是沼气发酵液，并用稀泥或塑料布密封使其缓慢发酵（在发酵初期是好氧发酵，随后逐渐转入厌氧发酵）。这种方法发酵比较缓慢，需要较长的时间，分解液流失比较严重，但操作简便，热能损耗较少，也比较适合目前农村的实际情况，而且有富集发酵菌的作用。为了克服分解液的流失，还可以建堆沤池进行堆沤，这样原料损失很小，除了固体物能够充分利用外，分解液的产气速度更快。在沼气池产气量不高时，加入一些堆沤池里的分解液可以很快提高产气量。

二、厌氧发酵接种物

农业废弃物厌氧发酵产生甲烷的过程，是由多种沼气微生物来完成的。因此，在沼气发酵启动过程中，加入足够的所需要的沼气微生物作为接种物（亦称菌种）是极为重要的。有没有接种物影响沼气发酵启动的成败，而接种物中的有效成分与活性直接关系发酵过程的速度。接种物中的有效成分是活的沼气微生物群体。不同来源的接种物，活性是不同的。因此，在选择接种物时，不但要有占投料量20％～30％的接种物，而且更应选择活性强的接种物。

沼气池初次启动时，厌氧微生物数量和种类都不够，应人工加入含有丰富沼气微生物的活性污泥作为接种物。在工业废水处理中，废水原料中基本不含沼气微生物，因此使用这类原料的沼气池启动时，如果没有接种物或接种物过少，投料后很长时间才能启动或根本就不能正常运转。针对这一情况，目前已有专供大中型沼气工程启动的高质量接种物出售。

一般畜禽粪便中含有一定量的沼气微生物，启动时如果不另添加接种物，当温度较高（料温高于20℃），经过一段时间也可以达到正常发酵，不过启动周期较长。农村沼气池启动时，若接种物足够多，投料后第二天就可正常产气。沼气池彻底换料时，应保留少部分底脚沉渣作为接种物，可使投入料的停滞期大大缩短，很快开始正常发酵产气。

1. 接种物的作用　在沼气池启动运行时，加入足够的富含沼气微生物特别是产甲烷微生物的接种物，是极为重要的，它可加快厌氧发酵的反应时间、有效缩短沼气池的启动时间、提高所产沼气中甲烷的含量。

2. 接种物的富集培养　为了获得足够的质量好的接种物，必须对接种物进行富集培养。富集培养的主要办法是选择活性较强的污泥，使其逐渐适应发酵的基料和发酵温度，然后逐步扩大，最后加入沼气池作为接种物。

3. 接种物的来源　城市下水污泥、湖泊池塘底部的污泥、粪坑底部沉渣都含有大量沼气微生物，特别是屠宰场污泥、食品加工厂污泥，由于有机物含量多，适于沼气微生物的生长，因此是良好的接种物。大型沼气池投料时，由于需要量大，通常可用污水处理厂厌氧消化池里的活性污泥作接种物。在农村，来源较广、使用最方便的接种物是沼气池本身的污泥。

4. 接种量　对农村沼气发酵来说采用下水道污泥作为接种物时，接种量一般为发酵料液量的10％～15％，当采用老沼气池发酵液作为接种物时，接种数量应占总发酵料液的30％以上，若以底层污泥作接种物时，接种数量应占总发酵料液的10%以上。接种物数量对产气的影响见表2-4。

表2-4　接种物数量对产气的影响

原料	接种量（%）	产气量（mL）	甲烷含量（%）	每克原料产气量（mL）
人粪50 g	10	1 435	48.2	28.7
	20	4 805	56.4	96.1
	50	10 093	66.3	201.9
	150	16 030	68.7	320.6

当使用较多的秸秆作为发酵原料时，需加大接种物数量，其接种量一般应大于秸秆重量。

三、温度

温度是影响厌氧发酵的最主要因素，厌氧发酵微生物的代谢活动与温度有着密切的关系。在一定温度范围内，发酵原料的分解消化速度随温度的升高而提高，也就是产气量随温度升高而提高，但也不是越高越好。厌氧发酵微生物和其他微生物一样，有其适宜的温度范围，因而发酵温度也各有不同。

沼气发酵可在较为广泛的温度范围内进行，4～65 ℃都能产气。随着温度的升高，产气速度加快，但不是线性关系。如图2-3所示，沼气发酵的第一个产气高峰在35 ℃左右，另一个高峰在54 ℃左右。出现这两个高峰的原因是在这两个高峰温度下，有2种不同的微生物菌群参与作用的结果。

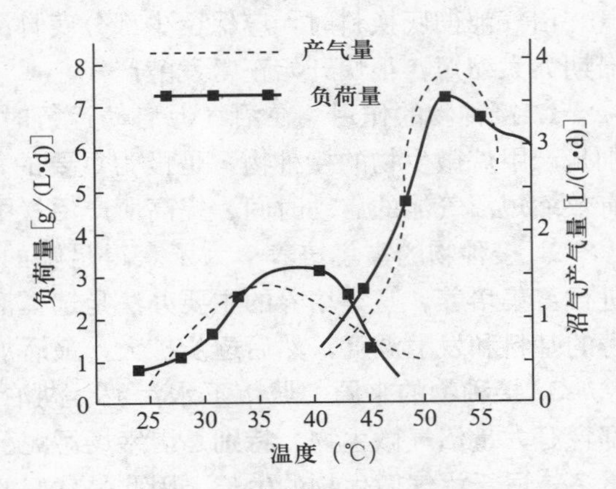

图2-3　发酵温度、负荷与沼气产量的关系

通常沼气工程都会采用中温（32～42 ℃）或高温（50～55 ℃）发酵，因为在这两个温度范围内，甲烷菌的活性较高，易于获得较高甲烷产量，而在更低温（<30 ℃）和更高温（>60 ℃）条件下，甲烷菌活性较差，产气量也较低。

我国农村中的沼气池都在自然温度下进行发酵，发酵温度随气温和季节而变化，故称之为自然温度发酵。自然温度发酵时，发酵温度常常低于 30 ℃，这种条件下发酵的速率与温度的关系见表 2-5。

表 2-5　温度对产气速度的影响

沼气发酵温度（℃）	10	15	20	25	30
沼气发酵时间（天）	90	60	45	30	27
有机物产气率（mL/g）	450	530	610	710	760

由表 2-5 可见，当温度为 10 ℃时尽管发酵了 90 d，但产气率只有 30 ℃发酵 27 d 的 59%。我国南方农村水压式沼气池池内温度一般在 8～30 ℃，因此，全年产气量会有一定的变化。

气温、地温和池温有着密切关系，直接影响池温（发酵料液温度）的不是气温而是地温，而地温又随着气温而变化。离地表面越近温度变化越大，越接近气温；离地面越深地温变化越小，与气温差异越大。夏天离地面越近温度越高，冬天离地面越近温度越低。在 100 cm 以下的地温变化缓慢，几乎不受气温日变化的影响。而在 190 cm 处的地温与发酵温度基本一致，差异不大。这一结果说明，从维持比较稳定的发酵温度考虑，在气温较低的地区，农村沼气池应适当建深一点。

温度与产气的关系是外在表现，而其内部实质是发酵原料的消化速度。温度越高，原料分解速度越快。平均温度为 24 ℃时，牛粪需 50 d 才能全部消化，植物废料 70 d 才全部消化，牛粪与植物废料的混合原料需 50～60 d。若人工控制发酵温度为 32～38 ℃，牛粪的发酵周期不超过 28 d，植物废料不超过 45 d。同时有实验证明，在 15～35 ℃温度范围内，在一个发酵周期中，每吨原料的产气总量大致相等。15 ℃时一个发酵周期约为 12 个月，而 35 ℃时一个发酵周期仅需 1 个月，也就是 1 个月的产气总量相当于 12 个月的产气总量。总的来说，沼气发酵中，发酵温度越低，其发酵时间越长，温度越高，发酵时间越短。

沼气发酵温度的突然上升或下降，对产气量都有明显的影响。大中型沼气发酵工程，尤其是恒温发酵工程，温度是必需的监控指标。一般认为，温度突然上升或下降 5 ℃，产气量显著降低，若变化过大则产气停止。例如：一个 35 ℃下正常产气的沼气池，温度突然下降到 20 ℃，则产气几乎完全停止。但温度恢复后，基本不因前期温度下降而阻碍气体的产生，且能迅速恢复原状。倘若沼气池的装料接近饱和，也就是接近最大负荷时，温度下降对甲烷菌活力的影响要大于对产酸菌的影响，导致产酸和产甲烷之间的严重不平衡，使正常发酵失调。同样，一个 35 ℃下正常发酵的沼气池，若将温度突然大幅度上升至 50 ℃，则产气迅速恶化。

为了防止沼气发酵温度的突然上升或下降，农村沼气池必须采取适当的保温措施。如将沼气池建于背风向阳处，发酵间建于冻土层以下；进、出料口不要修得过大，避免发酵间的水大量溢到进、出料口，受到外界冷空气的影响使水温降低；进料口、出料口和水箱都要加盖，冬季还要在沼气池表面覆盖柴草、塑料膜或塑料大棚等保温，三结合沼气池要在畜圈上搭保温棚，以防粪便冻结；利用太阳能加温保温是一种非常经济有效的办法；采用覆盖法进行保温或增温，其覆盖面积都应大于沼气池的建筑面积，从沼气池壁向外延伸的长度应稍大于当地冻土层深度。采取保温措施，可以保证比较稳定的发酵温度。

四、酸碱度（pH）

厌氧微生物的生长需要适宜的酸碱环境，产甲烷菌对环境 pH 的要求更为严格，pH 的微小波动有可能导致微生物代谢活动的终止。在厌氧发酵初期由于产生大量有机酸，若控制不当容易造成局部酸化，延长发酵周期，进而破坏整个反应体系。因此 pH 是厌氧消化过程的重要监测指标和控制参数。厌氧消化过程理想的 pH 范围在 6.8～7.2。当 pH 低于 6.3 时，产甲烷菌的活性则受到抑制，pH 为碱性时，发酵也会受到抑制。有研究表明，在以牛粪为底物的中温厌氧发酵试验中，与进料 pH 为 7.0 相比，进料 pH 为 7.6 的产甲烷动力学常数增加了 2.3 倍。但是不同的细菌类型有其不同的 pH 最佳生长范围，如产甲烷菌的最佳 pH 范围在 7.0 左右，但是水解细菌和产酸细菌的适宜 pH 范围为 5.5～6.5。这也是两相厌氧发酵工艺将产酸相和产甲烷相分开的主要原因。

发酵料液的 pH 取决于挥发酸、碱度和二氧化碳的含量，还与温度等各种环境因素有关，其中影响最大的是挥发酸浓度。试验证明，正常的挥发酸浓度以乙酸计应在 2 000 mg/kg 以下。在沼气发酵过程中 pH 也有其规律性的变化。在发酵初期大量产酸，pH 下降，以后由于氨化作用所产生的氨可以中和一部分有机酸，同时使 pH 上升。

我国农村沼气池的发酵 pH 也有这样一个相似的变化过程。变化的速度与发酵温度等因素有关。发酵速度越快，pH 变化的时间越短，达到 pH 稳定的时间越短；发酵愈慢，pH 变化的时间越长，相应 pH 达到稳定的时间也就越长。测定表明，在发酵温度为 22～26 ℃时，6 d 即可达到沼气发酵的恒定 pH，而不再有大的变化。当发酵温度为 18～20 ℃时，经过 14～18 d 才能达到恒定的 pH。由于农村沼气发酵的温度较低，发酵速度较慢，pH 的变化不像高温沼气发酵那样明显。一般情况下，pH 的变化幅度不会超出适宜范围。

1. 影响沼气工程启动和运行过程中 pH 变化的因素

（1）发酵原料中含有大量有机酸。如果在短时间内向发酵装置内大量投入这类原料，就会引起发酵装置内 pH 的下降，但如果向正常运行的发酵装置内按发酵装置可承受的负荷投入原料，有机酸会很快被分解掉，因而不会引起发酵装置的酸化，所以不必对进料的 pH 进行调整。

（2）发酵装置启动时投料浓度过高，接种物中的产甲烷菌数量又不足，或在发酵装置运行阶段突然升高负荷，使产酸与产甲烷的速度失调而引起挥发酸的积累，导致 pH 下降。

（3）进料中混入大量强酸或强碱，会直接影响发酵液的 pH。

2. 调节提高 pH 的办法　在正常情况下沼气发酵的 pH 有一个自然平衡的过程，一般不需要进行调节。只有在配料管理不当的情况下才会出现挥发酸大量积累，pH 下降。调节提高 pH 的方法有以下几种。

（1）稀释发酵液中的挥发酸，提高 pH。

（2）添加草木灰和适量氨水调节 pH。

（3）用石灰水、碳酸钠溶液或碳酸氢铵溶液调节 pH。

特别指出的是加石灰的时候最好是加石灰澄清液，同时也要保证石灰与发酵液完全混合，否则在强碱区域内微生物活性受到抑制。加石灰的量也要严格控制，如果加量过大就会造成过碱，超过微生物的适宜 pH 范围，降低沼气池的生物活性，使产气量降低，甚至停止。加入石灰后，与沼气池中的二氧化碳结合生成碳酸钙。如果碳酸钙浓度过大将形成碳酸钙沉淀。二氧化碳是氢的受体，接受氢形成甲烷。二氧化碳过量减少，就会降低甲烷的产量。

五、负荷

1. 负荷的定义　厌氧发酵时的负荷有多种含义和表示方法。

（1）容积有机负荷　单位体积反应器每天所承受的有机物的量，通常以 $kg/(m^3 \cdot d)$ 为单位，有时也用 TS 或 VS 来表示有机物的量。容积有机负荷是消化器设计和运行的重要参数，较高的有机负荷可以减小消化器的体积，但是有机负荷过高会使产酸和产甲烷速度失调，消化器效率反而降低；而负荷过低，由于营养物质不足，使细菌处于饥饿状态，污泥增长速度慢，难以培养出性能良好的活性污泥。

容积有机负荷的计算方法如下式：

$$VLR=\frac{Q\rho_w}{V}$$

式中　VLR——容积负荷［kg/(m^3·d)］；

Q——进料流量（m^3/d）；

ρ_w——进料浓度（kg/m^3）；

V——反应器容积（m^3）。

（2）污泥负荷　单位厌氧污泥每天所承受的有机物的量，单位是 kg/(kg·d)。在反应器运行过程中确定容积负荷的根据是污泥负荷。

污泥负荷的计算方法如下式：

$$SLR=\frac{Q\rho_w}{V\rho_S}$$

式中　SLR——污泥负荷［kg/(kg·d)］；

Q——进料流量（m^3/d）；

ρ_w——进料浓度（kg/m^3）；

ρ_S——反应器中污泥浓度（kg/m^3）；

V——反应器容积（m^3）。

（3）水力负荷　单位体积反应器每天所承受的污水的体积，单位是 m^3/(m^3·d)。在同样容积有机负荷的条件下，发酵原料浓度不同，投料体积则不一样，这就构成不同的水力负荷。有机物浓度高则水力负荷低，有机物浓度低则水力负荷高。当有机物浓度基本稳定时，水力负荷则成为工艺控制的主要条件。

水力负荷的计算方法如下式：

$$HLR=\frac{Q}{V}$$

式中　HLR——水力负荷［m^3/(m^3·d)］；

Q——进料流量（m^3/d）；

V——反应器容积（m^3）。

2. 影响负荷的因素

（1）污泥的数量和活性　在一定条件下，影响容积负荷的主要因素是反应器内污泥的数量和活性及其沉降性能等。污泥的这些性能并不是固定不变的，在反应器启动阶段，池内活性污泥的数量和性能都较低，此时反应器容积负荷一定要低，目的在于不断提高活性污泥的数量和活性。随着污泥的增长，反应器的负荷不断增加，经过 8～12 周，最后进入稳定运行阶段，其负荷也稳定下来。

（2）发酵原料的性质 发酵原料的性质对负荷也有很大影响，通常可溶性污水容易分解，负荷较高；而固体颗粒多的废物或废水，因固体物分解需要较长时间，并且有一定量难以分解的物质沉积于污泥中，使污泥中细菌数量减少，因而限制了负荷的提高。

（3）厌氧消化工艺类型 厌氧消化工艺类型也是决定负荷的重要因素，它通过影响反应器中活性污泥的滞留时间和数量而影响反应器的负荷。

（4）水力负荷 水力负荷也影响容积负荷，特别是在处理低浓度废水时更是如此。一般原料浓度高，水力负荷低，滞留期长，负荷可以较高；而原料浓度低，水力负荷高，滞留期短，负荷则应偏低。

六、搅拌

1. 搅拌的目的 搅拌也是影响厌氧发酵的重要因素，因为有机物的厌氧消化是依靠微生物的代谢活动来进行的，所以需要通过搅拌使微生物不断接触到新的食料进行消化，并使微生物与消化产物及时分离，从而提高消化效率，增加产气量，缩短反应周期。

我国农村地区沼气发酵原料以秸秆、杂草和树叶等为主，从实验室模拟沼气池内的料液可以看出，在不搅拌的情况下发酵料液明显地分为 4 层：最底层为污泥层；上表层为一层很厚的浮壳，称为浮渣层；中间为上清液层；清液层下部为原料。中间的清液层和表面浮渣层产气很少，有效的产气部位为原料沉积层，随时可以看到气泡从这个部位冒出。从沼气池内原料的实际分层情况来看也是如此。

搅拌的目的是使发酵原料均匀分布，增加微生物与原料的接触面，加快发酵速度。发酵液面经常处于活动状态，不利于液面结壳，经常搅拌回流沼气池内的发酵原料，不仅可以破除池内浮壳，而且能使原料与沼气细菌充分接触，促进沼气细菌的新陈代谢，使其迅速生长繁殖，加快发酵速度，提高产气量。

2. 搅拌的强度 目前，对于搅拌的程度与强度，尚存在不同的观点。有研究认为与高速搅拌相比，低速搅拌更能够提高消化器对抗有机负荷波动的能力，并且适当降低搅拌强度不仅能够提高消化器反应效率，而且具有稳定厌氧消化反应的功能。

3. 搅拌的方法 沼气工程常用的搅拌方法有机械搅拌、沼气回流搅拌和发酵液回流搅拌等3种，如图2-4所示。

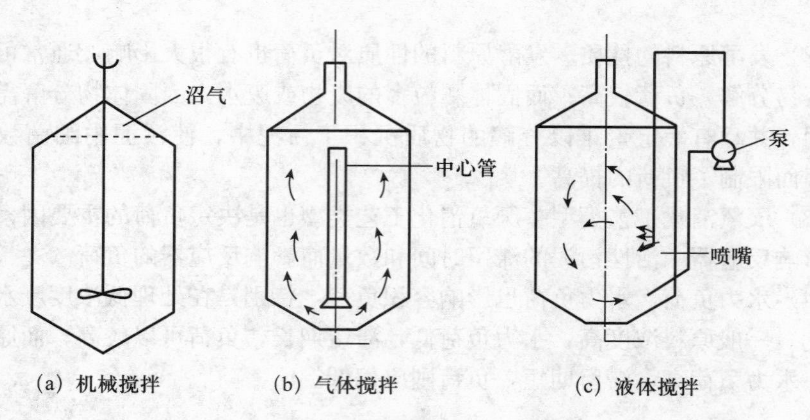

图2-4 沼气发酵装置搅拌方法

（1）机械搅拌 在沼气池内安装机械搅拌装置，每1～2 d搅拌1次，每次5～10 min，机械搅拌有利于沼气的释放。

（2）气体搅拌 将沼气池内的沼气抽出来，通过输送管道从沼气池下部送进去，使池内产生较强的气体回流，达到搅拌的目的。

（3）液体回流搅拌 用抽渣器从沼气池的出料间将发酵液抽出，再通过进料管注入沼气池内，产生较强的料液回流以达到搅拌和菌种回流的目的。

农村沼气工程常采用发酵液回流搅拌方式，其搅拌方法有3种：

① 通过手动回流搅拌装置，进行强制回流搅拌。

② 通过在出料池设置小型污泥泵，依靠电力将发酵料液回流进发酵间，进行强制搅拌。

③ 采用生物能气动搅拌和旋动搅拌装置，利用产气和用气的动力，自动搅拌池内发酵原料。

七、发酵促进剂及抑制剂

厌氧发酵过程是由微生物完成的，因此细菌必须维持在良好的生长状态，否则细菌最终会从消化器内流失。为此底物中必须含有足够的细菌用于合成自身细胞物质的营养物质。厌氧微生物生长所必需的营养成分包括碳、氮、磷以及其他微量金属元素等。除了需要保持足够数量的营养成分之外，各营养成分之间还需要保持合适的比例，以为微生物提供足量且平衡的养分。当有机废物的某些养分不足或比例失调时，就需要额外添加和进行调节。

同样由于原料的复杂性，发酵原料有时会含有有毒抑制性物质，且种类繁多，可分为无机抑制性物质和有机抑制性物质。无机抑制性物质主要包括：氨氮、硫化物及硫酸盐、重金属等；有机抑制性物质主要包括：卤代有机物、抗生素、洗涤剂以及甲基化合物等。

1. 发酵促进剂 能促进有机物质分解并提高产气量的各种物质统称发酵促进剂，大体可以分为添加水解微生物及相关菌类来提高沼气的产量；添加产甲烷菌所需的营养物质及相关功能物质来提高沼气的产量；添加沼气发酵的中间产物来促进沼气的生成这三个方面。

（1）添加水解微生物 木质素、纤维素和半纤维素广泛存在于生活垃圾及农林废弃物中，它们是一种具有独特结构，难以水解的物质。在底物为高纤维素、半纤维素含量原料的沼气发酵过程中，水解速度往往成为沼气生产中的重要限制因素。添加诸如含真菌酶活的菇渣、啤酒糟至发酵原料中，或使用白腐菌、瘤胃微生物等对原料进行预处理，可加快发酵原料中纤维素的降解，均可加快沼气发酵过程，提高产气量。

（2）添加针对产甲烷菌所需的营养物质及相关功能物质 所有微生物要很好地生长，均需许多营养，产甲烷菌也不例外。美国著名的厌氧生物技术学者斯皮斯（R. E. Speece）指出，由于对甲烷菌营养需要认识不足，已经阻碍了厌氧生物技术的应用和发展。斯皮斯对甲烷菌所需的营养给出了下面一个顺序：氮、硫、磷、铁、钴、镍、钼、硒、维生素 B_2、维生素 B_{12}。缺乏上述某一种营养，沼气发酵仍会进行，但速度会降低。如：氮是甲烷菌生长的重要营养元素，厌氧消化时对氮的需要量大于对其他元素的需要量。在厌氧消化处理农作物秸秆时，添加氮源添加剂对提高产气量具有良好的效果。在功能物质方面，沸石由于可以释放出钙、镁、镍、钴等离子，对产甲烷菌的活性有良好的刺激作用，因而也可有效增加甲烷的产量。

（3）添加沼气发酵的中间产物 添加乙酸、丁酸、甲醇等甲烷发酵的中间产物，对沼气发酵有明显的促进作用。实验证明添加 0.1%～0.5%的丙酮酸可以加快发酵过程，其产气量比对照高出 2.2～2.5 倍。这是因为丙酮酸作为一种中间产物能提供更多的营养，提高产甲烷菌的活力。另外在我国农村，还尝试过添加碳酸氢铵、小麦麸皮、醋酸钠、油饼等物质来增加沼气的产量，均有一定的促进效果。

2. 发酵抑制剂 沼气发酵微生物的生命活动受很多因素的影响，很多物质都可抑制这些微生物的生命活动。沼气池内挥发酸浓度过高（中温发酵2 000 mg/kg以上；高温发酵 3 600 mg/kg 以上）时，对发酵有阻抑作用；氨态氮浓度过高时，对沼气发酵菌有抑制和杀伤作用；各种农药，特别是剧毒农药，都有极强的杀菌作用，即使微量也可使正常的沼气发酵完全破坏。其他很多盐类，特别是很多金属离子，超过一定浓度时都有强烈的抑制作用。

综上所述，厌氧发酵受到多方面因素的影响，同时各因素的影响并非独立存在，而是互相关联、交叉作用。因此，在分析工艺参数对厌氧发酵的影响时，并不是只针对单独的一个因素，而是进行各个影响因素的综合考虑，以期获得厌氧发酵最佳的工艺条件。

第三章

沼气发酵的常用工艺

沼气发酵工艺是指在厌氧条件下，通过沼气发酵微生物的活动，处理有机废弃物并制取沼气的技术与装备，包括原料的收集和预处理、接种物的选择和富集、沼气发酵装置的发酵启动和日常操作管理及其他相应的技术措施。由于沼气发酵是由多种微生物共同完成的，各种有机物质的降解及发酵过程的生物化学反应极为复杂，因而沼气发酵工艺也比其他发酵工艺复杂，发酵工艺类型较多。

第一节　沼气发酵的工艺类型

对沼气发酵工艺，从不同角度，有不同的分类方法。一般从发酵温度、投料方式、发酵浓度、发酵阶段、发酵级差、料液流动方式等角度进行分类。

一、以发酵温度划分

沼气发酵的温度范围一般在10～60℃，温度对沼气发酵的影响很大，温度升高沼气发酵的产气率也随之提高，通常以沼气发酵温度区分为：高温发酵、中温发酵和常温发酵3种工艺。

1. 高温发酵工艺　高温发酵工艺是指发酵料液温度维持50～60℃的范围，实际控制温度多在55℃左右。该工艺的特点是微生物生长活跃，有机物分解速度快、滞留时间短，产气率高。采用高温发酵可以有效地杀灭各种致病菌和寄生虫卵，具有较好的卫生效果，从除害灭病和发酵剩余物肥料利用的角度看，选用高温发酵是较为实用的。

目前，在工程实际中，维持反应器发酵温度常用的办法主要是利用锅炉加温。加温的方式有两种：一种是将蒸汽通入安装于池内的盘旋管中加热发酵料液，这种方式由于管内温度很高，管外很容易结壳，影响热的扩散；另一种方式是用 70 ℃的热水在盘管内循环，效果比较好。但是不论采用哪种加温方式，都应该注意要尽量减少运行中热量的散失，特别是在冬季要提高新鲜原料进料的温度，减轻对沼气池内厌氧菌群的冲击，因此原料的预热和沼气池的保温都是维持反应器内温度非常重要的措施。

沼气发酵的产气量随温度的升高而升高，但要维持反应器的高温运行，必须采用加热措施，这势必会影响到工程投资和运行能耗的增加。目前较为主流的是在寒冷的冬季，利用发酵产生的沼气作为锅炉燃料，再返回来加热发酵料液，维持高温发酵，具有较好的效果。另外，利用各种余热和废热对发酵料液进行加温也是化废为宝的好办法。例如利用经高温工艺流程排放的酒精废水、柠檬酸废水和轻工食品废水等；利用发电厂、热处理车间等的余热；利用发酵原料本身所带的热量来维持发酵温度，都是极为便宜的办法。这些方法经济方便，不需要热源装置，不消耗其他能源，具有良好的经济和生态效益。

2. 中温发酵工艺　高温发酵消耗的热能太多，发酵残余物的肥效较低，氨态氮损失较大，这使得中温发酵工艺得到了比较普遍的应用。中温发酵工艺是指发酵料液温度维持在 35 ℃左右，与高温发酵相比，这种工艺消化速度稍慢一些，产气率要低一些，但维持中温发酵的能耗较少，沼气发酵总体能维持在一个较高的水平，产气速度相对较快，料液基本不结壳，可保证常年稳定运行。这种工艺因料液温度稳定，产气量也比较均衡。

有研究者分析了 35 ℃以下时，发酵原料产气量随发酵温度的变化情况，结果表明：如发酵温度从 35 ℃变为 25 ℃仍能获得 85％的产气率，即使降至 15 ℃仍有 65％的沼气产生。因此，在进行中温发酵时，不仅要考虑产能的多少，同时要考虑为保持中温所消耗的加热能量有多少，选择最佳的投入产出比，即最大的净产能发酵温度。近年来出现了低于 35 ℃的“中温”发酵工艺，净产能也取得了很好的效果。

3. 常温发酵工艺　常温发酵工艺是指在自然温度下进行沼气发酵，发酵温度受气温影响而变化，我国农村户用沼气池基本上采用这种工艺。埋地式常温发酵沼气池，结构简单、成本低廉、施工容易、便于推广，其特点是发酵料液的温度随气温、地温的变化而变化，一年四季产气率相差较大。一般，料液最高温度为 25 ℃，最低温度在南方地区约为 10 ℃左右，北方地区可降至5 ℃左右。如果温度降到 5 ℃左右，无论是产酸菌或产甲烷菌都受到严重抑制，产气率仅 0.01 $m^3/(m^3 \cdot d)$。只有当发酵温度在 15 ℃以上时，产甲烷菌的代谢活动才活跃起来，产气量明显升高，产气率可达 0.1～0.2 $m^3/(m^3 \cdot d)$。因此北方地区为了确保安全越冬并维持正常产气，沼气池一般需建在日光温室内。

二、以投料方式划分

沼气发酵微生物的新陈代谢是一个连续过程，根据该过程中的进料方式的不同，可分为连续发酵、半连续发酵和批量发酵 3 种工艺。

1. 连续发酵工艺　连续发酵是指沼气池启动正常运行后，根据设计时预定的处理量，连续不断地或每天定量地加入新的发酵原料，同时排走相同数量的发酵料液，使发酵过程连续进行下去。发酵装置不发生意外情况或不检修时，均不进行大出料。采用这种发酵工艺，沼气池内料液的数量和质量基本保持稳定状态，因此产气量也很均衡。目前国内大中型沼气工程通常采用这种工艺。

这种发酵工艺的最大优点，就是“稳定”。它可以维持比较稳定的发酵条件，可以保持比较稳定的原料消化利用速度，可以维持比较持续稳定的发酵产气。这种工艺流程是先进的，但发酵装置结构和发酵系统工艺比较复杂，造价也较昂贵，因而仅适用于大中型的沼气发酵工程系统，如大型畜牧场粪污、城市污水和工厂废水净化处理等。该工艺要求有充足的物料保证，否则就不能充分有效地发挥发酵装置的负荷能力，也不可能使发酵微生物逐渐完善和长期保存下来。因为连续发酵，不致因大换料等原因而造成沼气池利用率的浪费，从而使原料消化能力和产气能力大大提高。

连续发酵工艺流程控制的基本参数为进料浓度、水力滞留期、发酵温度。原料产气率、体积产气率、有机物去除率等，都是由这 3 个参数所决定的。启动阶段完成之后，发酵效果主要靠调节这 3 个基本参数来控制发酵进程。在设计连续恒温发酵工艺时，对这 3 个参数的选择必须十分谨慎。因为任何一个参数的变化不仅将引起投资成本的变化，而且还会引起沼气工程自身耗能的变化，给工程的效益带来较大的影响。

2. 半连续发酵工艺　半连续发酵是指在沼气池初始启动时，一次性投入较多的原料（一般占整个发酵周期投料总固体量的 25%～50%），经过一段时间，开始正常发酵产气，随后产气逐渐下降，此时就需要每天或定期加入新物料，以维持正常发酵产气。在发酵过程中，往往根据其他因素（如农田用肥需要）不定量地出料，到一定阶段后，将大部分料液取走另作他用。这种发酵方法，沼气池内料液的多少均有变化，池容产气率、原料产气率只能计算平均值，水力滞留期则无法计算。我国农村的沼气池大多属于此种类型。其中的“三结合”沼气池，就是将猪圈、厕所里的粪便随时流入沼气池，在粪便不足的情况下，可定期加入铡碎并堆沤后的作物秸秆等纤维素原料，起到补充碳源的作用。这种工艺的优点是比较容易做到均衡产气和计划用气，能与农业生产用肥紧密结合，适宜处理粪便和秸秆等混合原料。缺点是启动时要求发酵原料初始浓度较低，一般大于6%，接种比例较高，一般占料液总量的10%以上，秸秆较多时应加大接种物数量。

3. 批量发酵工艺 批量发酵工艺是在沼气发酵的应用上最为简单、普遍的工艺，即在沼气池启动时将原料和接种物一次投入消化器，直到产气停止或产气甚微时为止，再将发酵后的残余物全部取出，然后再重新投料进行启动。其对应产气特点是：初期少，以后逐渐增加，然后产气保持基本稳定，再后产气又逐步减少，直到出料。一个发酵周期结束后，再成批地换上新料，开始第二个发酵周期，如此循环往复。

该类型工艺由于可以得到发酵原料一个完整产气周期内的总产气量，对于科学衡量原料的产气潜力有较大意义，因此在实验室测定发酵原料产气率时常采用这一方法。由于具有一次进料、一次出料管理简单的优点，在处理固体含量较高、日常进出料不方便的发酵原料，如作物秸秆、有机垃圾等时常采用此工艺。

批量发酵工艺的优点：

① 适用于季节性产物和高固体原料。

② 沼气池结构简单、造价低。

③ 沼气池使用管理简单，适用于农村家庭及农场。

缺点为：

① 投料启动后，微生物处于自然繁殖状态，产气量无法控制，因而难以做到均衡产气。

② 高浓度原料启动时可能导致产酸和产甲烷的不平衡，从而导致因酸化致使发酵失败。

三、以发酵浓度划分

发酵浓度是沼气生产工艺中的重要影响参数，根据发酵浓度的不同，可分为湿式发酵和干式发酵两种工艺。

1. 湿式发酵工艺 发酵料液的干物质浓度控制在10%以下的发酵方式称为湿式发酵。该工艺在启动初期，需要加入大量的废水、粪尿或新鲜粪肥调节料液浓度。由于发酵料液浓度较低，出料时大量残留的发酵液如用作肥料，在运输、贮存或施用都不方便。如要求处理后实现达标排放，则运行水处理设备需要花费高昂的费用，生产企业一般难以承受。目前湿式发酵所面临的问题是发酵后大量沼渣和沼液如何利用和消纳，如果不能解决好发酵料液的后续处理问题，很可能会带来对环境的二次污染。因此，提高发酵料液的浓度，减少发酵料液的排放量已成为沼气发酵工艺中亟待研究解决的问题。

2. 干式发酵工艺　干式发酵又称固体发酵，是指以固体有机物为原料，在无流动水的条件下进行的成批投料的沼气发酵工艺。干式发酵原料的干物质含量在20%左右较为适宜，干物质含量超过30%则产气量明显下降。由于干式发酵时水分太少，同时底物浓度又很高，在发酵开始阶段有机酸大量积累，又得不到稀释，因而常导致pH的严重下降，使发酵原料酸化，导致沼气发酵失败。为了防止酸化现象的产生，常用的方法有：

① 加大接种物用量，使酸化与甲烷化速度能尽快达到平衡，一般接种物用量为原料量的30%～50%。

② 将原料进行堆沤，使易于分解产酸的有机物在好氧条件下分解掉一大部分，同时也降低了原料的碳氮比。

③ 在原料中加入1%～2%的石灰水，以中和所产生的有机酸。

由于堆沤会造成原料的浪费，所以在生产上应首先采用加大接种量的办法。

国内利用覆膜槽干法沼气发酵工艺处理牛粪，工程在无热源条件下实现中温运行，平均容积产气率为0.598 $m^3/(m^3 \cdot d)$，甲烷含量55%～60%。德国比弗姆（Bioferm）公司开发出一种车库型干发酵系统，在中温发酵的情况下，饲草、绿化废弃物和牛粪的产气率分别为191.38 L/kg干物质、188.64 L/kg干物质和218.48 L/kg干物质，各自的产气周期分别为60 d、50 d和50 d，产气高峰都在前30 d以内。与同类原料的理论产气量对比，比弗姆干式发酵工艺的效率为湿式发酵工艺的32%～37%。目前，由于进出料的问题，国内外干式发酵在大中型沼气中的应用仍受到一定的制约，相关技术还处于研究中试阶段。

四、以发酵阶段划分

根据沼气发酵的“水解—产酸—产甲烷”三阶段理论，以沼气发酵不同阶段划分，可将发酵工艺划分为单相发酵工艺和两相（步）发酵工艺。

1. 单相发酵工艺　单相发酵是将沼气发酵原料投入到一个消化器中，使沼气发酵的产酸和产甲烷阶段合二为一，在同一消化器中自行调节完成。我国农村全混合沼气发酵装置和目前主流的大中型沼气工程，大多数采用这一工艺。

2. 两相发酵工艺 两相发酵工艺也称两步发酵，或两步厌氧消化，是1971年，由高希（S. Ghosh）和普薇（F. G. Pohland）率先提出的。它的本质特征是根据沼气发酵三阶段的理论，把原料的水解、产酸阶段和产甲烷阶段分别安排在两个不同的消化器中进行，使产酸相和产甲烷相相互独立。通过分别调控产酸相和产甲烷相消化器的运行控制参数，各自形成产酸发酵微生物和产甲烷发酵微生物的最佳生态条件，实现完整的厌氧发酵过程，从而大幅度提高有机物质的处理能力和消化器的运行稳定性。

由于水解酸化细菌繁殖较快，所以酸化发酵器体积较小，通常靠强烈的产酸作用将发酵液的pH降低到5.5以下，这样在该消化器内就足以抑制产甲烷菌的活动。产甲烷菌繁殖速度慢，常成为厌氧消化器的限速因素，因而产甲烷消化器体积较大，其进料是经酸化和分离后的有机酸溶液，悬浮固体含量很低。两相厌氧发酵适用于处理固体物含量高并且产酸较多的废物。这样才能保持产酸相消化器的低pH，从而抑制产甲烷菌的活动，做到酸化阶段和产甲烷阶段的分离。否则就会在产酸相消化器内有大量甲烷产生，两相发酵变成了两个消化器串联的两级厌氧消化。

从沼气微生物的生长和代谢规律以及对环境条件的要求等方面看，产酸细菌和产甲烷细菌有着很大差别。因而为它们创造各自需要的最佳繁殖条件和生活环境，促使其优势生长，迅速繁殖，将消化器分开运行，是非常科学合理的。这既有利于环境条件的控制和调整，也有利于人工驯化、培养优异的菌种，总体上便于进行优化设计。也就是说，两相发酵较单相发酵工艺过程的产气量、效率、反应速度、稳定性和可控性等都要优越，而且生成沼气中的甲烷含量也比较高。从经济效益看，这种工艺流程加快了挥发性固体的分解速度，缩短了发酵周期，从而也就降低了生成甲烷的成本和运转费用。

两步发酵工艺流程如图3-1所示。

发酵原料可以先经预处理或者不预处理，然后进入产酸消化器。产酸消化器的特点在于：控制固体物和有机物的高浓度和高负荷；采用连续或批量投料。

产酸消化器形成的富含挥发酸的“酸液”进入产甲烷消化器。产甲烷消化器常采用上流式厌氧污泥床反应器（UASB）、厌氧过滤器、部分充填的上流式厌氧污泥床等高效反应器（上述沼气池型将在本章第三节详细介绍），能间

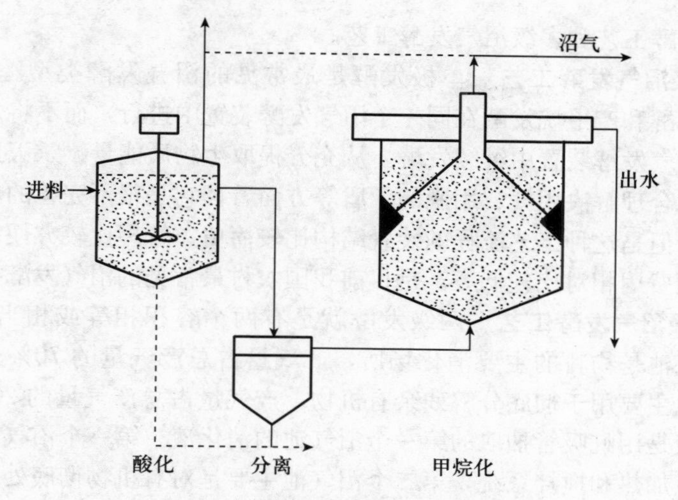

图 3-1　两相厌氧消化工艺流程图

歇或连续进料，固体物负荷率比产酸池低，可溶性有机物负荷率高。

国内对固体废弃物的两相发酵研究是先将秸秆等固体物置于喷淋固体床内进行酸化，淋洗出的酸液进入甲烷化发酵器产生沼气。利用甲烷化 UASB 的出水再循环喷淋固体床，固体床经一段产酸发酵后即自动转入干发酵而产生沼气。该工艺解决了固体原料干发酵易酸化及常规发酵进出料难的问题，适用于处理多种固体有机废物和垃圾等。其最终产物为沼气和固体有机肥料，并且没有多余的污水产生。该工艺流程如图 3-2 所示。

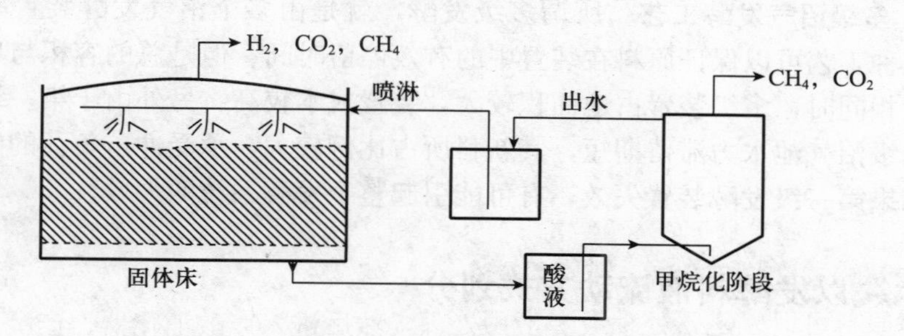

图 3-2　喷淋固体床两步沼气发酵工艺流程图

五、以发酵级差划分

根据沼气发酵原料的滞留过程，可将发酵工艺划分为单级沼气发酵工艺、两级沼气发酵工艺和多级沼气发酵工艺。

1. 单级沼气发酵工艺 单极发酵是最常见的沼气发酵类型。简单地说，就是产酸发酵和产甲烷发酵在同一个沼气发酵装置中进行，而不将发酵物再排入第二个沼气发酵装置中继续发酵。从充分提取生物质能量、杀灭虫卵和病菌的效果以及合理解决用气、用肥的矛盾等方面看，它是很不完善的，产气效率也比较低。但是这种工艺流程的装置结构比较简单，管理比较方便，因而修建和日常管理费用相对比较低廉，是目前我国农村最常见的沼气发酵类型。

2. 两级沼气发酵工艺 两级发酵就是有两个容积相等或相当的沼气池，第一个沼气池是物料的主要消化场所，产气量占总产气量的70％～80％，第二个沼气池主要用于彻底分解残余有机物，产气量占总产气量的20％～30％，其发酵料液是用虹吸管抽取的第一个沼气池的消化液。第一个沼气池主要是产气，安装有加热和搅拌系统，第二个沼气池主要是对有机物彻底处理，不需要加温和搅拌。这样既有利于物料的充分利用和彻底处理废物中的BOD_5，也在一定程度上能够缓解用气和用肥的矛盾。如果能进一步深入研究两个池的结构形式，降低其造价，提高两级发酵的运转效率和经济效益，对加速我国农村沼气建设的步伐具有重大的现实意义。从延长沼气池中发酵原料的滞留时间和滞留路程，提高产气率，促使有机物质彻底分解的角度出发，采用两级发酵是有效的。对于大型的两级发酵装置，若采用大量纤维素物料发酵，为防止表面结壳，第二级发酵装置中仍需设置搅拌。两级发酵工艺在德国等沼气发达国家，广泛应用于处理粪便和能源作物的联合发酵，取得了较好的效果。

3. 多级沼气发酵工艺 所谓多级发酵，就是由多个沼气发酵装置串联而成。这种工艺可以保证原料在装置中的有效停留时间，但是总的容积与单级发酵装置相同时，多级装置占地面积较大，装置成本较高。另外由于第一级沼气池较单级沼气池水力滞留期短，其新料所占比例较大，承受冲击负荷的能力较差，如果第一级发酵装置失效，有可能引起整个发酵系统的失效。

六、以发酵料液流动方式划分

1. 无搅拌的发酵工艺 当沼气池未设置搅拌装置时，无论发酵原料为非匀质的（草粪混合物）或匀质的（粪），只要其固形物含量较高，在发酵过程中料液总会自动出现分层现象（上层为浮渣层，中层为清液层，下层为活性层，底层为沉渣层）。这种发酵工艺，因沼气微生物不能与浮渣层原料充分接触，上层原料难以发酵，下层沉淀又占有越来越多的有效容积，因此原料产气率和池容产气率均较低，并且必须采用大换料的方法排除浮渣和沉淀。

2. 全混合式发酵工艺　由于采用了混合措施或装置，池内料液处于完全均匀或基本均匀状态，因此微生物能和原料充分接触，整个投料容积都是有效的。它具有消化速度快、容积负荷率和体积产气率高的优点。处理畜禽粪便和城市污泥的大型沼气池属于这种类型。

3. 塞流式发酵工艺　采用这种工艺的料液，在沼气池内无垂直液流方向的混合，发酵后的料液借助于新鲜料液的推动作用而向前运动并最终排出沼气池。这种工艺能较好地保证原料在沼气池内的滞留时间，许多大中型畜禽粪污沼气工程采用这种发酵工艺。在实际运行过程中，完全无纵向混合的理想塞流方式是没有的。

这种工艺的优点是：

① 不需搅拌装置，结构简单、能耗低。

② 适用于高悬浮固体废物的处理，尤其适用于牛粪的消化，具有较好的经济效益。

③ 运转方便、故障少、稳定性高。

其缺点是：

① 固体物可能沉淀于底部，影响反应器的有效体积。

② 需要固体和微生物的回流作为接种物。

③ 因消化器较长，难以保持一致的温度，效率较低。

④ 易产生厚的结壳。

上述各种沼气发酵工艺，分别适用于一定原料和一定发酵条件及管理水平。目前固体物含量低的废水多采用上流式厌氧污泥床反应器工艺，固体物含量较高的畜禽粪便污水等应采用升流式固体反应器工艺，高固体原料可结合生产固体有机肥料采用两相发酵及干发酵工艺。同时还要考虑沼气发酵操作人员的技术素质和投资、运行费用的多少，来统筹确定所要选择的发酵工艺类型。

第二节　沼气发酵的工艺流程

一个完整的沼气工程，无论其规模大小，都包括如下的工艺流程：原料的收集、预处理、沼气池发酵、出料的后处理和沼气的净化与储存等（图 3－3）。

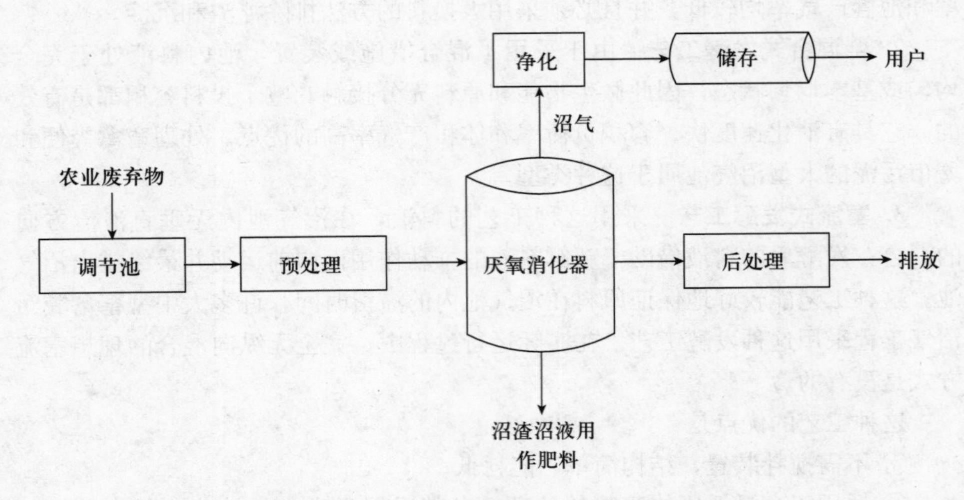

图 3-3　沼气发酵的基本工艺流程

一、发酵原料的收集

充足而稳定的原料供应是厌氧发酵工艺的基础，不少沼气工程因原料来源的变化被迫停止运转或报废的情况时有发生。原料的收集方式又直接影响原料的质量，如猪场采用水冲粪或水泡粪工艺，其粪污的总固体浓度一般只有 1%～3%，若采用刮粪板刮出，则原料浓度可达 5%～6%，如采用人工干清粪工艺，则浓度可达 20%左右。因此，在养殖场设计时就应当根据当地条件合理安排废物的收集方式及集中地点，以便就近进行沼气发酵处理。

收集到的原料一般要进入调节池储存，因为原料收集时间往往比较集中，沼气池的进料常需要按天均匀分配。所以调节池的大小一般要能储存 24 h 的废物量。在温暖季节，调节池常可兼有酸化作用，这对改善原料性能和加速厌氧消化有一定的作用。

二、发酵原料的预处理

原料中常混杂有生产作业中的各种杂物，为便于用泵输送及防止发酵过程中出现故障，或为了减少原料中的悬浮固体含量，都需要对原料进行预处理，有的原料在进入消化器前还要进行升温或降温等。

原料预处理时，牛粪和猪粪中的长草、鸡粪中的鸡毛都应去除，否则极易引起管道堵塞。牛粪中的长草可利用绞龙除草机去除，可收到较好的效果，若再配用切割泵进一步切短残留的较长纤维和杂草可有效防止管路堵塞。鸡粪中含有较多贝壳粉和沙砾等，必须沉淀清除，或人工除砂，否则这些杂物会很快大量沉积于沼气池的底部并且难以排除。秸秆、树叶、青草等应切碎或进行堆沤处理后再进入沼气池，否则消化速度很慢，而且容易结壳。

三、沼气池

沼气池又称为厌氧消化器，是沼气发酵的核心设备。微生物的繁殖，有机物的分解转化，沼气的生成都在沼气池内进行。因此，沼气池的结构和运行情况是一个沼气工程设计的重点。首先要根据发酵原料或处理污水的性质以及发酵条件选择适宜的工艺类型和沼气池结构。

沼气工程发展到今天已经取得了很大的发展，已开发出多种厌氧消化器。目前，在粪污资源化利用方面，应用较多的是升流式固体反应器（USR）、上流式厌氧污泥床（UASB）、全混式厌氧发酵工艺（CSTR）和推流式厌氧工艺（PFR），其各自使用的工艺参数见表 3-1。

表 3-1　几种厌氧处理技术的参数比较

序号	类别	全混式厌氧发酵	上流式厌氧污泥床	推流式厌氧工艺	升流式固体反应器
1	原料 TS 浓度（%）	6～12	<3	8～12	5～8
2	水力滞留时间（d）	15～30	1～5	15～30	10～20
3	COD 去除率	较高	高	中等	较高
4	动力消耗	较大	较大	较小	中等
5	生产控制	较容易	较难	较容易	较容易
6	单池容积	较大	较大	较小	较大
7	粪污种类	牛粪、猪粪、鸡鸭粪	污水	牛粪	牛粪、猪粪

通过对比分析，几种工艺各有所长。升流式固体反应器工艺作为国内较成

熟的工艺，尤其适用于养猪场粪污处理沼气工程；推流式厌氧工艺适合各类小型高浓度牛粪处理沼气工程；上流式厌氧污泥床工艺适用于养猪场的污水处理能源环保型沼气工程；全混式厌氧发酵工艺适用于高浓度及含有大量悬浮固体原料的处理。因此在沼气工程设计建造过程中，需根据养殖场的类型及饲养、清粪工艺来确定选择何种厌氧消化器类型。

四、发酵出料的后处理

出料的后处理为大型沼气工程所不可缺少的构成部分。过去有些工程未考虑出料的后处理问题，造成出料的二次污染，使沼气工程周围环境不堪入目，白白浪费了可以作为绿色安全食品生产用肥料的物质资源。

出料后处理的方式多种多样，最简便的是直接用作肥料施入土壤或鱼塘。但施用有季节性，不能保证连续的后处理。可靠的方法是将出料进行沉淀后再将沉渣进行固液分离，固体残渣用作肥料或配合适量化肥做成适用于各种作物的专用复合肥料，很受市场欢迎，并有较好的经济效益。清液部分可经曝气池、氧化塘等好氧处理后排放，也可用于灌溉或再回用为生产用水。目前采用的固液分离方式有沙滤式干化槽、卧螺式离心机、水力筛、带式压滤机和螺旋挤压式固液分离机等。

五、沼气的净化、储存和输配

沼气发酵时会有水分蒸发进入沼气，由于微生物对蛋白质的分解或硫酸盐的还原作用也会有一定量硫化氢（H_2S）气体生成并进入沼气。水的冷凝会造成管路的堵塞，有时气体流量计中也会充满水，直接影响计量精度。硫化氢是一种腐蚀性很强的气体，它可引起管道及仪表的快速腐蚀。硫化氢本身及燃烧时生成的二氧化硫对人也有毒害作用。大型沼气工程，特别是用来进行集中供气的工程必须设法脱除沼气中水和硫化氢。脱水通常采用脱水装置进行。硫化氢的脱除通常采用脱硫塔，内装脱硫剂进行脱硫。因脱硫剂使用一定时间后需要再生或更换，所以脱硫塔至少需要设置两个进行轮流使用。

沼气的储存通常用低压湿式-浮罩式储气柜、低压干式-低压单膜/双膜储气柜。近年来低压干式柔性气囊或发酵储气一体化装置也得到了一定的应用。储气装置主要用于调节产气和用气的时间差别，其大小一般为日产气量的 1/3～1/2，以便稳定供应用气。

沼气的输配是指将沼气输送分配至各用气户，输送距离可达数千米。输送管道通常采用金属管，近年来采用高压聚乙烯塑料管作为输气干管已成功应用。用塑料管输气不仅避免了金属管的锈蚀，并且造价较低。气体输送所需的压力通常依靠沼气产生所提供的压力即可满足，远距离输送可采用增压措施。

第三节　沼气池的分类

一、户用沼气池

1. 曲流布料沼气池　曲流布料沼气池沼气技术在中国的创新，不仅表现在池型结构方面，还表现在工艺流程和工艺特点方面。这种沼气池创新提出的池型结构与发酵工艺流程良好匹配、自流进出料连续发酵、菌群富集增强负荷能力等理论都是在曲流布料沼气池产生以前没有的，是沼气技术在中国的突破性进步。

(1) 结构与材料　曲流布料沼气池结构由圆筒形池身、削球壳池拱、斜底、水压间、天窗口、活动盖、斜管进料、底层出料、各口加盖等组成，如图3-4所示。池拱矢跨比 $f_1/D=1/5$（沼气池上盖池拱计算矢高 f_1 与计算跨径 D 之比)，进料口与发酵间 55°倾斜连接，池底由进料口向出料口 5°倾斜，水压间几何尺寸与发酵间容积产气率和池型、工艺要求相配合。

沼气池的池墙、池拱、池底、上下圈梁的材料采用现浇混凝土；水压间圆形结构的采用现浇混凝土，方形结构的采用砖砌；进料管为圆管，可采用现浇混凝土，也可采用混凝土预制管；各口盖板、中心管、布料板、塞流板等均采用钢筋混凝土预制板。

(2) 特点

① 结构特点　曲流布料沼气池一般构造为池底进料口向出料口倾斜(约 5°)，池底部最低点设在出料间底部，在倾斜池底作用下，形成一定的流动推力，实现主发酵池进出料自流，可以不打开天窗盖即可将全部料液由出料间取出。后续改进池型增设了进出料中心管和塞流板，中心管有利于从主池中心部位抽出或加入原料，塞流板有利于控制底部发酵原料的流速和滞留期，同时又有固菌作用。有的改型池还增设了布料板、中心破壳输气吊笼、原料预处理池和强回流等装置，这些装置有效地增加了新料扩散面，能够充分发挥池容负载能力，提高产气率和延长连续运转周期。

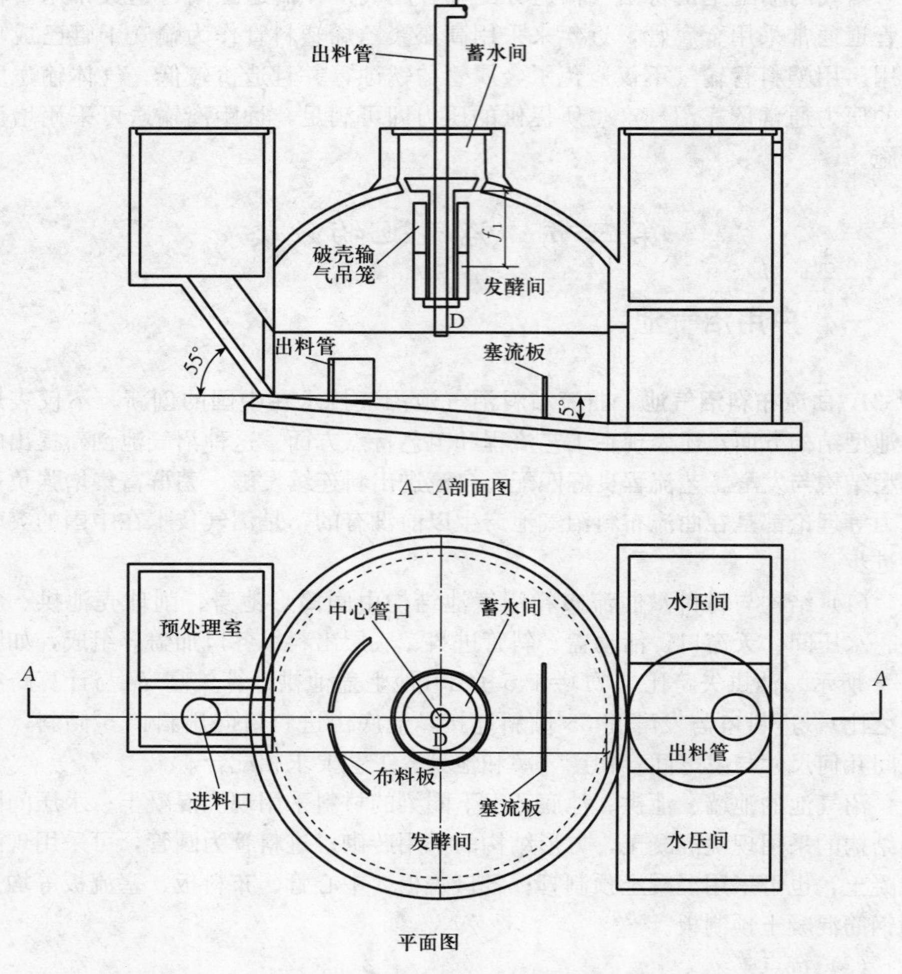

图 3-4 曲流布料沼气池平、剖面图

曲流布料沼气池池型构造符合工艺流程，实行自流进出料，能充分发挥池容负载能力，控制原料滞留期，提高产气率，池容小，占地面积少，造价不高，管理操作简便易行，具有小型高效的特点，容易推广。

② 发酵工艺及特点

a. 工艺流程。选取（培育）菌种、备料→进料→池内堆沤（调整 pH 和浓度）→密封（启动运转）→日常管理（进出料、回流搅拌）。

这个工艺流程简便易行，抓住了沼气发酵的关键——菌种。沼气池建成后，第一次投料能否正常快速启动和启动后产气速率好坏的关键取决于菌种的质量和数量。所以，管理者在建池过程中就要注意选取和培育菌种，这样沼气池建好了，菌种也培育好了，就可以进料、堆沤、封盖启动。

b. 工艺特点。发酵原料为人、畜、禽粪便，采用连续发酵工艺能维持比较稳定的发酵条件，使沼气微生物（菌群积累）区系稳定，保持逐步完善的原料消化速度，提高原料利用率和沼气池负荷能力，达到较高的产气率。工艺自身耗能少，简单方便，容易操作。

2. 预制钢筋混凝土板装配结构沼气池

（1）结构与材料　预制钢筋混凝土板装配结构沼气池池型结构与上述的曲流布料沼气池结构基本相同，也是由圆筒形池身、削球壳池拱、斜底、水压间、天窗口、活动盖、斜管进料、底层出料、各口加盖等组成，只是在用材方面将沼气池的池墙、池拱、进出料管、水压间墙、各口及盖板均采用了钢筋混凝土预制件，只保留了池底和水压间底部为现浇混凝土材料，由此在结构上也相应地发生了微小的变化。

（2）特点　预制钢筋混凝土板装配结构沼气池是在现浇混凝土沼气池和砖砌沼气池基础上研制和发展起来的一种新的建池技术。它与现浇混凝土沼气池相比较，具有容易实现工厂化、规范化、商品化生产和降低成本、缩短工期、加快建设速度等优点。主要特点是把池墙、池拱、进出料管、水压间墙、各口及盖板等都先做成钢筋混凝土预制件，运到建池现场，在挖好的池坑内进行组装。

预制沼气池造价比现浇沼气池稍有降低，但预制构件存在着运输、架设中笨重，易损坏的问题，给大面积推广带来一定难度。预制钢筋混凝土板装配沼气池适宜在建池户集中，有条件集中工厂化生产，运输方便的地方采用。

3. 圆筒形沼气池

（1）结构与材料　圆筒形沼气池由圆筒形池身、削球壳池拱、反削球壳池底、水压间、天窗口、活动盖、斜管进料、中层进出料、各口加盖等组成，如图 3-5 所示。池拱矢跨比 $f_1/D=1/5$，池底反拱 $f_2/D=1/8$。与曲流布料沼气池最大不同是圆筒形沼气池采用了反削球壳池底，相应地进料方式改为中间进料。

沼气池墙、池拱、池底、上下圈梁等采用现浇混凝土；进、出料管采用现浇混凝土或预制混凝土圆管；水压间底部采用现浇混凝土，墙砖砌或用现浇混凝土；各口盖板采用钢筋混凝土预制件。

（2）特点　20 世纪 70 年代到 80 年代初期，圆筒形沼气池在我国农村就

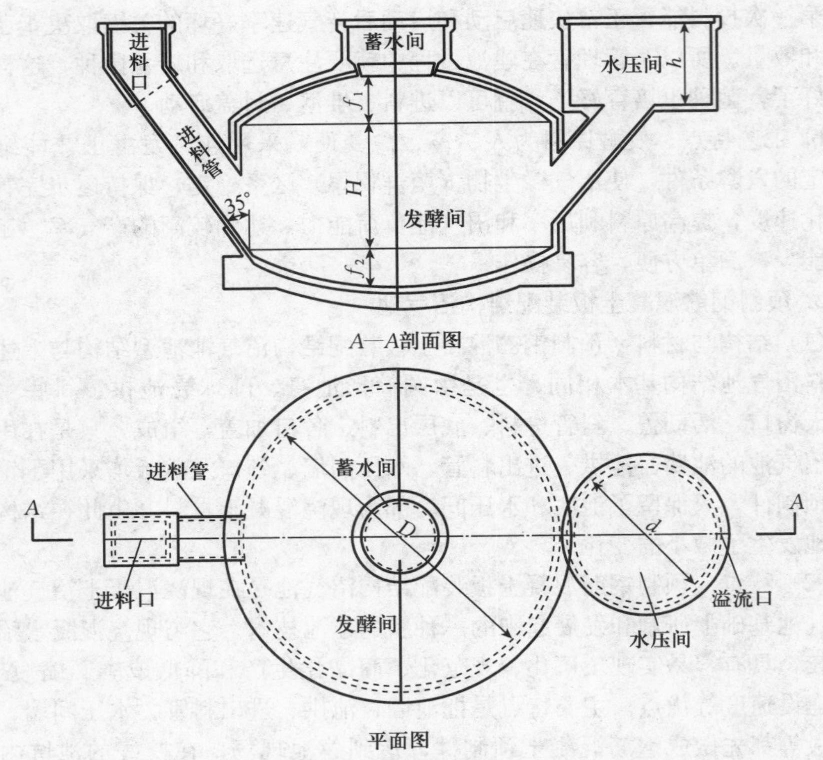

图 3-5 圆筒形沼气池平、剖面图

有大量应用。它的优点是结构简单、施工容易，适应于粪便、秸秆混合原料满装料的工艺，与曲流布料沼气池相比池容更大，单位池容的占地面积更小。缺点是中层进出料，原料容易形成底部沉淀，上部结壳，不易流动，产气率低，每年需两次大换料，且很困难。曾经因大换料，人下池除粪，发生较多沼气窒息事故。

4. 分离储气浮罩沼气池

(1) 结构与材料 分离储气浮罩沼气池由圆筒形池身、削球壳池拱、斜底、天窗口、活动盖、储气浮罩及配套水封池等组成，如图 3-6 所示。池拱矢跨比 $f_1/D=1/5$，储气浮罩根据日产气量的 50%设计有效容积。

沼气池的池墙、池拱、池底、上下圈梁采用混凝土现浇；进料管、出料器套管、进料口、回流沟、储粪池、水封池等采用混凝土现浇和预制；溢流管采用钢筋混凝土预制或钢管；各口（沟）盖板采用钢筋混凝土预制。

(2) 特点 分离储气浮罩沼气池已不属于水压式沼气池范畴，发酵池与气

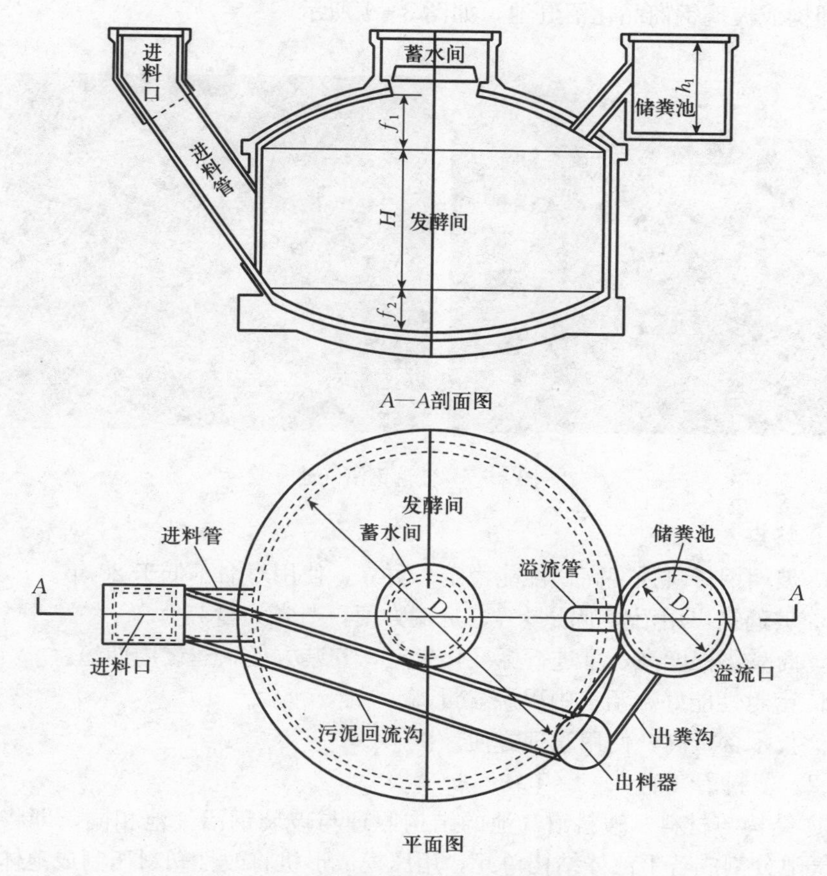

图 3－6　分离储气浮罩沼气池平、剖面图

箱分离，没有水压间，采用浮罩与配套水封池储气；有利于扩大发酵间装料容积，最大投料量为沼气池容积的 98%；浮罩储气相对水压式沼气池，其气压在使用过程中是稳定的。

5. 商品化沼气池

（1）玻璃钢沼气池

① 结构与材料　所谓玻璃钢沼气池，顾名思义，其组成沼气池的材料为玻璃钢。玻璃钢是用玻璃纤维布和聚酯不饱和树脂等材料组成的一种复合材料。工厂化生产时，将沼气池拆分成多个部件，如将球体或扁球体发酵池分割成上、下两个半球体，用模具分别加工玻璃钢沼气池结构部件，按设计的商品化沼气池结构，通过树脂粘接和螺栓密封垫连接的方式，将各部件组装在一

起，即构成玻璃钢商品化沼气池，如图 3－7 所示。

图 3－7　玻璃钢沼气池

② 特点

a. 玻璃钢材料强度高、性能稳定、可靠，使用寿命不低于 20 年。

b. 玻璃钢户用沼气池质量轻，运输方便，节省大量劳力。

c. 商品化程度高，可进行标准化生产，安装方便，建设周期短。

d. 密封性能好，沼气中甲烷含量高。

e. 技术含量高，使用管理方便。

（2）塑料沼气池

① 结构与材料　塑料沼气池的结构原理与玻璃钢沼气池相同，即将扁球型沼气池分割成若干池体结构单元，用压模成形机将改性塑料压制成池体结构单元，通过塑料焊接技术将池体结构单元焊接起来，即构成整体塑料沼气池，如图 3－8 所示。

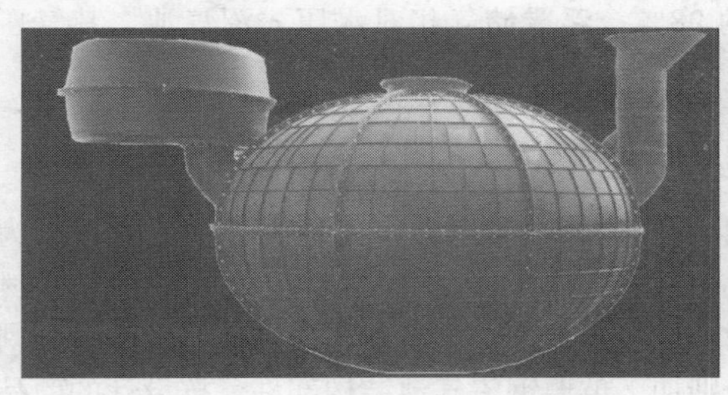

图 3－8　塑料沼气池

② 特点

a. 改性工程塑料强度完全能够承受户用水压式沼气池最大气压下的运行荷载。

b. 池型结构合理，埋置深度浅，发酵面积大，抽料、搅拌装置与主发酵池体组合合理，保证沼气池长期运行不会因为料液沉淀产生堵塞。

c. 质量轻，造价低，便于运输，组合安装方便。

d. 进、出料口设计有利于建设“三结合”户用沼气系统，使用管理方便。

二、大中型沼气池

在大中型沼气工程中，无论是哪一种类型工艺，在具备适宜的运行条件的基础上，影响其功能特性的因素主要是水力滞留期（HRT）、固体滞留期（SRT）和微生物滞留期（MRT）。

水力滞留期（HRT）是指一个沼气反应器内的发酵原料按体积计算被全部置换所需的时间，通常以天（d）或小时（h）为单位。例如一个沼气反应器的有效容积为100 m^3，每天进料量为5 m^3，则HRT为20 d。当沼气反应器在一定容积负荷条件下运行时，其HRT与发酵原料有机物含量呈正比，有机物含量越高HRT则越长，这有利于提高有机物的分解率。降低发酵原料的有机物浓度或增加反应器的负荷都会使HRT缩短，但过短的HRT会使大量厌氧微生物从反应器内冲走，除非采用一定措施增加固体和厌氧微生物的滞留时间，否则有机物的分解率和沼气产量就会大幅度降低，反应器的运行将难稳定。常规沼气反应器的体积设计主要是根据HRT确定。

固体滞留期（SRT）是指悬浮固体物质在沼气反应器里被置换的时间。在一个混合均匀的完全混合式反应器里，SRT与HRT相等。而在一个非完全混合式反应器里，例如升流式固体反应器，其SRT与HRT无直接关系。沼气反应器在长SRT运行时，可以使固体有机物分解更为彻底，另一方面因衰亡微生物的分解使厌氧微生物得到更多的营养物质，因而较长的SRT使污泥的甲烷化活性提高从而增加沼气的产量。所以针对高悬浮固体有机物的厌氧发酵中，获得比HRT长得多的SRT是至关重要的。此外，厌氧微生物常附着于固体物表面而生长，SRT的延长也增加了微生物的滞留期。

微生物滞留期（MRT）是指从微生物细胞的生成到被置换出反应器的时间。在一定条件下，厌氧微生物繁殖下一代的时间是基本稳定的，如果反应器的MRT小于厌氧微生物增代时间，微生物将会从反应器里冲洗干净，厌氧发酵过程将被终止。如果微生物的增代时间与MRT相等，微生物的繁殖与被冲出处于平衡状态，则反应器的负荷能力难以增长。如果MRT大于微生物的增代时间，则反应器内的微生物数量会不断增长，从而有助于反应的进行。因此，在处理低浓度有机废水时，在HRT较短的情况下，延长MRT就成为发酵效率提升的关键。

1. 升流式厌氧固体反应器（USR）　升流式厌氧固体反应器是一种结构简单、能耗低的反应器，适用于高悬浮固体原料的消化器。其结构如图3－9所示。其工作原理为原料从底部进入消化器内，在底部形成消化反应区域，未消化完的生物质固体颗粒和沼气发酵微生物，靠被动沉降滞留于消化器内，待下一次投料时，作为上一批次原料依次上升。最终上清液从消化器上部出水槽排出，沼气由顶部的集气室排出，污泥由消化器底部排出。由于其固体滞留期和微生物滞留期比水力滞留期时间长，从而提高了固体有机物的分解率和消化器的效率。升流式固体反应器能自动形成比水力滞留期（HRT）较长的固体滞留期（SRT）和微生物滞留期（MRT），未反应完全的生物固体和微生物靠自然沉淀滞留于反应器内，可消化高悬浮物原料如畜禽粪水和酒糟废液等。

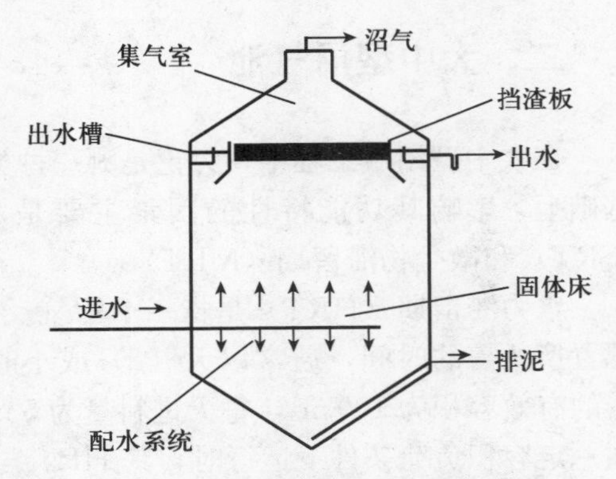

图3－9　升流式固体反应器示意图

研究表明：利用中温升流式厌氧固体反应器，发酵料液总固体（TS）浓度平均为12%时，其挥发性固体（VS）消耗量为1.6～9.6 kg/(m^3·d)，每千克挥发性固体（VS）的甲烷产量为0.38～0.34 m^3，甲烷产率为0.6～3.2 m^3/(m^3·d)。这个效果明显比完全混合式要好得多，其效率接近升流式厌氧污泥床（UASB）的功能，但适用处理的原料比升流式厌氧污泥床（UASB）范围广。

2. 完全混合式厌氧消化器（CSTR）　完全混合厌氧消化器也称高速厌氧消化器，是目前使用最多、适用范围最广的一种消化器。但随着近来研究工作的深入，认识到该种消化器能耗大、能效比较低，应用范围逐渐缩小。

完全混合消化器是在常规消化器内安装了搅拌装置，使发酵原料和微生物处于完全混合状态，与常规消化器相比使活性区遍布整个消化器，其效率比常规消化器有明显提高，故名高速厌氧消化器，其结构如图 3-10 所示。

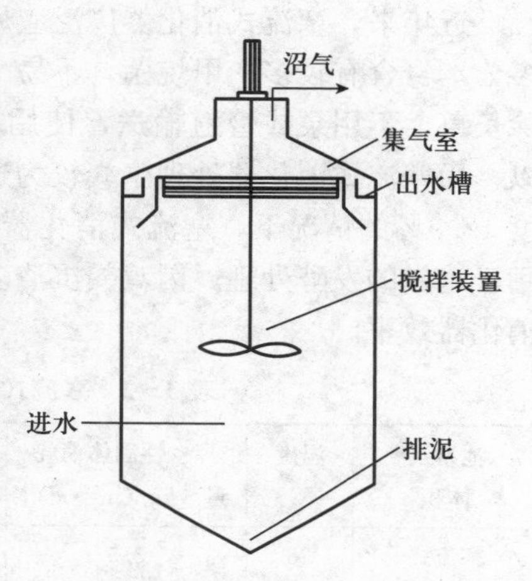

图 3-10　完全混合厌氧消化器示意图

完全混合厌氧消化器常采用恒温连续投料或半连续投料运行，适用于处理高浓度及含有大量固体悬浮物的原料。例如污水处理厂好氧活性污泥的厌氧消化过去多采用该工艺。在该消化器内，新进入的原料由于搅拌作用很快与发酵罐内的全部发酵液混合，使发酵底物浓度始终保持相对较低状态。而其排出的料液又与发酵液的底物浓度相等，并且在出料时微生物也一起被排出，所以，出料浓度一般较高。

该消化器是典型的水力滞留期（HRT）、固体滞留期（SRT）和微生物滞留期（MRT）完全相等的消化器，为了使生长缓慢的产甲烷菌的增殖和排出量保持平衡，要求水力滞留时间（HRT）较长，一般要 10～15 d 或更长的时间。中温发酵时化学需氧量（COD）的去除率为 3～4 kg/(m^3 · d)，高温发酵化学需氧量（COD）的去除率为 5～6 kg/(m^3 · d)。

3. 卧式推流厌氧消化器（HCPF）　卧式推流厌氧消化器亦称塞流式消化器，是一种长方形的非完全混合消化器。其工作原理为高浓度悬浮固体原料从一端进入，从另一端流出，原料在消化器的流动呈活塞式推移状态，在进料端呈现较强的水解酸化作用，甲烷的产生随着向出料方向的流动而增强，如图 3-11 所示。由于进料端缺乏接种物，所以必要时要进行污泥回流。在消化器内应设置挡板，有利于消化器运行的稳定。

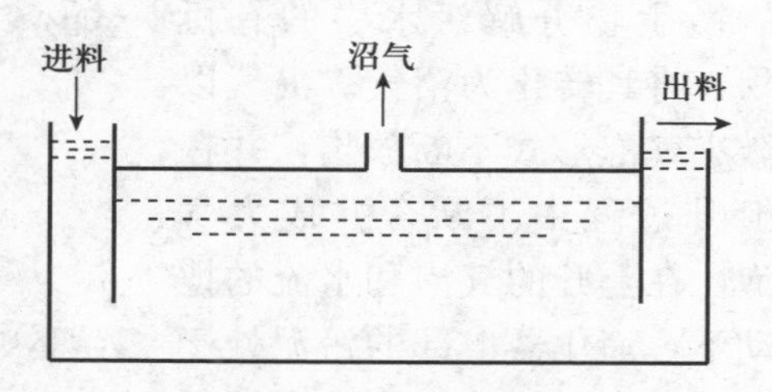

图 3-11　塞流式消化器示意图

塞流式消化器最早用于酒精废醪的厌氧消化，河南省南阳酒精厂于 20 世纪 60 年代初期即修建了隧道式塞流消化器，用来高温处理酒精废醪。发酵池温为 55 ℃左右，每天进料量为消化器的 12.5%，水力滞留期为 8 d，产气率为 2.25～2.75 m^3/(m^3 · d)，化学需氧量（CODcr）的去除率为 4～5 kg/(m^3 · d)，每立方米酒醪可产沼气 23～25 m^3。

近年来，塞流式消化器广泛应用于处理牛粪，因牛粪质轻、浓度高，长草多，本身含有较多产甲烷菌，不易酸化，而且该消化器要求进料粗放，不用去除长草，不用泵或管道输送，使用搅龙或斗车直接将牛粪投入池内即可。所以，用塞流式消化器处理牛粪较为适宜。由表 3－2 可以看出，在采用进料浓度 12.9％的情况下，塞流式消化器比常规沼气池产气率高。但塞流式池不适用于鸡粪的发酵处理，因鸡粪沉渣多，易生成沉淀而大量形成死区，严重影响消化器效率。

表 3－2　塞流式消化器与常规沼气池对比

池型及体积	温度（℃）	挥发性固体消耗量［kg/(m³·d)］	进料总固体浓度（％）	水力滞留期（天）	挥发性固体产气量（L/kg）	甲烷浓度（％）
塞流式（38.4 m³）	25 35	3.5 7	12.9 12.9	30 15	364 337	57 55
常规池（35.4 m³）	25 35	3.6 7.6	12.9 12.9	30 15	310 281	58 55

4. 升流式厌氧污泥床（UASB）　升流式厌氧污泥床内部分为 3 个区，从下至上为污泥床、污泥层和气、液、固三相分离器，如图 3－12 所示。消化器的底部是由浓度很高并且有良好沉淀性能和凝聚性的絮状或颗粒状污泥形成的污泥床，污水从底部，经布水管进入污泥床，向上穿流并与污泥床内的污泥混合，污泥中的微生物分解污水中的有机物，将其转化为沼气。沼气以微小气泡形式不断放出，并在上升过程中不断合并成大气泡。在上升的气泡和水流的搅动下，消化器上部的污泥处于悬浮状态，形成一个浓度较低的污泥悬浮层。

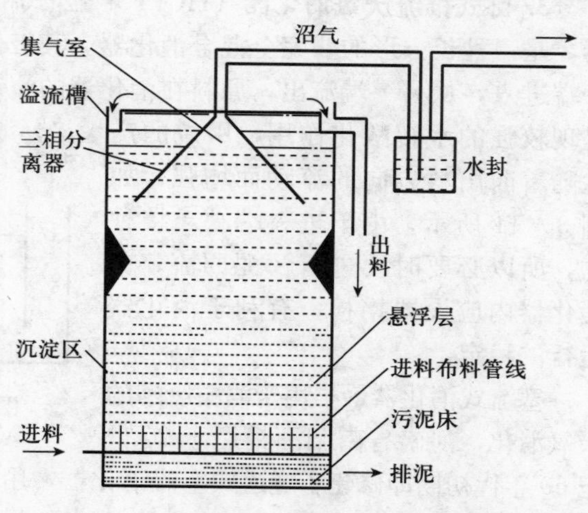

图 3－12　升流式厌氧污泥床结构示意图

在消化器内生成的沼气气泡受反射板的阻挡，进入三相分离器下面的集气室，再由管道经水封而排出。固、液混合液经分离器的窄缝进入沉淀区内，由于污泥不再受到上升气流的冲击，在重力作用下而沉淀。沉淀至斜壁上的污泥沿斜壁滑回污泥层内，使消化器内积累起大量的污泥。分离出污泥后的液体从沉淀区上表面进入溢流槽而流出。该消化器适用于处理较低悬浮固体含量的废水。

升流式厌氧污泥床启动的条件是要获得大量性能良好的厌氧活性污泥。最好的办法是从现有的厌氧处理设备中取出大量污泥投入消化器进行启动。如有处理相同废水的污泥效果更好，如果没有，也可以选取沉降性能较好的鸡粪厌氧消化污泥、城市污水厌氧消化污泥或猪粪厌氧消化污泥等作为接种物。如果附近没有厌氧消化器可以采集污泥，也可以在工程附近原排放污水的沟内寻找污泥作为接种物，但要筛除粗大固体物，并且沉淀出泥土沙石后方可进入消化器。总之，对作为接种物的污泥有两点要求：一是能够适应将要处理的有机物；二是污泥要具有良好的沉降性能。例如，用消化过的鸡粪作为接种物就比猪粪好，因鸡粪沉降性能好，并且比较细碎有利于颗粒污泥的形成。

升流式厌氧污泥床的启动过程应注意以下几点：

① 最初的污泥负荷即每千克挥发性悬浮物（VSS）的生化需氧量（COD）应低于0.1～0.2 kg/d。

② 污水中的各种挥发酸未能有效分解之前不应提高消化器负荷。

③ 环境条件应有利于沼气发酵细菌的繁殖。

如能注意以上几点，在启动运行6～12周内，在温度25～30 ℃的条件下，污泥负荷中每千克挥发性悬浮物（VSS）的生化需氧量（COD）消耗量可达0.5 kg/d。

在升流式厌氧污泥床内虽设有三相分离器，但出水中仍带有一定数量污泥，特别是在工艺控制不当时，常会造成大量跑泥。在正常运行时，少量活性污泥会因进水中的悬浮固体或气泡的夹带而随水冲出，而污泥过多时，则会使料液浓度增加，这时应及时排放剩余污泥。在冲击负荷的条件下，可能导致污泥过度膨胀，也可大量流失污泥。为了减少出水中所夹带的污泥，可在升流式厌氧污泥床后设置一个沉淀池，根据沉淀池中污泥浓度，定期将污泥回流至污泥床与污泥层交界处。设置沉淀池的好处是污泥回流可加速污泥的积累、缩短投产期、去除悬浮物、改善出水水质。

5. 厌氧滤器（AF）　厌氧滤器是在它的内部安置有惰性介质（又称填料），过去多采用石块、焦炭、煤渣或蜂窝状塑料制品，现在多采用合成纤维填料，如图3-13所示。沼气发酵微生物，尤其是产甲烷菌具有在固体表面吸附的习性，他们呈膜状附着于惰性介质上（称为“生物膜”），并在介质之间的空隙里相互黏附成颗粒状或絮状存留下来，当污水自下而上或自上而下流动通过生物膜时，有机物被微生物利用而生成沼气。

生物膜由种类繁多的细菌组成，随着污水的流动，固着的微生物群体也有所变化。在AF内，填料的主要功能是为厌氧微生物提供附着生长的表面积，一般来说，单位体积消化器内载体的表面积越大，可承受的有机负荷越大。除此之外，填料还要有相当的空隙率，空隙率高，则在同样的负荷条件下HRT越长，有机物去除率越高，另外，高空隙率对防止滤池堵塞也有好处。

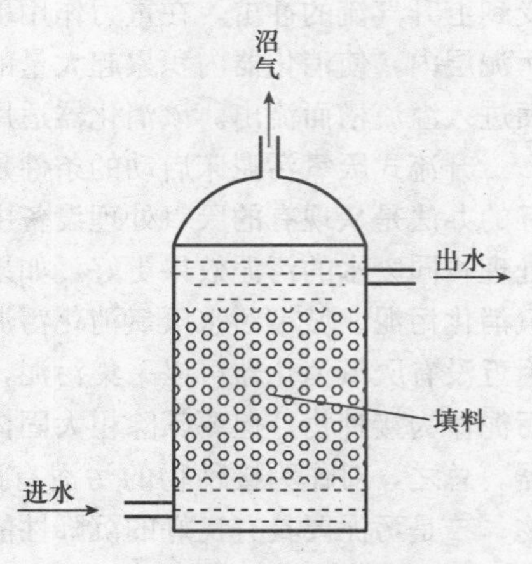

图3-13　厌氧滤器结构示意图

AF有如下优点：

① 不需要搅拌操作。

② 由于具有较高的负荷率，使消化器体积缩小。

③ 微生物呈膜状固着在惰性介质上，MRT长，污泥浓度高，运行稳定，技术要求低。

④ 能够承受负荷变化。

⑤ 长期运行后可更快地重新启动。

缺点：

① 填料的费用较高，安装施工较复杂，填料的使用寿命一般为1～5年，要定时更换。

② 易产生堵塞和短路。

③ 只能处理低悬浮性固体含量的废水，对高悬浮性固体含量废水效果不佳且易造成堵塞。

目前厌氧滤器在国内外的应用都较少，其发展前途将视其与UASB性能的综合比较而决定，一些新型填料的应用还有待长期运行的考验。

第四章

沼气工程设计

第一节 沼气工程组成

沼气工程是一套完整的系统工程。按照物料的处理阶段划分，一项完整的沼气工程应由原料预处理、厌氧发酵、沼气净化、沼气储存及利用、沼渣沼液利用等配套单元组成。按照建（构）筑物和设备划分，沼气工程包括表 4－1 所列的各项设施与设备。

按照《沼气工程规模分类》（NY/T 667—2011）的规定，厌氧消化装置单体容积大于 300 m^3，日产沼气量大于 150 m^3 的沼气工程称之为大中型沼气工程；厌氧消化装置容积在 8～10 m^3 的沼气池为户用沼气池，一般其产气量可满足 3～4 口之家的炊事用能。

表 4－1 沼气工程的设施与设备

序号	名称	用途	备注
1	建筑物		
1.1	预处理车间	物料预处理场所	
1.2	沼气净化车间	放置沼气净化设备	
1.3	沼气发电车间	放置沼气发电机组和余热回收装置	
1.4	锅炉房	放置锅炉及热水循环泵	
1.5	操作间	放置电柜、操作台等	
1.6	化验室	化验污水水质指标的实验室	选配
2	构筑物		
2.1	集水池	收集养殖场的粪污	
2.2	预处理池	调节待发酵料液	
2.3	污泥池	储存厌氧发酵罐排出的污泥	
2.4	沼液缓存池	储存厌氧发酵罐排出的沼液	

（续）

序号	名称	用途	备注
2.5	储气柜	储存净化后的沼气	
3	设备		
3.1	格栅	过滤养殖场粪污的杂质及浮渣	
3.2	立式搅拌机	搅拌预处理池内的料液	
3.3	侧式搅拌机	搅拌厌氧发酵的料液	
3.4	潜污泵	进料泵（适合低浓度料液）	
3.5	螺杆泵	进料泵（适合高浓度料液）	选配
3.6	固液分离机	分离发酵前（后）的料液	
3.7	防爆排风扇	排除室内有害气体	
3.8	沼气脱硫设备	去除沼气中的硫化氢	
3.9	沼气脱水设备	去除沼气中的水分	
3.10	沼气流量计	计量产生或使用的沼气量	
3.11	水封罐	简单去除沼气中溶于水的气体	
3.12	正负压保护器	保护储气膜	
3.13	沼气储气柜	储存沼气	
3.14	鼓膜风机	鼓吹空气，保持气膜外形	选配，配套膜式储气柜使用
3.15	沼气缓冲罐	缓存沼气，用在高压储气柜前	选配，配套高压储气罐使用
3.16	阻火器	防火、阻火	
3.17	锅炉	提供热源	
3.18	循环泵	加强热盘管热水循环	
3.19	增压风机	加快沼气输送	
3.20	硫化氢报警器	监测室内硫化氢含量	
3.21	甲烷报警器	监测室内甲烷含量	
3.22	凝水器	使沼气管道中水汽凝结	
3.23	曝气机	产生氧气	选配，用于好氧处理
3.24	滗水器	排出容器内上层料液	选配，用于好氧处理
3.25	温度传感器	监测罐内（池内）料液温度	
3.26	液位传感器	监测料液液位高度	选配
3.27	沼气发电机组	利用沼气发电产生电能	选配

第二节　沼气工程设计

沼气工程设计包括生产工艺、流程及设备的选择，参数及规模的确定，物料及能量平衡的计算，建筑物、构筑物及场区公用工程的配套设计等。

一、设计原则

沼气工程的设计应按照“减量化、无害化、资源化、生态化”的原则选择并确定工艺技术方案。

1. 减量化　沼气工程设计遵循减量化原则，就是在生产过程中减少稀缺或不可再生资源等生产物质的投入量，在处理及排放的过程中减少污染物的产生，避免产生二次污染。

2. 无害化　所谓无害化就是要选用先进工艺技术，将所有污水、粪便全部采用封闭式的厌氧发酵处理工艺，无毒无臭运行，经过厌氧发酵后的排出物，应达到去除污水中的生化需氧量（CODcr）约 80%左右，病毒菌杀灭率 96%以上，完全消除蚊蝇孳生和寄生虫生长的寄生体。

3. 资源化　所谓资源化，就是要将沼气工程生产过程中产生的各种物质进行资源化利用。粪污经过发酵、处理及加工后产生沼气、沼液及沼渣。沼气可作为清洁能源，用于锅炉燃烧或沼气发电，也可以供沼气厂区周边居民集中供气作为炊事用气使用；沼液中有富含溶解氮、磷、钾的黄腐酸，浓缩后可制成植物叶面有机喷施肥；沼渣可作为果树、蔬菜的有机肥或深加工成固体有机复合肥。一项完整的沼气工程应充分考虑上述资源的转化和利用，并在沼气工程建设中同步实施。

4. 生态化　所谓生态化就是要跳出为沼气而建设沼气工程的小圈，将沼气工程作为大生态的一个节点或环节，将其处理过程中产生的沼气、沼液和沼渣按照“养殖—能（沼气）—肥料—种植—养殖”模式形成一个可持续发展的生态环保能源工程，实现生态与经济良性循环发展。为此，沼气工程建设应与周边养殖业和种植业紧密结合，并充分考虑三者之间的合理规模。

二、设计参数

沼气工程设计的主要设计参数及其取值一般按照下述采用：

（1）发酵料液浓度：见表4-2。

表4-2　几种常见反应器的发酵浓度

发酵工艺	升流式厌氧固体反应器	完全混合式厌氧消化器	卧式推流式厌氧消化器	升流式厌氧污泥床
发酵浓度（%）	6～8	6～12	8～15	0.5～1

（2）发酵罐投料体积比：90%。

（3）发酵罐容积产气率：0.8～1.2 $m^3/(m^3 \cdot d)$。

（4）水力滞留期：20～25 d。

（5）发酵温度：25～35 ℃。

（6）发酵物pH：6.8～7.5。

（7）物料适宜碳氮比：15～25。

（8）固液分离后沼渣中含水率：70%。

（9）热电联产发电机组沼电转化率：1.5 $kW \cdot h/m^3$。

三、规模确定

沼气工程工艺确定之后，由日收集粪污原料的量推算应建沼气工程的规模。表4-3为常见单只（头）畜禽每天的产粪污量。根据收集的鲜粪和尿的数量，混合可以收集利用的污水，调配到设计工艺的料液浓度，可以得出每天的进料量，再根据滞留期推算厌氧发酵罐的规模。

表4-3　常见畜禽粪污量设计参数

畜禽种类	日产粪便量（kg）	尿液量（kg）	用水量（kg）	鲜粪干物质含量（%）
猪	2	3.3	10	18
肉牛	25	20	50	20
奶牛	30	25	60	20
羊	0.7	1.1	3.3	50
鸡	0.12	—	0.20～0.25	70

以一个存栏10 000头猪的养殖场为例，日产鲜粪20 t，若采用完全混合式厌氧发酵工艺，需将料液调配到6%，则日进料为：

$$V_{料}=20\ t/d\times18\%\div6\%=60\ t/d\approx60\ m^3/d$$

式中18%为猪粪的鲜粪干物质含量，见表4-3。

滞留期按 25 d 计算，则厌氧发酵罐体积为：

$$V_{池}=60\ m^3/d\times 25\ d\div 90\%=1\ 667\ m^3$$

式中 90%为沼气池设计的发酵罐投料体积比。

四、设计内容

1. 建筑 沼气工程中的建（构）筑物包括集水池、预处理间、预处理池（调节池）、厌氧发酵罐基础、锅炉房、沼气净化车间、沼气发电车间及储气柜等。各建（构）筑物单体设计应分别遵循相关设计规范。

2. 结构 沼气工程的结构设计依据当地的地勘报告进行，场区内各建筑物结构设计在满足使用需求下应符合《建筑结构设计规范》的有关规定。集水池、预处理池（调节池）及发酵罐等应满足相关防渗及防腐要求，地上式厌氧发酵罐还应满足抗震和防雷要求，沼气储气柜应满足气密性要求。

3. 给排水 大中型沼气工程场区应设置给水系统、排水系统和消防系统。

确定场区给水水源。由市政供水时，说明供水干管的方位、管径、供水量和水压；当建自备水源时，说明水源水质、水温、供水能力及取水方式。根据生产、生活及消防用水定额确定用水量。

场区排水应确定排放去处，当排入市政管网或外部明沟时，应说明管道、明沟的大小、坡度及排出点位置、标高。当排入河流时，应说明对排放的要求。场区雨水排放按照当地暴雨强度公式数据进行设计。

场区须设置消防设施，确定其设计参数、供水方式、设备选型及控制方法。

4. 暖通 目前大中型沼气工程一般采用中温发酵工艺，其最佳温度范围为 25～35 ℃。温度的变化对厌氧消化反应过程影响很大。在北方地区，为了保证厌氧反应在冬季仍可正常运行，必须考虑对系统实施整体保温措施，同时还需对厌氧消化罐进料进行加温处理。沼气工程暖通设计主要参考《全国民用建筑工程设计技术措施节能专篇 暖通空调·动力》和《全国民用建筑工程设计技术措施 给排水》。

（1）保温设计 系统整体保温包括管道、阀门保温；预处理池、厌氧消化罐以及储气柜的保温。对于各种管路能地埋的则地埋，地上管路采用北方地区常规保温方式实现，浅埋的管道可采用珍珠岩保温措施；对厌氧消化罐、沼气储气柜，采用聚苯乙烯或聚氨酯等材料进行强化保温。另外，在厌氧反应器旁边设置一个沼气净化间，尽可能地将管路、阀门设置在该房间内，起到保温作用。

（2）加温设计　加温负荷主要分为两部分，一部分为把参与反应物料的温度由常温提升到反应温度，这一过程主要在进料池中进行；另一部分是保证厌氧消化器在相对稳定的温度下运行，补偿其运行过程中散失到环境中的热量。为降低反应过程中的能耗，在设计中可采用较高的物料浓度，在保证有机负荷不变的情况下，降低水的含量，降低物料加温负荷。

热源的设计可采用常规能源热水锅炉、沼气锅炉、生物质能锅炉或太阳能等。

5. 供配电设计　大中型沼气工程供电应按三类负荷设计，场区内设置操作控制间、独立的动力和照明配电系统。沼气工程的安全、防爆、防雷及接地应参照《建筑设计防火规范》（GBJ 50016—2006）、《建筑物防雷规范》（GB 50057—2010）及《交流电气装置的接地设计规范》的有关规定（GB/T 50065—2011）等相关条款执行。预处理车间、操作间等可能产生沼气的场所应安置排气通风装置。控制室应有良好的照明，并设有监控所有设备运转、故障、程序操作、显示的控制屏，具有集中和就地操作的功能。沼气净化间应有沼气、硫化氢泄漏紧急状态报警装置，且应有可靠的自动控制系统进行自动检测、自动排气通风。

五、选址与布局

沼气工程是以厌氧消化为主要技术，集污水处理、沼气生产、资源化利用为一体的系统工程，具有特定的工艺要求，一次性建设，长期使用。为了保证工程质量，延长使用寿命和运用管理方便，合理地选择工程建设位置以及优化总平面布置是一个非常重要的环节。

1. 户用沼气工程

（1）选址与平面布局　户用沼气池建造应与庭院建设相统一。在现有庭院内建设应充分结合原有设施，进行“一池三改”（沼气池，改圈、改厕、改厨）；新建庭院则应统一规划，先建沼气池，后建猪圈等，以保证沼气工艺的连续性，同时达到冬季保温的目的。

① 选址。一般地说，池址宜选择在土质坚实、地势高、地下水位低、背风向阳、出料方便和周围没有遮阳建筑物的地方，尽量远离树木和公路，不要在低洼、不易排水的地方建池。

建池位置要尽量避开竹林和树林，开挖池坑时，遇到竹根和树根要切断，在切口处涂上废柴油或石灰使其停止生长以至腐烂，以防树根、竹根侵入池体内，破坏池体，引起漏水漏气。当池基靠近房屋时，应根据开挖深度采取相应保护和加固措施，防止损伤房屋地基基础，避免引起房屋倾斜和倒坍。池址应避开古墓、溶洞、滑坡、流砂地段，应远离铁路、公路。对于软质地基，可考虑采取人工换土措施，尽量做到不占良田。

②平面布局。对于农村户用沼气池，考虑到物料来源、运用和管理方便，应尽可能将沼气池、畜禽舍、厕所三者结合起来修建，即常说的“三结合”建池（图4-1）。沼气池与地上建筑物结合建设时，出料口宜设在建筑物之外，池体设在建筑物内或建筑物的下方，方便管理的同时还有利于保持适宜的池温。地面建筑物朝向在北纬38°～40°地区宜坐北朝南；北纬38°以南地区，方位角可以偏东南5°～10°；北纬40°以北地区，可偏西南5°～10°。

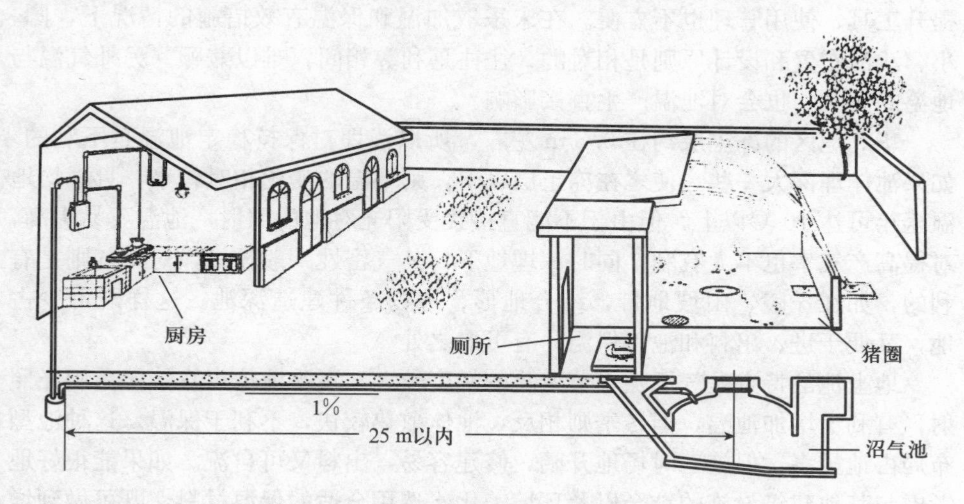

图4-1　三结合沼气池平面布局示意图

沼气池应与农户庭院设施建设统一规划，在建造沼气池的同时，同步建设或改建畜禽舍、厕所和厨房。在沼气池与猪圈、厕所“三结合”的前提下，做到住房、猪栏、厕所、沼气池等科学规划，合理布局。先建沼气池，后建猪圈和厕所，使人畜粪便随时流入沼气池，以达到连续进料和冬季保温的目的，有利于消灭蚊蝇，改善农村的环境卫生，减少疾病的发生。沼气池应尽可能建造在靠近用气的地方，以便节约输气导管。

目前我国农村家用沼气池大多修建在住户的庭院内或庭院以外，临近村路，与厕所、猪圈结合，浅埋地下，基本上符合上述原则。这种布局的好处是进料方便，改善了卫生条件，施工简便。但也存在不足，沼气池与其他建筑设施结合不够，总体布局还欠紧凑，也未能很好地考虑环境美化，沼气池离炉灶距离也较远，输气导管长，使用管理不太方便。农村“三结合”庭院沼气设施与厨房的距离一般应控制在 25 m 以内。

（2）埋深与立面布局　关于沼气池的立面布局和埋深问题，鉴于地区地形和气候条件的差异，不能一概而论，是一个有待研究和商榷的问题。例如，我国北方地区的农村沼气池多修筑在地下，池底一般距地面 2.5～3.0 m 左右，池体很大一部分埋置在冻土层内，池顶至地面距离一般为 0.3～0.4 m，这样就给沼气池的温度条件带来一些不利影响：夏季不能直接接受阳光照射，提高池温，冬季则由于池体总的埋深浅，池体与冻土层的接触面较大，热损耗大，不利于保温，影响产气。此外，由于池体埋置地下，出料不能实现自流，需要提升工具，使用管理也不方便。在未采取加温和保温有效措施的情况下，圆、小、浅的布置和设计原则是相对的，往往是利弊相间，难以兼顾。另外气温与地温的变化，也会对池温产生直接影响。

华北地区的冻土层约在 0.8 m 左右，所以浅埋对保持稳定池温是不利的。如果池体埋深大一些，使之在冻土层以下，则地温的变化相对较小，且平均地温全年可达 10 ℃以上，但由于不能直接接受阳光对池的照射，池温不易提高，对提高产气率也不太有利。同时深埋地下，其气密性一般较好，对产气则是有利的，如在丘陵、山坡地带，结合地形、地物条件建造深池，这样既可少占地，又便于进、出料和池体保温，有可取之处。

地上池的特点是气温随季节变化的幅度较大，夏季池体可直接接受阳光照射，有利于增加池温，但冬季则相反，池体散热较快，不利于保温。这种池型布局占地虽多，但施工时场地开阔，修建容易，出料又可自流。如果能很好地考虑与其他建筑设施的结合以及环境美化，选用合适的保温材料，既可做到增强夏季池体吸热效能，又能提高冬季保温的积极效果，这样便可弥补其占地多和散热快的缺陷。半地下池的特点界于地上池与地下池之间，如能扬长避短，实为可取。

总之，池址和池体的布局受着多种条件和因素的影响，必须因地制宜，综合比较，并考虑新农村建设的统筹规划，才能合理确定。主观和盲目地选择，必将给施工和今后的正常使用带来不利影响。

2. 大中型沼气工程

（1）工程选址　大中型沼气工程技术，是一项以开发利用养殖场粪污为对象，以获取能源和治理环境污染为目的，实现农业生态良性循环的农村能源工程技术，工程选址应符合下列要求：

① 尽量靠近发酵原料的产地和沼气利用地区，还应与总排出口相衔接。

② 位于厂区或场区主导风向的下风侧。

③ 便于处理后的污水、污泥的排放与利用。

④ 有较好的工程地质条件。

⑤ 满足安全生产和卫生防疫要求。

⑥ 尽量减少土方量的开挖与回填。

⑦ 不受洪水威胁，有良好的排水条件。

⑧ 有较好的供水、供电的条件和交通方便。

（2）总平面布局　大中型沼气工程总平面布局应根据各建（构）筑物的功能和工艺要求，结合地形、地址、气象等因素进行设计，并应便于施工、运行、维护和管理，同时还应符合《规模化畜禽养殖场沼气工程设计规范》（NY/T 1222—2006）的要求。

沼气工程场区应合理分区，一般包括生活管理区、辅助生产区和生产区，各单体建（构）筑物布置应符合下列要求：

① 生活管理区内各设施除必须与生产建（构）筑物结合布置外，宜集中布置，当区域主导风向明显时，宜集中布置在主导风向的上风侧；当区域风向频率明显时，宜布置在污染系数最小方位侧。

② 沼气工程场区各建（构）筑物间距宜紧凑、合理，并应满足各建（构）筑物的施工、设备安装、管道埋设及维护管理的要求。

③ 沼气工程场区中厌氧消化器、储气柜、输配气管道和其他危险品仓库等总平面布置应满足《建筑设计防火规范》（GB 50016—2006）及《沼气工程技术规范》（NY/T 1220—2006）相应条款的规定。储气柜属于易燃易爆容器，储气柜与周围建筑物之间应有一定的安全防火距离，具体规定如下：

a. 湿式储气柜之间防火间距，应不小于相邻较大柜的半径。

b. 干式储气柜的防火距离，应大于相邻较大柜（罐）直径的 2/3。

c. 储气柜与其他建筑物、构筑物的防火间距应不小于表 4-4 中的规定。

d. 容积小于 20 m^3 的储气柜与站内厂房的防火间距不限。

e. 气罐区周围应有消防通道，罐区应留有扩建的面积。

④ 场区工艺管线、给排水管线及电力管线应统筹安排，避免迂回曲折和相互干扰，工艺管线及给排水管线应尽量减少管道弯头，以便减少能量损耗和便于疏通。各种管线应有不同的标识。

⑤ 场区总平面布置应设消防车进出通道，单车道宽度应大于 4 m，双车道

宜为 6～7 m，并宜设环形车道。场区四周应设置不低于 2.0 m 高的实体围墙，与其他生产、生活区分开。场区绿地面积不宜小于场区总面积的 30%。

表 4-4　储气柜与建筑物的防火间距

名称			湿式可燃气体储罐的总容积 V(m^3)			
			$V<1\,000$	$1\,000\leqslant V<10\,000$	$10\,000\leqslant V<50\,000$	$50\,000\leqslant V<100\,000$
甲类物品仓库 明火或散发花火的地方 甲、乙、丙类液体储罐 可燃材料堆场 室外变、配电站			20	25	30	35
民用建筑			18	20	25	30
其他建筑	耐火等级	一、二级	12	15	20	25
		三级	15	20	25	30
		四级	20	25	30	35

3. 竖向布局　沼气工程场区竖向布置应按工艺流程要求进行布置，尽量利用自然地势高差使污水、污泥依靠重力的作用在处理系统中顺畅流动，以减少提升动力。

第三节　沼气工程设备选型

一、设备选型原则

沼气工程设备选型原则为：充分考虑设备的安全性、操作性、经济性、环保型等各方面因素，选择成本价格低、操作简单、投资回报高、能耗低、维修费用低的设备产品。

（1）设备选型力求经济合理，满足工艺的要求，并配合土建构筑物形式的要求。

（2）潜水电机的防护等级不低于 IP68，其他配套电机和就地控制箱防护等级不低于 IP55。

（3）考虑到污水介质的特性，设备材料的选用应考虑与介质接触部分采用耐腐蚀的不锈钢材料或铸铁和高强度塑料材料，其余材料可以是碳钢材料，但必须做防腐处理。

二、设备选型

1. 发酵罐

（1）钢筋混凝土发酵罐　钢筋混凝土发酵罐是利用钢筋的抗拉强度和混凝土的抗压强度上的互补优势，通过现场浇筑，从而得到较好的强度和防水性能的罐体。由于混凝土具有耐酸碱、耐高温等优良性能。能够很好地保护内部钢筋，使之免受腐蚀，因此结构具有很好的防腐性能。结构成型后，进行简单的防腐和防渗处理就可以满足工程需要，使用寿命长，可达 30 年。钢筋混凝土发酵罐投资较低，后期维护和运行管理费用较低，但设备回收利用价值低。

（2）钢结构厌氧发酵罐　钢结构厌氧发酵罐是由碳钢板现场加工焊接而成的反应容器。焊接完毕后所有焊缝必须做煤油渗漏或探伤检查，对于易变形或与外界连接的管口以及角铁衔接等部位应采取加固或补强措施；钢结构发酵罐焊接成型后，应做内外壁的防腐处理和底部防渗处理，特别要注重对气液交界线上下 0.5 mm 范围的防腐处理。钢结构厌氧发酵罐相对钢筋混凝土发酵罐而言投资较大，且对施工工人技术要求高，但设备回收利用价值高。

（3）搪瓷钢板拼装发酵罐　搪瓷钢板拼装发酵罐是使用软性搪瓷或其他防腐预制钢板，以快速低耗的现场拼装使之成型的装置。搪瓷预制钢板外面的保护层不仅能阻止罐体腐蚀，而且具有抗酸碱的功能。拼装罐具有技术先进、性能优良、耐腐蚀性好、施工快捷、维修便利、外观美观、可拆迁等特点，其使用寿命达 30 年。罐体的钢板采用螺栓连接方式拼装，连接处加特制密封材料，能够保证罐体的密封和防腐性能。

（4）利浦罐（Lipp）　利浦罐，也称螺旋双折边咬口反应器，其技术工艺为利用金属加工时的可塑性，通过专用技术和设备，将一定规格的钢板通过上下层之间的咬合形式螺旋上升和连续的咬合筋，加工成内部为平面的圆柱形罐体。该制罐技术是德国人萨瓦・利浦（Xavef Lipp）的专利技术，并以此而命名。该技术具有施工周期短、造价相对较低、质量好、节省材料等优点，适用于大型发酵罐的建造。

2. 泵

（1）泵的选型原则　沼气工程中泵的选型应根据工艺流程和给排水要求，从液体输送量、装置扬程、液体性质、管路布置、操作运转条件以及泵的用途和性能等方面进行考虑，确定泵型。其选型原则为：

① 以最大流量为依据，结合正常流量，在没有最大流量时，通常可取正

常流量的 1.1 倍作为最大流量。

② 考虑液体性质，包括液体介质种类、物理性质、化学性质等。物理性质有温度、密度、黏稠度及介质中固体颗粒直径和气体的含量等；化学性质主要考虑物料的化学腐蚀性。所以，针对沼气工程处理的原料，必须满足介质特性的要求，比如要求泵与流体接触的部件应采用耐腐蚀、耐磨材料，且轴封密封可靠等。

③ 考虑管路布置条件，即送液高度、送液距离、送液走向、吸入侧最低液面及排出侧最高液面等基础数据和管道规格及其长度、材料、管件规格、数量等。

④ 采用可靠性高、噪声小、振动小、经济合理的水泵。

(2) 沼气工程常用泵　沼气工程中的进料泵，应根据进料料液总固体（TS）含量的不同，选择不同型号的水泵，一般情况下，低浓度采用潜污泵，高浓度采用螺杆泵。

① 潜污泵

a. 组成与特点。潜污泵（图 4-2）主要由无堵塞泵、潜水电机、机械密封和铰刀组成。泵体通常采用大通道抗堵塞水力部件设计，能有效地通过直径 25～80 mm 的固体颗粒。在运行工作中，铰刀能将纤维状物质或小形块状杂质撕裂切断。潜污泵安装方便灵活，噪声小，缺点是输送含固率高的介质时易损坏，介质含固率高于 4%时不宜选用。

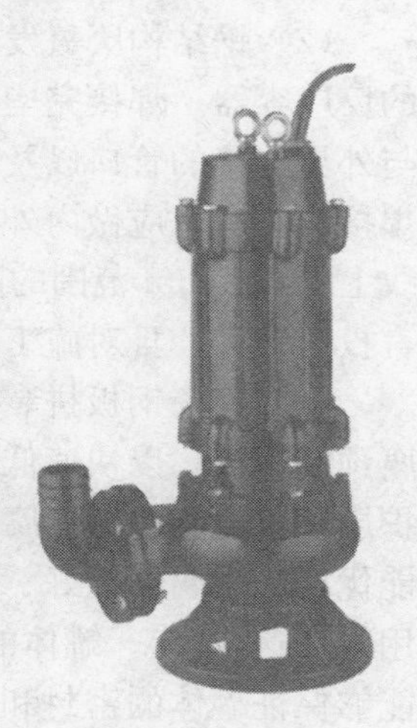

图 4-2　潜污泵

b. 型号。潜污泵型号包括出水管径、流量、扬程、电机功率等，其型号说明如下：

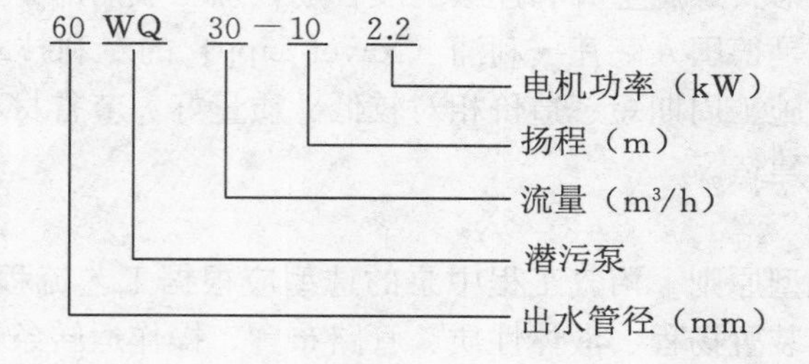

② 螺杆泵

a. 组成与工作原理。螺杆泵是一种螺杆式输运泵，按螺杆数量分为单螺杆泵（单根螺杆在泵体的内螺纹槽中啮合转动的泵）、双螺杆泵（由两个螺杆相互啮合输送液体的泵）及多螺杆泵（由多个螺杆相互啮合输送液体的泵）。目前，沼气工程中使用的螺杆泵多为单螺杆泵。螺杆泵属于容积式泵，主要工作部件由定子和转子组成，结构如图 4－3 所示。其工作原理是当电动机带动泵轴转动时，螺杆一方面绕本身的轴线旋转，另一方面它又沿衬套内表面滚动，于是形成泵的密封腔室。螺杆每转一周，密封腔内的液体向前推进一个螺距，随着螺杆的连续转动，液体被螺旋地从一个密封腔压向另一个密封腔，最后被挤出泵体。由于螺杆是等速旋转，所以液体流出的流量也是均匀的。

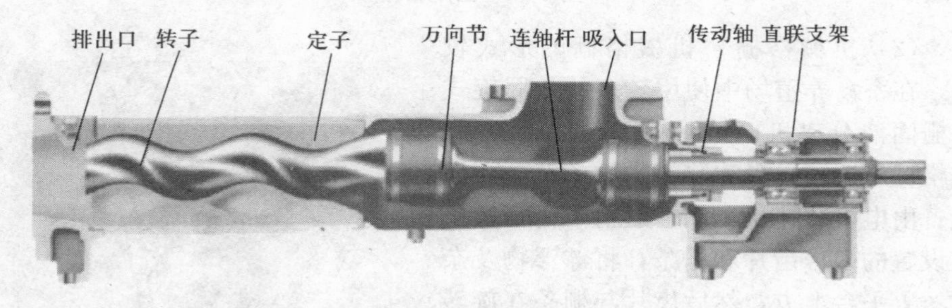

图 4－3　螺杆泵结构

b. 螺杆泵特点。螺杆泵在沼气工程中较为常见，具有以下优点：

·运行压力和流量范围广。

·运送液体的种类和黏度范围宽广（颗粒直径可达 30 mm，纤维长可达 350 mm）。

·泵内的回转部件惯性力较低，故可使用很高的转速。

·吸入性能好，具有自吸能力。

·流量均匀连续，振动小，噪声小。

·与其他回转泵相比，对进入的气体和污物不太敏感。

·结构坚实，安装保养容易。

3. 格栅　在沼气工程中，沉砂池、集水井及泵前须设置格栅，以防堵塞水泵、输料管及其他设备。

（1）固定格栅　固定格栅由一组平行的金属栅条或筛网组成，如图 4－4 所示。栅条间距一般为 15～30 mm，安置在污水渠道、场区污水收集井的进口处，用以截留较大的漂浮物，如粗纤维、碎皮、毛发、木屑及塑料制品等，以便减轻后续处理的处理负荷，保证泵体等设备正常运转。

图 4－4　固定格栅

（2）机械格栅　机械格栅的形式较多，在畜禽养殖场中使用较多的是回旋式格栅固液分离机，如图 4－5 所示。回旋式格栅可连续自动清除污水中的杂质，该设备由电机减速机驱动，牵引不锈钢链条上设置的多排齿片和栅条，将漂浮物及杂质送上平台上方，然后齿片与栅条在旋转啮合过程中自行将污物挤落。

图 4－5　回旋式格栅机

4. 搅拌设备

（1）搅拌方式　在沼气发酵中，适当的搅拌能够增大微生物与原料的接触面，促进沼气发酵，提高产气率，防止池体固形物沉渣、料液产生结壳现象。沼气工程中用到搅拌设备的地方有进料调节池和厌氧发酵罐。运用的搅拌方式有水力搅拌、蒸汽搅拌、沼气搅拌和机械搅拌。

① 水力搅拌。水力搅拌一般也称沼液回流水力搅拌，即从发酵罐顶部抽取料液通过管道泵送至发酵罐底部，从而达到搅拌的目的。水力搅拌利用料液在消化器内的内部流动来解决消化器内固形物沉渣、结壳等问题，同时也克服了消化器出料造成微生物流失的问题，减少工程沼液排放而造成的二次污染，提高沼气工程运行效率。

② 蒸汽搅拌。在厌氧消化器内设置蒸汽管道喷头，将蒸汽锅炉产生的蒸汽输入待加热容器中，一方面起到加温的作用，另一方面利用气体和液体

的密度差及在外循环过程中加入的能量，形成内部循环，从而达到搅拌的目的。

③ 气体搅拌。气体搅拌就是通过气泡在物料中的运动来实现对物料搅拌的目的。在沼气发酵中，气体搅拌主要指沼气循环搅拌。沼气经压缩加压后由分气缸进入沼气发酵罐，罐内原料在沼气的推动下形成循环。相对于机械搅拌和水力搅拌，沼气搅拌具有罐内设备少、结构简单、施工维修简便、机械性磨损低、搅拌效果好、效率高、设备运转费用低等优点，比较适合污泥厌氧消化的混合搅拌过程。

④ 机械搅拌。沼气工程运用的机械搅拌主要有立式搅拌、斜式搅拌和侧式搅拌。立式搅拌主要运用在原料预处理和带有顶盖的发酵罐中，同时具有防止浮渣结壳的作用。斜式搅拌主要用在径高比大的大型发酵罐中，在国外运用得比较多。侧式搅拌主要运用在需要混合搅拌的大型发酵罐中，其工作特点是利用外置的动力装置，通过传动轴带动封闭容器内的叶轮旋转，从而进行固、液、气体的混合搅拌，以阻止固体物的沉淀。

（2）搅拌设备

① 潜水搅拌机。潜水搅拌系列产品选用多级电机，采用直联式结构，由电机、叶轮、护罩、导轨和升降吊链组成，其外观形状如图4-6所示。叶轮通过精铸或冲压成型，精度高，推力大，外形美观流畅，结构紧凑，能耗低，效率高。潜水搅拌机型号说明如下：

图 4-6　潜水搅拌机

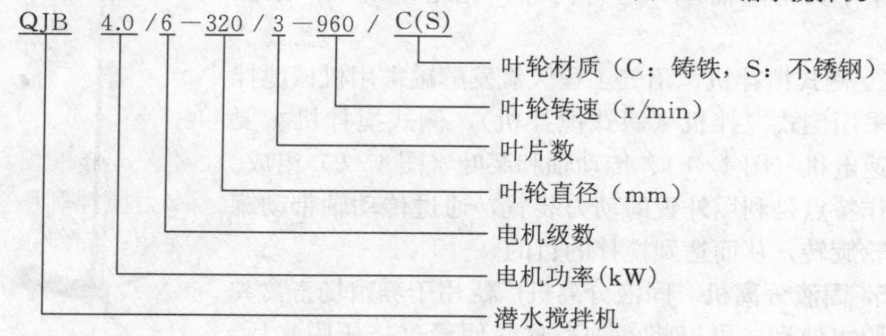

潜水搅拌机在额定电压为 380 V、频率为 50 Hz、绕组绝缘等级为 F 级、防护等级为 IP68 条件下的性能参数见表 4-5。

表 4-5　潜水搅拌机的性能参数

潜水搅拌机型号		功率 (kW)	电流 (A)	叶轮直径 (mm)	叶轮转速 (r/min)	推力 (N)
铸件式潜水搅拌机	QJB0.85/8-260/3-740C	0.85	3.2	260	740	165
	QJB1.5/6-260/3-980C	1.5	4	260	980	300
	QJB2.2/8-320/3-740C	2.2	5.9	320	740	320
	QJB4/6-320/3-960C	4	10.3	320	960	610
冲压式潜水搅拌机	QJB1.5/8-400/3-740S	1.5	5.4	400	740	600
	QJB2.5/8-400/3-740S	2.5	9	400	740	800
	QJB4/6-400/3-980S	4	12	400	980	1 200
	QJB4/12-620/3-480S	4	14	620	480	1 400
	QJB5/12-620/3-480S	5	18.2	620	480	1 800
	QJB7.5/12-620/3-480S	7.5	27	620	480	2 600
	QJB10/12-620/3-480S	10	32	620	480	3 300
	QJB15/12-620/3-480S	15	37.8	620	480	3 800

② 立式搅拌机。立式搅拌机由电机、支架、联轴器、搅拌轴和桨叶组成，如图 4-7 所示。根据桨叶的不同可分为框式搅拌机、折叶式搅拌机及推进式搅拌机。沼气工程中应用较为广泛的是推进式搅拌机。推进式搅拌机具有曲面轴流桨，能够推动高浓度的物料，耗用功率小，构造简单，运行可靠，无堵塞现象，维护简便。

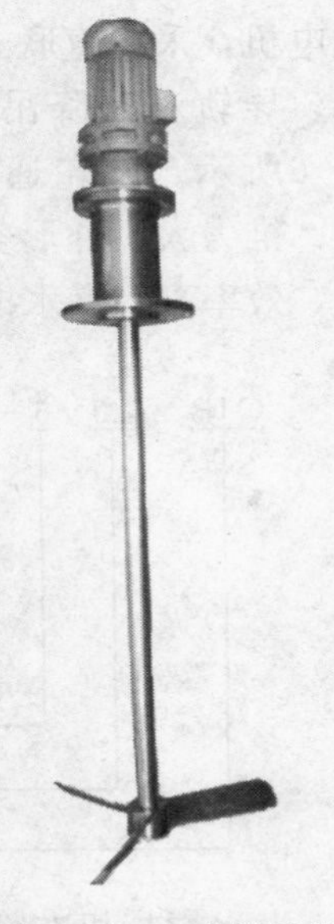

图 4-7　立式搅拌机

③ 侧式搅拌机。沼气工程厌氧发酵罐采用机械搅拌时常采用侧式搅拌机（斜式搅拌机），侧式搅拌机主要由减速电机（图 4-8）、传动轴和桨叶（图 4-9）组成。其工作特点是利用外置的动力装置，通过传动轴带动罐内叶轮旋转，从而达到搅拌的目的。

5. 固液分离机　固液分离机广泛用于养殖场畜禽粪便的脱水处理，可以将各种畜禽粪便经过挤压脱水后，分成固态和液态。沼气工程中的固液分离机一般用在污水进入厌氧发酵反应之前或经过厌氧发酵反应之后。污水经过固液分离后进行厌氧发酵反应，可有效分离出污水中的干物质，减少污水的化学需氧量（CODcr）和生化需氧量（BOD_5），从而减轻厌氧消化器的运行负荷，缩小厌氧消化器的设计容积，减少沼气工程的建设投资。经过厌氧发酵反应的料液经过固液分离后可将料液中的沼渣转化为固体有机肥，将料液中的沼液转化为液体有机肥，使沼渣和沼液得到充分利用。

图 4－8　侧式搅拌机电机

图 4－9　侧式搅拌机桨叶

（1）螺旋挤压式固液分离机　目前，沼气工程中使用的固液分离机一般为螺旋挤压式固液分离机，主要由主机、无堵塞泵、控制柜、管道等组成。主机有机体、网筛、挤压绞龙、减速电机、进料口、出料口、出渣口、配重等组成，如图 4－10 所示。其工作原理为用无堵塞泵将未经发酵的污水泵入机体，在电机的驱动下经动力传动，挤压绞龙将粪水逐渐推向机体前方，同时不断提高前缘的压力，迫使物料中的水分在绞龙的作用下被挤出网筛，经出料口排出。挤压机的工作是连续的，其物料不断泵入机体，前缘的压力不断增大，当达到一定程度时，就将卸料口顶开，从出渣口排出，达到挤压出料的目的。

（2）带式压滤机　带式压滤机通常都由沥干部分和压榨部分组成，包括过滤带、压力带、驱动辊、滤带冲洗装置等，如图 4－11 所示。粪污进入过滤机后先在过滤带的前半部分进行自然过滤，析出水分，再经过楔形通道进入挤压阶段，挤压部分由过滤带和压力带组成，过滤带为一条合成纤维或金属丝织成的环形筛带，在压力带和过滤带的作用下，物料进一步脱水，直至挤压为滤饼从压滤机另一端排出。此外，为保持过滤带平面平整度及滤水性，在压滤机下方设冲洗喷头定期清理过滤带。

（3）水力筛　水力筛主体为由楔形钢棒经精密加工制成的不锈钢弧形或平面过滤筛面。水力筛工作时待处理废水通过溢流水箱均匀流到倾斜筛面上，由

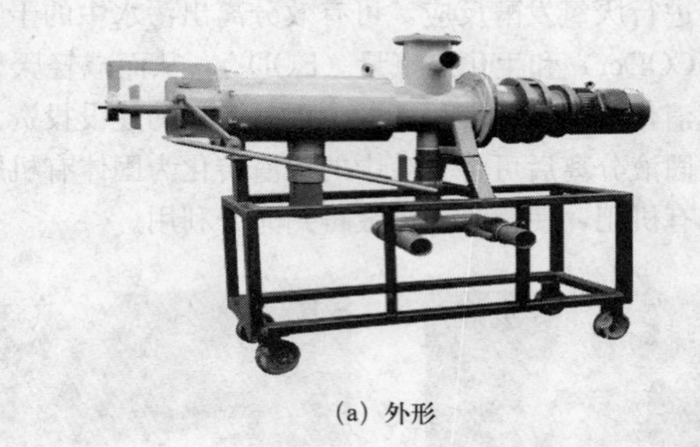

(a) 外形

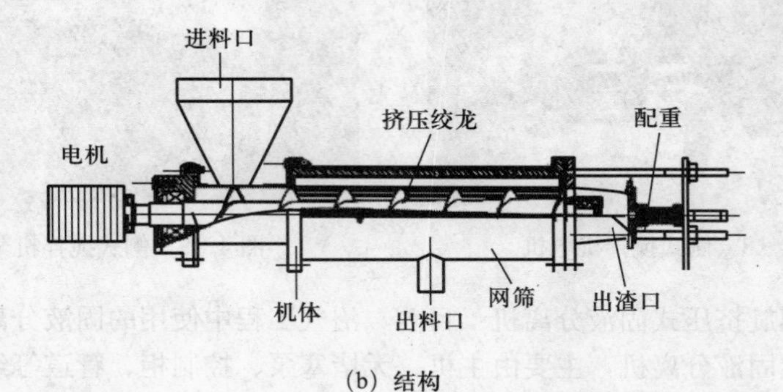

(b) 结构

图 4－10　固液分离机

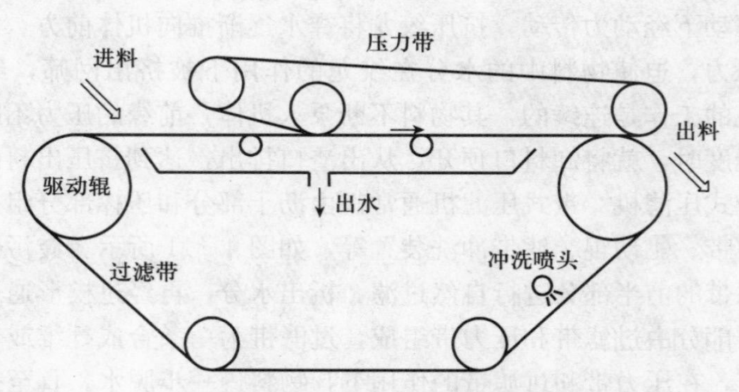

图 4－11　带式压滤机结构示意图

于筛网表面间隙小、平滑，背面间隙大，排水顺畅，不易阻塞，固态物质被截留，过滤后的水从筛板缝隙中流出，同时在水力作用下，固态物质被推到筛板下端排出，从而达到固液分离的目的。其结构示意图和现场运行图如图 4－12、图

4-13 所示。

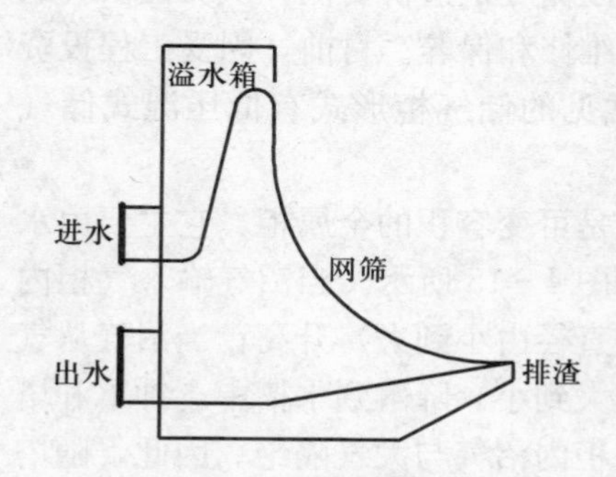

图 4-12　水力筛结构示意图

图 4-13　水力筛现场运行图

6. 沼气发电机组

（1）沼气发电机组的组成　沼气发电是集环保和节能于一体的能源综合利用新技术，即利用沼气驱动沼气发电机组进行发电，并可充分利用发电机组的余热用于沼气生产的过程，其综合热效率可达 80%左右。沼气发电机组由控制电柜、发电机、底座及其他组件组成，如图 4-14 所示。发电机由进气系统、直流电源、散热系统、排气系统及电力转化装置组成。

图 4-14　沼气发电机组实物图

（2）沼气发电机组的选型　沼气发电机组选型时应注意单个发电机组功率须大于单个用电设备的最大功率。

以一个日产气 2 000 m^3 的沼气工程为例，沼气可发电量为：

$$1.5(kW \cdot h)/m^3 \times 2\,000\ m^3 = 3\,000\ kW \cdot h$$

发电机组按日工作 24 h 计算，需配套发电机组功率为：

$$3\,000\ kW \cdot h \div 24\ h = 125\ kW$$

可选配一台 120 kW 发电机组或两台 60 kW 发电机组。

7. 储气柜　大中型沼气工程由于厌氧消化装置工作状态的波动及进料量和浓度的变化，单位时间沼气的产量也有所变化。当沼气作为生活用能进行集中供气时，由于沼气的生产是连续的，而沼气的使用是间歇的，为了合理、有效地平衡产气与用气，通常采用储气的方法来解决。从耗材及一次投资多少来看，储存相同体积的沼气，常压储气柜比高压储气柜造价要低；从保证供气的可靠性来看，最好设有两个储气柜，以便于维修和保养。目前，因受工程投资的限制，多数沼气工程只建一座储气柜。常见的储气柜形式有低压湿式储气柜、低压干式储气柜和高压干式储气柜。

（1）低压湿式储气柜　低压湿式储气柜是可变容积的金属柜，它主要由水槽、钟罩、塔节以及升降导向装置组成，如图 4－15 所示。当沼气输入气柜内储存时，放在水槽内的钟罩和塔节依次（按直径由小到大）升高；当沼气从气柜内导出时，塔节和钟罩又依次（按直径由大到小）降落到水槽中。钟罩和塔节、内侧塔节与外侧塔节之间，利用水封将柜内沼气与大气隔绝。因此，随塔节升降，沼气的储存容积和压力也将随之发生变化。

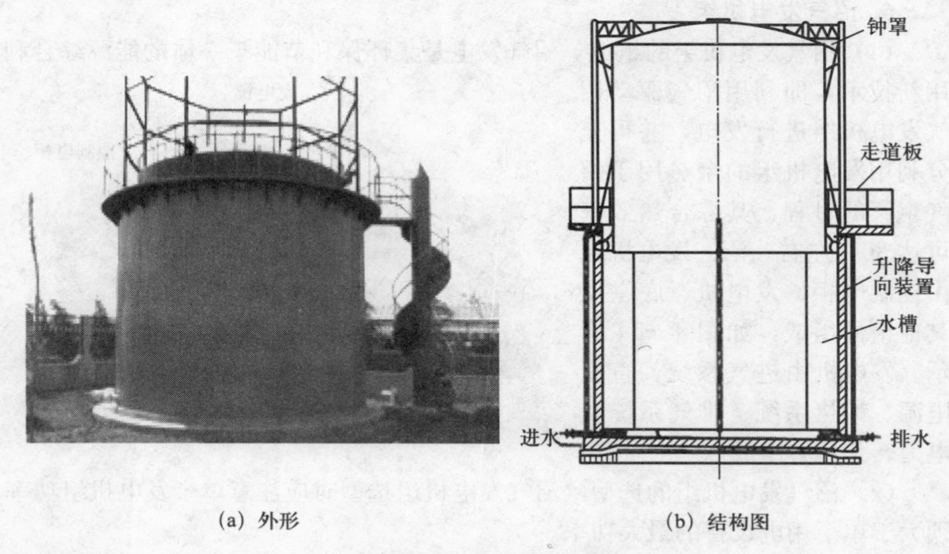

(a) 外形　　(b) 结构图

图 4－15　低压湿式储气柜

由于目前沼气的供应规模还不大，储气容量较小，当储气容量小于 3 000 m^3 时，可采用单节储气柜。储气柜内的沼气压力按下式确定：

$$P=W/F$$

式中　P——沼气压力（Pa）；

W——上升钟罩重力（N）；

F——上升钟罩的水平截面积（m^2）。

根据导轨形式的不同，湿式储气柜可分为外导架直升式气柜、无外导架直升式气柜和螺旋导轨气柜3种。

① 外导架直升式气柜。直导轨设在钟罩和每个塔节上，与上部固定框架连接。这种结构一般用在单节或两节的中小型气柜上。其优点是外导架加强了储气柜的刚性，抗倾覆性好，导轨制作安装容易。缺点是外导架比较高，施工时高空作业和吊装工作量较大，钢耗比同容积的螺旋导轨气柜略高。

② 无外导架直升式气柜。直导轨焊接在钟罩或塔节的外壁上，导轮设在下层塔节和水槽上。这种气柜结构简单，导轨制作容易，钢材消耗小于有外导架直升式，但它的抗倾覆性能最差，一般仅用于小型的单节气柜上。

③ 螺旋导轨气柜。螺旋形导轨焊在钟罩或塔节的外壁上，导轮设在下一节塔节和水槽上，钟罩和塔节呈螺旋式上升和下降。这种结构一般用在多节大型储气柜上。其优点是没有外导架，因此用钢材较少，施工高度仅相当于水槽高度。缺点是抗倾覆性能不如有外导架的气柜，而且对导轨制作、安装精度要求高，加工较为困难。

湿式储气柜的优点是结构简单、容易施工、运行密封可靠。但缺点也很明显：在北方地区，水槽要采取保温措施或添加防冻液；水槽、钟罩和塔节、导轨等常年与水接触，必须定期进行防腐处理；水槽对储存容积来说为无效容积。

（2）低压干式储气柜　低压干式储气柜又可分为筒仓式储气柜、低压单膜（双膜）储气柜和低压储气袋。

① 筒仓式储气柜。筒仓式储气柜是由圆柱形外筒、沿外筒内面上下活动的活塞和密封装置以及底板、立柱、顶板组成，其外形如图4－16所示。

图4－16　筒仓式储气柜

干式储气柜的最大问题是对气体的密封，即如何防止在固定的外筒与上下活动的活塞之间滑动部分间隙的漏气问题。目前最常采用的密封方法有两种。

a. 稀油密封。对滑动部分的间隙充满液体进行密封，同时从上部补给通过间隙流下的液体量。早期采用煤焦油作为密封液，目前密封油广泛采用润滑油系统的矿物油。密封油可循环使用。这种密封方法是20世纪80年代开始使用的技术，目前在储存大容量的燃气上仍在使用。

b. 柔膜密封。在外筒部下端与活塞边缘之间贴有可挠性的特殊合成树脂膜，膜随活塞上下滑动而卷起或放下，达到密封的目的。沼气储存在活塞以下部分，并随着活塞的上下移动而增减其储气量，它不像湿式储气柜那样有水槽，因此，可以大大减少基础荷重。

柔膜密封干式储气柜的构造要求为：气柜底板及侧板全高 1/3 的下半部分要求气密，侧板其余 2/3 的上半部分及柜顶不要求气密，因此可以任意设置洞口，以便工作人员进入活塞上部，这对检查及管理颇为有利。侧板气密部分的上端与活塞挡板及活塞之间，用特制的密封帘组成。如图 4－17 所示。活塞外周装有一波纹板，它的作用可以补偿活塞在运转中由于密封设备的位置改变所引起的圆周方向长度的变化，同时承受内部燃气的压力。

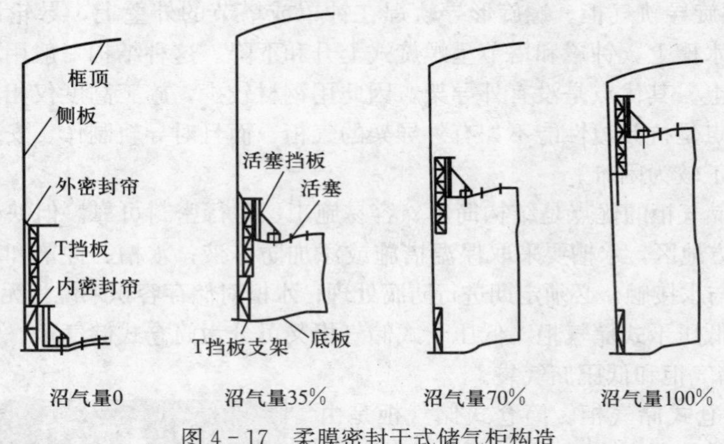

图 4－17　柔膜密封干式储气柜构造

当储气柜内没有沼气时，活塞全部落在底板上，T 挡板则停在周围略高的台上，当沼气从侧板下部进入柜内达到一定的压力值后，活塞首先上升，然后带动 T 挡板同时上升至最高点。而此时密封帘随着活塞及 T 挡板的位置作卷上或卷下变形，在变形运动的全部过程中没有摩擦。活塞与 T 挡板的运动依靠密封帘及平衡装置与侧板间的充分空隙可以自动地调向中心，因此活塞的升降运动非常圆滑，也很少倾斜。由于加重块系放在活塞上部，故可以增加储气压力，一般为 6 kPa。

柔膜密封干式储气柜几个关键的部件包括密封帘、活塞调平装置和活塞挡板。

Ⅰ. 密封帘。密封帘的作用是密封气体，它是储气柜的核心部件，密封帘应具备以下特性：

· 具有较强的抗腐蚀性和耐老化性。

· 对储存的气体应具有不透性。

·对动作中所引起的应力应具有足够的强度。

·应具有很好的弹性，可防止运动变形所引起的损伤。

·应具有广泛的使用温度范围。

另外，由于密封帘在储气柜中不断地卷上卷下反复变形，因此要求它具有较好的机械性能，具体要求如下：

·在伸垂后应有能回复原状的性能。

·不易折坏。

·具有耐压缩性。

根据上述各点要求，密封帘在机械性上应取较大的安全系数，以防止产生裂缝、褶纹、折坏，并且在储气柜内要有适当的环状间隙。

目前采用的密封帘多为尼龙车胎作底层，外敷氯丁合成橡胶或腈基丁二烯橡胶等材料。氯丁橡胶对一般工业用气体具有很好的耐腐蚀性。

Ⅱ. 活塞调平装置。活塞调平装置是由活塞径向对称引出的钢绳，通过滑轮连接到同一配重块上，如图 4－18 所示。当这两个径向对称点发生倾斜时，与高点连接的钢绳松弛，与低点连接的钢绳拉紧，这样由配重所产生的重力就全作用在与低点连接的钢绳上，可保证活塞在各方向的水平度；同时，当活塞旋转时，也能自动将其调向原位置。

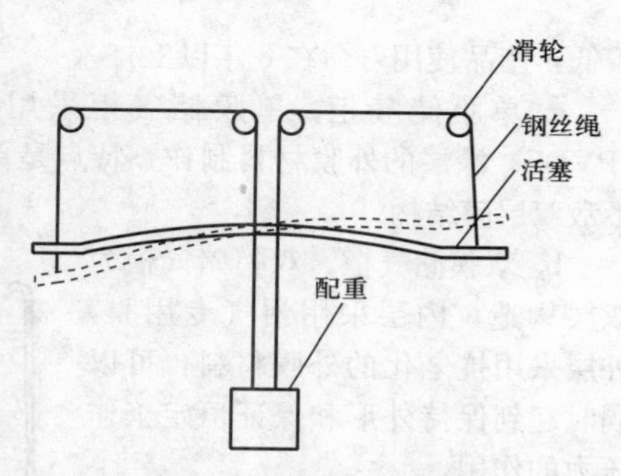

图 4－18　活塞调平装置

Ⅲ. 活塞挡板。活塞挡板是一筒形钢结构组合架，与侧板形成空间，与橡胶密封膜连成一个密封体。在活塞挡板上下装有限位导轮，以限制径向偏移。活动挡板顶面构成一个环形走台，通过侧板上的门，操作人员可到顶部走台进行维修检查。

② 低压单膜（双膜）储气柜。单膜（双膜）系列储气柜由内膜、外膜和底膜 3 部分组成（图 4－19）。内膜或底膜形成封闭空间储存沼气，外膜和内膜之间则通入空气，起控制压力和保持外形等作用。储气柜的压力通常在 0～5 kPa。

低压单膜（双膜）储气柜具有技术先进、抗风载、耐硫化氢、耐紫外线、阻燃、自洁等优点，可解决防腐难、冬季防冻问题。如果采用进口织物作为储气柜材质，产品使用寿命可达 15～20 年，而采用国产材质的储气柜成本相对

(a) 外形

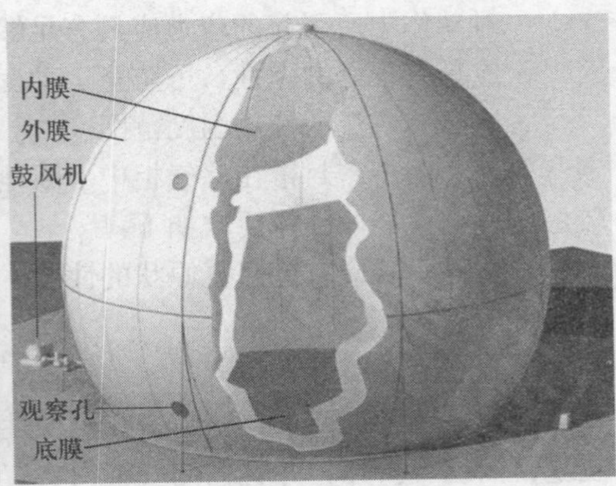

(b) 构造

图 4-19　单膜（双膜）储气柜

较低，产品使用寿命在 6 年以上。

a. 单膜储气柜。单膜储气柜采用抗紫外线的双面涂覆聚偏氟乙烯（PVDF）涂层的外膜材料制作，特点是单层结构，保温效果优于钢结构，但不敌双层膜结构。

b. 双膜储气柜。双膜储气柜为双层构造，内层采用沼气专用膜，外层采用抗老化的外膜材料，可以同时起到保持外形和保证恒定工作压力的作用。

③ 低压储气袋。储气袋材质可采用进口塑胶，在 −30 ℃ 仍可使用。为了储气袋的安全使用，常在储气袋外围建有圆筒形钢外壳，它对储气袋主要起保护作用，而没有严格的密封要求。较典型的是利浦气柜，如图 4-20 所示。由于储气袋壁厚不同，其使用寿命各异。这种储气袋与湿式储气柜相比虽防腐费用及工程造价较低，但因储气压力低，必须采用增压风机，增加了日常耗电，因此使用这种储气柜的地方常采用定时供气。

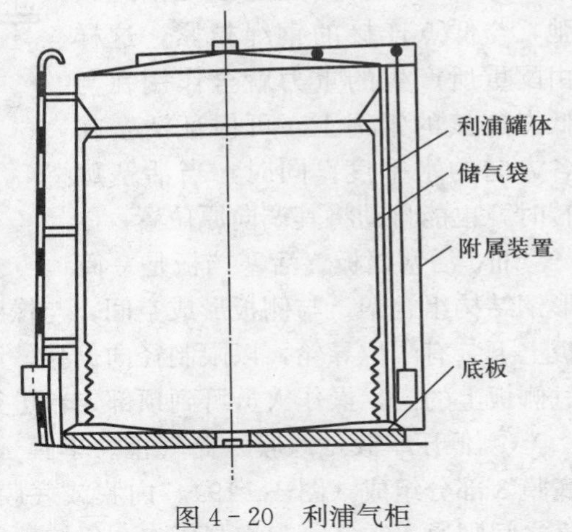

图 4-20　利浦气柜

与低压湿式储气柜相比，低压干式储气柜占地面积小，基础建设投资可节省 30%，生产、安装周期可缩短近 1/3。

（3）高压干式储气柜　高压干式储气系统主要由缓冲罐、压缩机、高压干式储气柜、调压箱等设备组成。发酵装置产生的沼气经过净化后，先储存在缓冲罐内，当缓冲罐内沼气达到一定量后，压缩机启动，将沼气打入高压储气柜内（图 4-21），储气柜内的高压沼气经过调压箱调压后，进入输配管网供气。系统中缓冲罐类似于小的湿式储气柜，将产生的沼气暂时储存，以解决压缩机流量与发酵装置产生沼气量不匹配的问题。其容积根据发酵装置产气量而定，一般情况下以 20～30 min 升降一次为宜。压缩机应采用防爆电源，以保证系统的安全运行，所选择压缩机的流量应大于发酵装置产气量的最大值，但不宜超过太多，以免造成浪费。在北方应建压缩机房，以确保压缩机在寒冷条件下能够正常工作。高压干式储气柜应选择有相关资质厂家生产的产品，并在当地进行安检备案。高压气柜内的压力一般为 0.8 MPa。

图 4-21　高压干式储气柜

高压干式储气系统虽然有工艺复杂、施工要求高、需要运行维护等缺点，但与低压湿式储气柜相比，具有以下优点：

① 采用高压储气，出气压力可以通过调压箱调节，可以实现远距离送气，提高了输送能力。

② 减少了占地面积。

③ 可以为中压输送沼气创造条件，降低了管网的建造成本，当输送距离较远时，优势更为明显。

④ 在北方冬季，无需进行保温。

8. 阻火器　阻火器的作用是防止外部火焰窜入存有易燃易爆气体的设备、管道内或阻止火焰在设备、管道间蔓延。常用的阻火器分为湿式和干式两种。

（1）湿式阻火器　湿式阻火器利用水封阻火的原理，水封罐内的水层可及时阻止经过的燃烧沼气。湿式阻火器结构简单、成本低。其缺点是增大了管路的阻力损失，增大了沼气的含水量；同时在运行过程中要经常查看罐内的水位，水位过高则增加了管道的阻力，水位过低则可能会失去阻火的作用；特别是在冬季，阻火器内的水有可能会形成冰冻而阻塞沼气的输送。

（2）干式阻火器　干式阻火器是安装在输气管道中的一个带有多层铜丝网或铝丝网的装置，其外形如图 4-22 所示。其阻火原理是铜丝或铝丝迅速吸收和消耗热量，使正在燃烧的气体的温度低于其燃点，将火焰熄灭，从而达到阻火的目的。当沼气中混入的空气量较多时，火焰会将铜丝或铝丝熔化，形成一个封堵，将火焰完全封住。

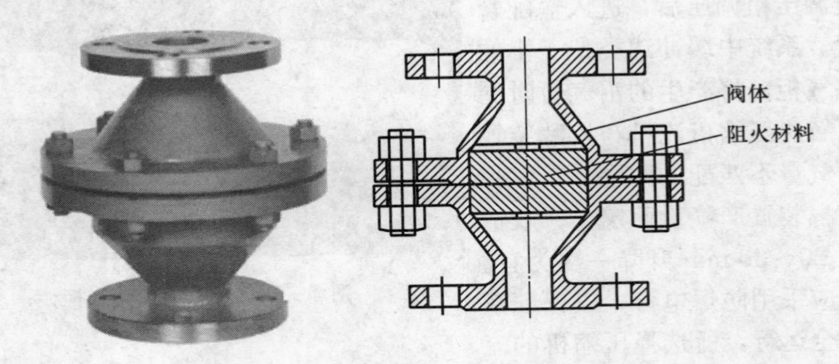

图 4-22　干式阻火器

第五章

沼气工程施工

第一节　建筑材料

任何建筑物、构筑物都是用各种材料建造而成，这些材料总称为建筑材料，是土建工程的物质基础。在沼气工程建设中，建筑材料的选择和使用是否合适，直接关系到工程质量、使用寿命、工程造价等。了解沼气工程建设各种常用建筑材料的性能和选用要点，对建设高质量的沼气工程项目至关重要。土建工程常用建筑材料包括砖、水泥、砂、石、混凝土、砂浆等。

一、砖

砖是建筑常用的人造小型块材，分烧结砖和非烧结砖两大类，俗称砖头。

1. 分类　建筑常用砖制品主要包括：烧结普通砖、蒸压粉煤灰砖、实心（空心）蒸压灰砂砖、烧结多孔砖以及烧结空心砖。

（1）烧结普通砖

① 分类。按主要原材料分为：烧结黏土砖、烧结粉煤灰砖、烧结煤矸石转、烧结页岩砖等，实心黏土砖在我国大部分地区已经禁止使用。

② 适用范围。烧结砖适用于房屋建筑的内、外墙体，也是围护墙、地面以下或防潮层以下的基础、临时建筑等适用的建筑材料。

（2）蒸压粉煤灰砖　蒸压粉煤灰砖是以粉煤灰、石灰、石膏和细集料为原料，压制成型，经高压蒸汽养护制成的实心砖块。

① 适用范围。蒸压粉煤灰砖是替代实心黏土砖的产品之一，强度高、性能较稳定，但是在用于基础或易受冻融和干湿交替作用的建筑部位，必须使用一等品或优等品，且不得用于长期受热（200 ℃以上）、受急冷急热和有酸性介质侵蚀的建筑部位。

② 选用要点。蒸压粉煤灰砖和烧结黏土砖相比，性能有较大差别，因此

在使用过程中必须采取以下相应措施。

a. 蒸压粉煤灰砖光滑，并可能有少量起粉，为提高砖与砂浆的黏结力，应采用专用砌筑砂浆。

b. 蒸压粉煤灰砖的初始吸水率差，为保证砌筑质量，砌筑前应将砖提前吸水，并要提高砂浆的保水性、黏结性和强度，砂浆强度等级应不低于M7.5。

c. 蒸压粉煤灰砖出釜3 d内收缩较大，30 d后才逐渐趋于稳定，因此，只有待尺寸稳定后才宜用于砌筑。

d. 要采取加拉结筋和增设圈梁等措施以减少砂浆裂缝。

（3）蒸压灰砂砖　蒸压灰砂砖是以石灰和砂子为主要原料，成型后经蒸压养护制成，是一种承重砖。

① 分类　蒸压灰砂砖可分为实心砖和空心砖两种。

② 选用要点

a. 蒸压灰砂砖是一种承重砖，与烧结砖比较，它的质量大，因此隔声性能和蓄热性能较好，适用于多层混合结构建筑的承重墙体和其他构筑物。

b. 实心砖和空心砖均不得用于长期在200 ℃以上温度的建筑部位、流水冲刷的建筑部位，以及受急冷、急热和有酸性介质侵蚀的建筑部位。MU15级及以上强度级别的实心砖可用于基础和其他建筑；MU10的实心砖仅可用于防潮层以上的建筑部位。空心砖只可用于防潮层以上的建筑部位。

c. 蒸压灰砂砖表面光滑，当用于高层建筑、地震区或筒仓构筑物时，除应有相应的结构措施外，还必须采取提高砖和砂浆黏结力的相应措施。

（4）烧结多孔砖　烧结多孔砖是指以黏土、页岩、煤矸石、粉煤灰为主要原料，经焙烧而成，孔洞率≥25%，孔型为圆孔或非圆孔。孔的尺寸小而数量多，主要适用于承重墙体。目前多孔砖分为P型和M型两种。

P型多孔砖宜采用一顺一丁或梅花丁的砌筑形式；M型多孔砖砌体用不同型号规格的砖组合砌筑，上下层应错缝。抗震设防地区的多孔砖多层建筑应优先采用横墙承重或纵横墙共同承重的结构体系；应按规定设置钢筋混凝土圈梁、构造柱或其他加强措施。地面以下或室内防潮层以下的砌体，不应采用烧结多孔砖。

（5）烧结空心砖　烧结空心砖是以黏土、页岩、煤矸石、粉煤灰为主要原料，经焙烧而成，孔洞率≥40%，孔洞有序排列或有序交错排列，主要用于建筑物的非承重部位。

烧结空心砖选用要点如下：

① 地面以下或室内防潮层以下的砌体，不应采用烧结空心砖。

② 用于外填充墙时，墙厚度不宜小于 240 mm。

③ 烧结空心砖应采用砌筑砂浆砌筑，避免（减少）墙体开裂。

④ 强度级别为 MU2.5 的烧结空心砖，破损率高，不宜选用。

（6）各种砖的适用范围与性能特点　各种类型砖的适用范围及性能特点见表 5－1。

表 5－1　各种类型砖的适用范围

序号	品种	内隔墙	外围护墙	承重墙体	地面以下或防潮层以下的基础	备　注
1	烧结普通砖	√	√	√	√	中等泛霜的砖，不能用于潮湿部位。用于地面以下或防潮层以下的砌体或用于易受冻融和干湿交替作用的建筑部位时，在严寒地区其强度等级≥MU15，一般地区为 MU10
2	蒸压粉煤灰砖	√	√	√	√	用于地面以下或防潮层以下的基础或用于易受冻融和干湿交替作用的建筑部位时，在严寒地区其强度等级≥MU15，一般地区为 MU10，且必须用一等品或优等品
3	实心蒸压灰砂砖	√	√	√	√	用于地面以下或防潮层以下的砌体或用于易受冻融和干湿交替作用的建筑部位时，在严寒地区其强度等级≥MU15，一般地区为 MU10
4	空心蒸压灰砂砖	√	√	√	×	孔洞率≥15%
5	烧结多孔砖	√	√	√	×	孔洞率≥25%，用于承重墙，其强度等级≥MU10
6	烧结空心砖	√	√	×	×	用于室外时，应考虑抗风化性能。孔洞率≥40%，其强度等级≥MU3.5

2. 规格及执行标准

（1）规格　烧结普通砖、蒸压粉煤灰砖、实心蒸压灰砂砖的规格均为 240 mm×115 mm×53 mm；空心灰砂砖规格包括 240 mm×115 mm×53 mm、

240 mm×115 mm×90 mm、240 mm×115 mm×115 mm、240 mm×115 mm×175 mm；烧结多孔砖主要分 P 型（240 mm×115 mm×90 mm）和 M 型（190 mm×190 mm×90 mm）两种；烧结空心砖规格较多，具体可根据供需协商确定。

（2）执行标准　各种建筑用砖主要执行标准如下：

①《烧结普通砖》（GB 5101—2003）。

②《粉煤灰砖》（JC 239—2001）。

③《蒸压灰砂砖》（GB 11945—1999）。

④《烧结多孔砖和多孔砌块》（GB 13544—2011）。

⑤《烧结空心砖和空心砌块》（GB 13545—2003）。

二、水泥

水泥是粉状水硬性无机胶凝材料，加水搅拌成浆体后能在空气或水中硬化，用以将砂、石等散粒材料胶结成砂浆或混凝土。

1. 分类　按水泥性能和用途不同，可分为通用水泥、专用水泥和特性水泥三大类。

（1）通用水泥　通用水泥是指一般建筑工程通常采用的水泥，包括《通用硅酸盐水泥》（GB 175—2007）规定的六大类水泥，即硅酸盐水泥、普通硅酸盐水泥、矿渣硅酸盐水泥、火山灰质硅酸盐水泥、粉煤灰硅酸盐水泥和复合硅酸盐水泥。

（2）专用水泥　专用水泥是指专门用途的水泥，如砌筑水泥、道路水泥等。

（3）特性水泥　特性水泥是指某种性能比较突出的水泥，如快硬性硅酸盐水泥、白色硅酸盐水泥、低热硅酸盐水泥等。

2. 通用水泥

（1）硅酸盐水泥　由硅酸盐水泥熟料、0%～5%石灰石或粒化高炉矿渣加适量石膏磨细制成的水硬性胶凝材料，称为硅酸盐水泥，分为 P·Ⅰ和 P·Ⅱ，即国外通称的波特兰水泥。

① 组成。硅酸盐水泥的主要矿物组成是硅酸三钙、硅酸二钙、铝酸三钙、铁铝酸四钙。硅酸三钙决定着硅酸盐水泥 4 个星期内的强度；硅酸二钙在 4 星期后才发挥强度作用，约 1 年左右达到硅酸三钙 4 个星期的发展强度；铝酸三钙强度发展较快，但强度低，对硅酸盐水泥在 1～3 d 或稍长时间内的强度起

一定的作用；铁铝酸四钙的强度发展也较快，但强度低，对硅酸盐水泥的强度贡献小。

② 特点。硅酸盐水泥具有以下特点：

a. 凝结硬化快，早期强度及后期强度高。适用于有早强要求的混凝土、冬季施工混凝土，地上、地下重要结构的高强混凝土和预应力混凝土工程。

b. 抗冻性好。适用于严寒地区水位升降范围内遭受反复冻融循环的混凝土工程。

c. 水化热大。不宜用于大体积混凝土工程，但可用于低温季节或冬期施工。

d. 耐腐蚀性差。不宜用于经常与流动淡水或硫酸盐等腐蚀介质接触的工程，也不宜用于经常与海水、矿物水等腐蚀介质接触的工程。

e. 耐热性差。不宜用于有耐热要求的混凝土工程。

f. 抗碳化性能好。适用于空气中 CO_2 浓度较高的环境，如铸造车间等。

g. 干缩小。可用于干燥环境下的混凝土工程。

h. 耐磨性好。可用于路面与地面工程。

硅酸盐水泥不宜用于下列工程：

a. 大体积混凝土。

b. 海水堤坝混凝土。

c. 抗硫酸盐、耐高温的混凝土。

(2) 普通硅酸盐水泥　由硅酸盐水泥熟料、6%～15%混合材料加适量石膏磨细制成的水硬性胶凝材料，称为普通硅酸盐水泥（简称普通水泥），代号为P·O。

① 混合料组成。普通硅酸盐水泥组分中混合材料的加入量根据其具有的活性大小而定。按中国标准规定：普通水泥中如掺加活性混合材料（如粒化高炉矿渣、火山灰、粉煤灰等），其掺加量按质量计不得超过15%，允许用不超过5%的窑灰（用回转窑生产硅酸盐类水泥熟料时，随气流从窑尾排出的灰尘，经收尘设备收集所得的干燥粉末）或不超过10%的非活性混合材料代替。

② 性能特点。普通硅酸盐水泥在应用方面与硅酸盐水泥基本相同，并且有一些硅酸盐水泥不能应用的地方而普通硅酸盐水泥可以用，这使得普通硅酸盐水泥成为建筑行业应用面最广，使用量最大的水泥品种。其特点主要表现为以下几个方面。

a. 强度高。普通硅酸盐水泥水化反应速度快，早期和后期强度都高。可用于现浇混凝土楼板、梁、柱、预制混凝土构件，也可用于预应力混凝土结构，高强混凝土工程。

b. 水化热大、抗冻性好。由于普通硅酸盐水泥水化反应速度快，硅酸三钙和硅酸二钙的含量高，因此，水化热较大，有利于冬季施工。但由于水化热较大，在修建大体积混凝土工程时（一般指长、宽、高均在 1 m 以上），容易在混凝土构件内部聚集较大的热量，产生内外温度应力差，造成混凝土的破坏，因此，不宜用于大体积的混凝土工程。普通硅酸盐水泥结构密实，抗冻性好，适合于严寒地区遭受反复冻融的工程及抗冻性要求较高的工程，如大坝的溢流面、混凝土路面工程。

c. 干缩小、耐磨性较好。普通硅酸盐水泥硬化时干缩小，不易产生干缩裂缝，可用于干燥环境工程。由于干缩小，表面不易起粉，因此耐磨性较好，可用于道路工程中。

d. 抗碳化性较好。普通硅酸盐水泥在水化后，水泥石中含有较多的氢氧化钙，碳化时水泥的碱度下降少，对钢筋的保护作用强，可用于空气中二氧化碳浓度较高的环境中，如热处理车间等。

e. 耐腐蚀性差。普通硅酸盐水泥水化后，含有大量的氢氧化钙和水化铝酸钙，因此，其耐软水和耐化学腐蚀性差，不能用于海港工程、抗硫酸盐工程。

f. 不耐高温。当水泥石处在温度高于 250～300 ℃时，水泥石中的水化硅酸钙开始脱水，氢氧化钙在 600 ℃以上时会分解成氧化钙和二氧化碳，高温后的水泥石受潮时，生成的氧化钙与水作用，体积膨胀，造成水泥石的破坏，因此，普通硅酸盐水泥不适合于温度高于 250 ℃的混凝土工程，如工业窑炉和高温炉基础。

（3）矿渣硅酸盐水泥　由硅酸盐水泥熟料、20%～70%的粒化高炉矿渣加适量石膏混合磨细制成的水硬性胶凝材料，称为矿渣硅酸盐水泥，简称矿渣水泥，代号为 P·S。

矿渣硅酸盐水泥中粒化高炉矿渣掺加量按质量计为 20%～70%；允许用不超过混合材料总掺量 1/3 的火山灰质混合材料（包括粉煤灰）、石灰石、窑灰来代替部分粒化高炉矿渣，这些材料的代替数量分别不得超过 15%、10%、8%；允许用火山灰质混合材料与石灰石，或与窑灰共同来代替矿渣，但代替的总量不得超过 15%，其中石灰石不得超过 10%，窑灰不得超过 8%；替代后水泥中的粒化高炉矿渣不得少于 20%。

与普通硅酸盐水泥相比，矿渣水泥的颜色较浅，密度较小，水化热较低，耐腐蚀性和耐热性较好，但泌水性较大，抗冻性较差，早期强度较低，后期强度增进率较高，因此需要较长的养护期。矿渣水泥可用于地面、地下、水中各种混凝土工程，也可用于高温车间的建筑，但不宜用于需要早期强度高和受冻融循环、干湿交替的工程。

（4）火山灰质硅酸盐水泥　由硅酸盐水泥熟料、20%～50%的火山灰质混合材料（如火山灰、凝灰岩、浮石、沸石、硅藻土、粉煤灰、烧黏土、烧页岩、煤矸石等）加适量石膏混合磨细制成的水硬性胶凝材料，称为火山灰质硅酸盐水泥，简称火山灰水泥，代号为P·P。

水泥中火山灰质混合材料掺加量按质量计为20%～50%；允许掺加不超过混合材料总掺量1/3的粒化高炉矿渣，代替部分火山灰质混合材料，代替后水泥中的火山灰质混合材料不得少于20%。

火山灰水泥与普通水泥相比，其密度小，水化热低，耐腐蚀性好，需水性（使水泥浆体达到一定流动度时所需要的水量）和干缩性较大，抗冻性较差，早期强度低，但后期强度发展较快，环境条件对火山灰水泥的水化和强度发展影响显著，潮湿环境有利于水泥强度发展。火山灰水泥一般适用于地下、水中及潮湿环境的混凝土工程，不宜用于干燥环境、受冻融循环和干湿交替以及需要早期强度高的工程。

（5）粉煤灰硅酸盐水泥　由硅酸盐水泥熟料、20%～40%的粉煤灰加适量石膏混合磨细制成的水硬性胶凝材料，称为粉煤灰硅酸盐水泥，简称粉煤灰水泥，代号为P·F。

水泥中粉煤灰掺加量按质量计为20%～40%；允许掺加不超过混合材料总掺量1/3的粒化高炉矿渣，此时混合材料总掺量可达50%，但粉煤灰掺量仍不得少于20%或大于40%。它除具有火山灰质硅酸盐水泥的特性（如早期强度虽低，但后期强度增进率较大，水化热较低等）外，还具有需水性及干缩性较小，和易性、抗裂性和抗硫酸盐侵蚀性好等性能。适用于大体积水利工程建筑，也可用于一般工业和民用建筑。

（6）复合硅酸盐水泥　由硅酸盐水泥熟料、15%～50%的两种或两种以上规定的混合材料加适量石膏混合磨细制成的水硬性胶凝材料，称为复合硅酸盐水泥，简称复合水泥，代号为P·C。

复合水泥细度、初凝时间、体积安定性的要求同普通硅酸盐水泥，终凝时间不得迟于12 h。由于在复合水泥中掺入了两种或两种以上的混合材料，可以相互取长补短，能够克服掺单一混合材料水泥的一些缺点。其早期强度接近于普通水泥，而其他性能优于矿渣水泥、火山灰水泥、粉煤灰水泥，因而适用范围广。

3. 强度等级　硅酸盐水泥的强度等级分为42.5、42.5R、52.5、52.5R、62.5、62.5R 6个等级。普通硅酸盐水泥的强度等级分为42.5、42.5R、52.5、52.5R 4个等级。矿渣硅酸盐水泥、火山灰质硅酸盐水泥、粉煤灰硅酸盐水泥、复合硅酸盐水泥的强度等级分为32.5、32.5R、42.5、42.5R、52.5、52.5R 6个等级。

沼气工程优先选用普通硅酸盐水泥，也可以用矿渣硅酸盐水泥、火山灰质硅酸盐水泥和粉煤灰硅酸盐水泥。水泥标号、强度和安定性指标要符合《通用硅酸盐水泥》（GB 175—2007）的要求。水泥进场应有出厂合格证，并对品种、标号、出厂日期等检查验收。

4. 质量标准　沼气工程建造中，一般采用普通硅酸盐水泥配制混凝土、钢筋混凝土、砂浆等，根据国家标准，普通硅酸盐水泥的主要性能指标和特性如下。

（1）密度与堆积密度　在进行混凝土配合比计算和储运水泥时需要知道水泥的密度和堆积密度。普通硅酸盐水泥的密度一般在3 100～3 200 kg/m³。水泥在松散状态时的堆积密度一般在900～1 300 kg/m³，紧密堆积状态可达1 400～1 700 kg/m³。

（2）细度　水泥的细度是指水泥颗粒的粗细程度，它影响水泥的凝结速度与硬化速度。一般水泥颗粒越细，凝结硬化越快，早期强度也越高。

（3）凝结时间　为了保证有足够的施工时间，又要在施工后尽快硬化，普通水泥应有合理的凝结时间。水泥凝结时间分为初凝和终凝。初凝是指水泥从加水搅拌开始到由可塑性的水泥浆变稠并失去塑性所需的时间；终凝是指水泥从加水开始到凝结完毕所需的时间。国家标准规定：硅酸盐水泥初凝时间不早于45 min，终凝时间不迟于390 min；普通硅酸盐水泥、矿渣硅酸盐水泥、火山灰质硅酸盐水泥、粉煤灰硅酸盐水泥和复合硅酸盐水泥初凝时间不早于45 min，终凝时间不迟于600 min。

（4）强度　强度是确定水泥标号的指标，也是选用水泥的主要依据。一般水泥强度的发展，第28 d强度接近最大值，不同品种不同强度等级的通用硅酸盐水泥，其不同龄期的强度应符合表5-2的规定。

（5）体积安定性　水泥的体积安定性是指水泥在凝结硬化过程中体积变化的均匀性。水泥体积安定性不良会使水泥制品、混凝土构件产生膨胀性裂缝，降低建筑物质量，甚至引起严重工程事故。体积安定性不良的水泥主要是含有过多的游离氧化钙、氧化镁或者石膏。

（6）水泥的硬化　水泥与水作用会产生放热反应，在水泥硬化过程中，不断放出的热量称为水化热。水泥的硬化可以延续到几个月甚至更长的时间。由于水化热的产生，潮湿环境对水泥硬化是有利的，水泥在水中的硬化强度比在空气中的硬化强度要大。因此，在工程上常利用这一性质进行养护，比如加盖稻草垫喷水养护。

表 5－2　水泥强度指标与时间的关系比照表

品种	强度等级	抗压强度（MPa）		抗折强度（MPa）	
		3 d	28 d	3 d	28 d
硅酸盐水泥	42.5	17.0	42.5	3.5	6.5
	42.5R	22.0		4.0	
	52.5	23.0	52.5	4.0	7.0
	52.5R	27.0		5.0	
	62.5	28.0	62.5	5.0	8.0
	62.5R	32.0		5.5	
普通硅酸盐水泥	42.5	17.0	42.5	3.5	6.5
	42.5R	22.0		4.0	
	52.5	23.0	52.5	4.0	7.0
	52.5R	27.0		5.0	
矿渣硅酸盐水泥 火山灰硅酸盐水泥 粉煤灰硅酸盐水泥 复合硅酸盐水泥	32.5	10.0	32.5	2.5	5.5
	35.5R	15.0		3.5	
	42.5	15.0	42.5	3.5	6.5
	42.5R	19.0		4.0	
	52.5	21.0	52.5	4.0	7.0
	52.5R	23.0		4.5	

5. 保管及受潮后的处理

（1）堆放、保管与使用　水泥在储存中，能与周围空气中的水蒸气和二氧化碳作用，使颗粒表面逐渐水化和碳酸化。因此，在运输时应注意防水、防潮，并储存在干燥、通风的库房中，不能直接接触地面堆放，应在地面上铺放木板和防潮层，堆放高度以 10 包为宜。水泥的强度随储存时间的延长而逐渐下降，水泥储存期限一般不应超过 3 个月（快硬水泥为 1 个月）。一般水泥在正常干燥环境中存放 3 个月，强度将降低 20%；存放 6 个月，强度将降低 20%～30%。水泥出厂超过 3 个月（快硬水泥超过 1 个月），或对水泥质量有怀疑时，使用前应复查试验，并按试验结果使用。

（2）受潮后的处理　水泥应防止受潮，如发现受潮结块，可按以下情况进行处理：

① 如水泥有松块，可以捏成粉末，但没有硬块时，可通过试验后，根据实际强度等级使用。将松块压成粉末，使用时应加强搅拌。

② 如水泥部分结成硬块，可通过试验后根据实际强度等级使用。使用时筛去硬块，压碎松块，加强搅拌，但只能用于不重要的或受力小的部位，或用于配制砌筑砂浆。

③ 如水泥受潮结成硬块，一般不得直接使用，可压成粉末后，掺入新鲜水泥（至多不超过25%），经试验后使用。

三、砂

砂是组成混凝土和砂浆的主要组成材料之一，是土木工程的大宗材料。砂一般分为天然砂和人工砂两类。经自然风化，逐步崩溃形成的，粒径在5 mm以下的岩石颗粒称为天然砂；人工砂是由岩石轧碎而成。天然砂具有较好的天然连续级配，其容重一般为1 500～1 600 kg/m^3，空隙率一般为37%～41%。按其来源不同，天然砂分为河砂、海砂、山砂等；按颗粒大小分为粗砂（平均粒径在0.5 mm以上）、中砂（平均粒径在0.35～0.5 mm）、细砂（平均粒径在0.25～0.35 mm）和特细砂（平均粒径在0.25 mm以下）4种。

砂子是砂浆中的骨料，混凝土中的细骨料。砂颗粒愈细，填充砂粒间空隙和包裹砂粒表面的薄膜水泥浆愈多，需要更多的水泥。配置混凝土的砂子，一般使用中砂或粗砂比较合适。建造沼气池宜选用中砂，中砂颗粒级配好。大小颗粒搭配好，咬接牢，空隙小，既节省水泥，强度又高。沼气池是地下构筑物（大型沼气池包括地上部分），要求防水、防渗，对砂子的质量要求是质地坚硬，不含有机杂物，水洗后含泥量不大于3%，云母含量小于0.5%，其质量应符合《普通混凝土用砂、石质量及检验方法标准》（JGJ 52—2006）的规定。

四、石子

石子是配制混凝土的粗骨料，有碎石、卵石之分。

碎石是由天然岩石或卵石经破碎、筛分而得到的粒径大于5 mm的岩石颗粒，具有不规则的形状，以接近立方体者为好，颗粒有棱角，表面粗糙，与水泥胶合力强，但空隙率较大，所需填充空隙的水泥砂浆较多。碎石的容重为1 400～1 500 kg/m^3。

卵石又叫砾石，是岩石经过自然风化、水流冲击和摩擦所形成的卵形或接近卵形的石块。由于产地不同，有山卵石、河卵石与海卵石之分。按其颗粒大小分为特细石子（5～10 mm）、细石子（10～20 mm）、中等石子（20～40 mm）、粗石子（40～80 mm）4 级。卵石的容重取决于岩石的种类，坚硬岩石的石子容重为 1 400～1 600 kg/m^3，中等坚硬石子容重为 1 000～1 400 kg/m^3，轻质岩石的石子容重低于 1 000 kg/m^3。

修建沼气池所需的碎石、卵石要干净，含泥量不大于 2%，不含柴草等有机物和塑料等杂物。

五、混凝土

混凝土是当代最主要的土木工程材料之一。它是由胶凝材料、颗粒状集料（也称为骨料）、水，以及必要时加入的外加剂和掺和料按一定比例配制，经均匀搅拌、密实成型、养护硬化而成的一种人工石材。混凝土具有原料丰富、价格低廉、生产工艺简单的特点，因而使用量越来越大。

混凝土具有较高的抗压能力，但其抗拉能力较弱，因此，通常在混凝土构件的受拉断面加设钢筋，以承受拉力。没有加钢筋的混凝土称素混凝土，加有钢筋的混凝土称钢筋混凝土。混凝土除具有抗压强度高、耐久性良好的特点外，其耐磨、耐热、耐侵蚀的性能都比较好，加之新拌和的混凝土具有可塑性，能够随模板制成所需要的各种复杂的形状，所以在沼气工程中现浇混凝土施工得到广泛的使用。

1. 混凝土的组成与分类

（1）混凝土的组成　普通混凝土是由水泥、水和天然砂、石所组成，另外还常加入适量的掺和料和添加剂，其中砂、石是骨料，对混凝土起骨架作用；水泥和水组成水泥浆，它包裹在所有骨料的表面并填充在骨料空隙中。混凝土的质量和性质，在很大程度上是由原材料的性质及其相对含量所决定，同时也与混凝土施工工艺有关。

① 水泥。水泥是混凝土中最重要的组分，合理选用水泥包括以下两方面：

a. 水泥品种。配制混凝土用的水泥品种，应当根据混凝土工程的性质和特点、工程所处环境条件及施工条件，选择最适合的水泥品种。

b. 水泥标号。水泥标号的选择应当与混凝土的设计强度等级相匹配，原则上是配制高强度等级的混凝土选用高标号水泥，低强度等级的混凝土选用低标号水泥。具体选用时通常以水泥标号（MPa）为混凝土设计强度的 1.5～

2.0倍为宜，对于高强度的混凝土可取0.9～1.5倍。

② 骨料。混凝土用的骨料按其粒径大小分为细骨料和粗骨料两种，粒径为0.16～5.00 mm的骨料称为细骨料，粒径大于5.00 mm的称为粗骨料。通常在混凝土中，粗、细骨料的总体积要占混凝土体积的70%～80%。

a. 细骨料。混凝土的细骨料主要采用天然砂，有时也可用人工砂。砂子用于填充粗骨料之间的空隙。配制混凝土一般采用粗砂或中砂，粗砂总表面积小，拌制混凝土比用细砂节省水泥。细砂亦可使用，但比同等条件下粗砂配制的混凝土强度降低10%以上，但和易性较用粗、中砂好，一般在粗砂中掺入20%的细砂，可改善和易性。特细砂亦可用于配制混凝土，但在使用时要采取一定的技术措施，如采用低砂率、低稠度，掺塑化剂，模板拼缝严密，养护时间不少于14 d等。

b. 粗骨料。常用粗骨料有碎石与卵石两种。石子颗粒之间应具有合适的级配，其空隙及总表面积尽量减小，以保持一定的和易性和较少水泥用量。在石子级配适合条件下，可选用颗粒尺寸较大的，可使其空隙率及总表面积减小，节省水泥和充分利用石子强度，但石子的最大颗粒尺寸不得超过结构截面最小尺寸的1/4，且不得超过钢筋间最小净距的3/4，对混凝土实心板，石子的最大粒径不宜超过板厚的1/2，且不得超过50 mm。

③ 水。水在混凝土中与水泥起水化作用，并能湿润砂、石，增加黏结性，改善和易性。拌制混凝土、砂浆以及养护用的水要用干净、清洁的中性水，具体可参考《混凝土用水标准》（JGJ 63—2006）。

水是混凝土的重要组成之一，对混凝土用水的质量要求是：不影响混凝土的凝结和硬化；无损混凝土强度发展和耐久性；不加快钢筋锈蚀；不引起预应力钢筋脆断；不污染混凝土表面。对混凝土用水的物质含量限值见表5-3。

表5-3　对混凝土拌合用水的水质要求

项　目	预应力混凝土	钢筋混凝土	素混凝土
pH	≥5.0	≥4.5	≥4.5
不溶物（mg/L）	≤2 000	≤2 000	≤5 000
可溶物（mg/L）	≤2000	≤5000	≤10 000
Cl^-(mg/L)	≤500	≤1 000	≤3 500
SO_4^{2-} （mg/L）	≤600	≤2 000	≤2 700
碱含量（mg/L）	≤1 500	≤1 500	≤1 500

④ 外加剂。混凝土外加剂是指在拌制混凝土过程中掺入的用以改善混凝土性能的物质，其掺入量一般不大于水泥质量的 5%（特殊情况除外）。混凝土外加剂在混凝土中虽然掺入量不多，但效果显著，主要有以下功能与效果：

a. 改善混凝土拌合物的和易性。

b. 提高混凝土的强度和耐久性。

c. 节约水泥用量。

d. 调节混凝土的凝结硬化速度。

e. 调节混凝土的空气含量。

f. 降低水泥的初期水化热或延缓水化放热速度。

g. 改善混凝土的毛细孔结构。

h. 提高骨料与水泥石界面的黏结力。

i. 提高混凝土与钢筋的握裹力。

j. 阻止钢筋锈蚀。

混凝土常用的外加剂主要有减水剂、早强剂、速凝剂、缓凝剂、界面处理剂等。

a. 早强剂、速凝剂。在混凝土中掺加早强剂、速凝剂，可以加快混凝土的硬化过程，提高早期强度，缩短养护时间，加快模板周转。早强剂主要用于冬期施工提高早期强度，抗冻和节约冬期施工费用；速凝剂主要用于工程补漏和喷射混凝土施工防止脱落回弹。

b. 缓凝剂。在混凝土中掺加缓凝剂，可推迟混凝土的凝结硬化时间，防止和易性的降低，减缓大体积混凝土的浇灌速度和强度发展，有利于水化热的散发，降低混凝土温升值。缓凝剂常用于夏季混凝土的施工，降低搅拌、运输、浇筑设备强度，控制温度收缩裂缝出现。

c. 减水剂。减水剂是一种表面活化剂，加入混凝土中能对水泥颗粒起分散作用，能把水泥凝聚中所包含的游离水释放出来，使水泥达到充分水化，因而能保持混凝土的性能不变而显著减少拌和水用量，降低水灰比，改善和易性，有利于混凝土强度的增长及物理性能的改善。减水剂主要用于普通混凝土、大体积混凝土、高强混凝土中。

d. 加气剂。在混凝土中掺入加气剂，能产生大量微小封闭气泡，能改善混凝土的和易性，增加流动性，提高抗渗性和抗冻性。加气剂适用于配制防水混凝土、抗冻混凝土、耐低温混凝土。

e. 界面处理剂。将界面处理剂掺入水泥或砂浆中喷涂于硬化混凝土接缝表面，可有效提高新老混凝土界面黏结强度，增强结构的整体性。界面处理剂适用于与水泥或砂浆拌和涂于界面间缝隙、新旧混凝土表面处理，代替凿毛处理。

(2) 混凝土的分类　混凝土的品种很多，性质和用途也各不相同，因此，分类的方法也很多，通常按表观密度的大小可分为：重混凝土、普通混凝土、轻质混凝土。这 3 种混凝土不同之处主要表现在骨料的不同。

① 重混凝土。其表观密度大于 2 500 kg/m^3，用特别密实和特别重的集料制成的混凝土。如重晶石混凝土、钢屑混凝土等，它们具有不透 X 射线和 γ 射线的性能。

② 普通混凝土。建筑中常用的混凝土，表观密度为 1 950～2 500 kg/m^3，集料为砂、石。

③ 轻质混凝土。其表观密度小于 1 950 kg/m^3 的混凝土。它又可以分为以下 3 类。

a. 轻集料混凝土。其表观密度为 800～1 950 kg/m^3，轻集料包括浮石、火山渣、陶粒、膨胀珍珠岩、膨胀矿渣、矿渣等。

b. 多孔混凝土（泡沫混凝土、加气混凝土）。其表观密度为 300～1 000 kg/m^3。泡沫混凝土是由水泥浆或水泥砂浆与稳定的泡沫制成的。加气混凝土是由水泥、水与发气剂制成的。

c. 大孔混凝土（普通大孔混凝土、轻集料大孔混凝土）。由粒径相近的粗骨料加水泥、外加剂和水拌制成的一种有大孔隙的轻混凝土。其组成中无细集料。普通大孔混凝土的表观密度为 1 500～1 900 kg/m^3，是用碎石、软石、重矿渣作集料配制的。轻集料大孔混凝土的表观密度为 500～1 500 kg/m^3，是用陶粒、浮石、碎砖、矿渣等作为集料配制的。

2. 影响混凝土性能的主要因素

(1) 强度　强度是混凝土硬化后的最重要的力学性能，是指混凝土抗压、抗拉、抗弯、抗剪等的能力。混凝土按标准抗压强度（以边长为 150 mm 的立方体为标准试件，在标准养护条件下养护 28 d，按照标准试验方法测得的具有 95%保证率的立方体抗压强度）划分的强度等级，称为标号，分为 C10、C15、C20、C25、C30、C35、C40、C45、C50、C55、C60、C65、C70、C75、C80、C85、C90、C95、C100 共 19 个等级。混凝土的抗拉强度仅为其抗压强度的 1/20～1/10。水灰比、水泥品种和用量、集料的品种和用量以及搅拌、成型、养护，都直接影响混凝土的强度。

① 水泥标号和水灰比的影响。水泥标号和水灰比是影响混凝土凝结强度的最主要因素，也是决定性因素。试验证明，在相同配合比情况下，所用水泥

标号越高，混凝土强度越高；在水泥品种、标号不变时，混凝土的强度随着水灰比的增大而有规律地降低。

② 骨料的影响。混凝土骨料中有害杂质含量较多、品质低劣时，会降低混凝土的强度。当骨料级配良好、砂率适当时，由于组成了坚强密实的骨架，有利于混凝土强度的提高。

③ 养护温度、湿度的影响。温度是决定水泥水化作用速度快慢的重要条件，养护温度高，水泥早期水化速度快，混凝土的早期强度就高。但实验表明，混凝土硬化初期的温度对其后期强度有影响，混凝土初始养护温度越高，其后期强度增进率就越低。

湿度是决定水泥能否正常进行水化作用的必要条件。浇筑后的混凝土所处的环境湿度适宜，水泥水化反应顺利进行，使混凝土强度得以充分发展。若环境湿度低，水泥不能正常进行水化作用，甚至停止水化，这将严重降低混凝土的强度。

④ 施工方法的影响。拌制混凝土时采用机械搅拌比人工拌和更为均匀。试验证明，在相同配合比和成型密实条件下，机械搅拌的混凝土强度一般要比人工搅拌的提高10%左右。

浇筑混凝土时采用机械振捣成型比人工捣实要密实很多，这对低水灰比的混凝土尤为显著。在机械振捣作用下，暂时破坏了水泥浆的凝聚结构，降低了水泥浆的黏度，同时骨料间的摩阻力也大大减小，从而使混凝土拌和物的流动性提高，得以很好地填满模型，且内部空隙率减少，有利于提高混凝土的密实度和强度。

⑤ 龄期的影响。在正常养护条件下，混凝土的强度随龄期的增加而不断增大，最初7～14 d发展较快，以后便逐渐缓慢，28 d后更慢，但只要具有一定的温度和湿度条件，混凝土的强度增长可持续数十年之久。

（2）和易性　由水泥、砂、石及水拌制成的混合料，称为混凝土拌和物，拌和物必须具备良好的和易性，才能便于施工和制得密实而均匀的混凝土硬化体，从而保证混凝土的质量。

① 和易性的概念。和易性是指混凝土拌和物能保持其组成成分均匀，不发生分层离析、泌水等现象，适于运输、浇筑、捣实成型等施工作业，并能获得质量均匀、密实的混凝土的性能。和易性为一综合技术性能，它包括流动性、黏聚性和保水性三方面的含义。

a. 流动性。流动性是指混凝土拌和物在自重或机械振捣力的作用下，能产生流动并均匀密实地充满模型的性能。流动性的大小，反映拌和物的稀稠，它直接影响着浇筑施工的难易和混凝土的质量。若拌和物太干稠，混凝土难以振实，易造成内部孔隙；若拌和物过稀，振捣后混凝土易出现水泥砂浆和水上浮而石子下沉的分层离析现象，影响混凝土的质量均匀性。

b. 黏聚性。黏聚性是指混凝土拌和物内部组分间具有一定的黏聚力，在运输和浇筑过程中不致发生离析分层现象，而使混凝土能保持整体均匀的性能。黏聚性差的混凝土拌和物，或者发涩，或者产生石子下沉，石子与砂浆容易分离，振捣后会出现蜂窝、空洞等现象。

c. 保水性。保水性是指混凝土拌和物具有一定的保持内部水分的能力，在施工过程中不致产生严重的泌水现象。保水性差的拌和物，在混凝土振实后，一部分水易从内部析出至表面，在水渗流之处留下许多毛细管孔道，成为以后混凝土内部的透水通道。另外，在水分上升的同时，一部分水还会滞留在石子及钢筋的下缘形成水隙，从而减弱水泥浆与石子及钢筋的黏结力。所有这些都将影响混凝土的密实性，降低混凝土的强度及耐久性。

新拌混凝土的和易性是流动性、黏聚性和保水性的综合体现，新拌混凝土的流动性、黏聚性和保水性之间既互相联系，又常存在矛盾。因此，在一定施工工艺的条件下，新拌混凝土的和易性是以上三方面性质的矛盾统一。

② 影响和易性的主要因素

a. 水泥浆数量与稠度的影响。混凝土拌和物在自重或外界振动力的作用下要产生流动，必须克服其内部的阻力。拌和物内部的阻力主要来自两个方面：一是骨料间的摩阻力；二是水泥浆的黏聚力。骨料间摩阻力的大小主要取决于骨料颗粒表面水泥浆层的厚度，亦即水泥浆的数量；水泥浆的黏聚力大小主要取决于浆的干稀程度，亦即水泥浆的稠度。

混凝土拌和物在保持水灰比不变的情况下，水泥浆用量越多，包裹在骨料颗粒表面的浆层越厚，润滑作用越好，使骨料间摩擦阻力减小，混凝土拌和物易于流动，于是流动性就大，反之则小。但若水泥浆量过多，这时骨料用量必然相对减少，就会出现流浆及沁水现象，致使混凝土拌和物黏聚性和保水性变差，同时对混凝土的强度与耐久性也会产生不利影响，而且还多耗费了水泥。若水泥浆量过少，致使不能填满骨料间的空隙或不够包裹骨料表面时，则拌和物会产生崩坍现象，黏聚性差。由此可知，混凝土拌和物中水泥浆用量不能过少，也不能过多，应以满足拌和物流动性要求为度。

b. 砂率。砂率是指混凝土中砂的质量占砂、石总质量的百分比。砂率的变化会使骨料的总表面积和空隙率发生很大的变化，因此对混凝土拌和物的和易性有显著的影响。当砂率过大时，骨料的总表面积和空隙率均增大，在混凝土中水泥浆量一定的情况下，骨料颗粒表面的水泥浆层将相对减薄，拌和物就显得干稠，流动性就变小，如果要保持流动性不变，则需增加水泥浆，多耗用水泥。反之，若砂率过小，则拌和物中石子过多而砂子过少，形成砂浆量不足以包裹石子表面，并不能填满石子间空隙。在石子间没有足够的砂浆润滑层，这不但会降低混凝土拌和物的流动性，而且会严重影响其黏聚性和保水性，使混凝土产生粗骨料离析、水泥浆流失，甚至出现溃散等现象。

在配制混凝土时，砂率不能过大，也不能过小，应选用合理砂率值。所谓合理砂率是指在用水量及水泥用量一定的情况下，能使混凝土拌和物获得最大流动性，且能保持黏聚性及保水性能良好时的砂率值。

c. 水泥品种。在水泥用量和用水量一定的情况下，采用矿渣水泥或火山灰水泥拌制的混凝土拌和物，其流动性比用普通水泥时为小，这是因为前者的密度较小，所以在相同水泥用量时，它们的绝对体积较大，且在相同稠度下需水量要大一些，因此混凝土就显得较稠。若要二者达到相同的坍落度，则前者单位体积混凝土的用水量必须增加。另外，矿渣水泥拌制的混凝土拌合物泌水性较大。

d. 骨料性质。骨料性质是指混凝土所用骨料的品种、级配、颗粒粗细及表面性状等。在混凝土骨料用量一定的情况下，采用卵石和河砂拌制的混凝土拌和物，其流动性比用碎石和山砂拌制的好，这是因为前者骨料表面光滑，摩阻力小；用级配好的骨料拌制的混凝土拌和物和易性好，因为骨料级配好时其空隙少，在水泥浆用量一定的情况下，填充空隙的水泥浆就少，相对来说包裹骨料颗粒表面的水泥浆层就增厚，和易性就好；用细砂拌制的混凝土拌和物的流动性较差，但黏聚性和保水性好。

e. 外加剂。混凝土拌和物中掺入减水剂或引气剂，流动性明显提高，引气剂还可有效地改善混凝土拌和物的黏聚性和保水性，二者还分别对发展混凝土的强度与耐久性起着十分有利的作用。

f. 时间和温度。混凝土搅拌完毕后，混凝土拌和物的坍落度随时间的推移而逐渐减小，导致这种现象的原因有水泥的水化反应、骨料吸收水分、水分的蒸发等。这些因素的作用随着温度的升高而加剧。由于拌和物流动性的这种变化，在施工中为了保证一定的和易性，必须注意环境温度的变化，采取相应的措施。

③ 改善和易性的措施。在实际工程中，改善混凝土拌和物的和易性可采取以下措施：

a. 通过试验，采用最佳砂率，以提高混凝土的质量及节约水泥。

b. 改善砂石级配。

c. 在可能条件下尽量采用较粗的砂、石。

d. 当混凝土拌和物坍落度过小时，保持水灰比不变，增加适量的水泥浆；当坍落度过大时，保持砂率不变，增加适量的砂、石。

e. 有条件时尽量掺用外加剂——减水剂、引气剂。

3. 混凝土的配合比设计　所谓混凝土配合比，是指单位体积的混凝土中各组成材料的质量比例，用水泥∶水∶砂∶石表示，以水泥为基数1。

(1) 设计的基本要求

① 满足结构设计的强度等级要求。满足结构设计强度要求是混凝土配合比设计的首要任务。任何建筑物都会对不同结构部位提出“强度设计”要求。为了保证配合比设计符合这一要求，必须掌握配合比设计相关的标准、规范，结合使用材料的质量波动、生产水平、施工水平等因素，正确掌握高于设计强度等级的“配制强度”。配制强度毕竟是在试验室条件下确定的混凝土强度，在实际生产过程中影响强度的因素较多，因此，还需要根据实际生产的留样检验数据，及时做好统计分析，必要时进行适当地调整，保证实际生产强度符合《混凝土强度检验评定标准》(GB/T 50107—2010) 的规定。

② 满足混凝土施工所需要的和易性。根据工程结构部位、钢筋的配筋量、施工方法及其他要求，确定混凝土拌和物的坍落度，确保混凝土拌和物有良好的均质性，不发生离析和泌水，易于浇筑和抹面。

③ 满足工程所处环境对混凝土耐久性的要求。混凝土配合比的设计不仅要满足结构设计提出的抗渗性、耐冻性等耐久性的要求，而且还要考虑结构设计未明确的其他耐久性要求，如严寒地区的路面、桥梁，所处水位的升降范围，以及暴露在氯污染环境的结构等。同时，在进行混凝土配合比设计前，应对混凝土使用的原材料进行优选，选用良好的原材料，是保证混凝土具有良好耐久性的基本前提。

④ 符合经济原则。企业的生产与发展离不开良好的经济效益。因此，在满足上述技术要求的前提下，应尽量降低成本。为此，不仅要合理设计配合比，还应该选择优质、价格合理的原材料，这既可保证混凝土的质量，也是提高企业经济效益的有效途径。

(2) 设计方法与步骤　普通混凝土配合比的设计，首先按照原始资料进行初步计算，得出“理论配合比”；经过试验室试拌调整，提出满足施工和易性要求的“基准配合比”；然后根据基准配合比进行表观密度和强度的调整，确定出满足设计和施工要求的“实验室配合比”；最后根据现场砂石实际含水率，将试验室配合比换算成“生产配合比”。混凝土配合比的详细计算可参考《普通混凝土配合比设计规程》(JGJ 55—2011)。

混凝土实验室配合比计算用料是以干燥骨料为基准的，但实际工地使用的骨料常含有一定的水分，因此必须将实验室配合比进行换算，换算成扣除骨料中水分后工地实际施工用的配合比。其换算方法如下：

设1 m^3 混凝土中水泥、水、细骨料、粗骨料的用量分别为 C'、W'、S'、G'，并设工地细骨料含水率为 $a\%$，粗骨料含水率为 $b\%$，则施工配合比每立方米混凝土中各材料用量应为：

$$C'=C$$
$$S'=S\times(1+a\%)$$
$$G'=G\times(1+b\%)$$
$$W'=W-S\times a\%-G\times b\%$$

式中　C'——每立方米混凝土中水泥的实际用量（kg/m^3）；

S'——每立方米混凝土中细骨料的实际用量（kg/m^3）；

G'——每立方米混凝土中粗骨料的实际用量（kg/m^3）；

W'——每立方米混凝土中水的实际用量（kg/m^3）。

施工现场骨料的含水率是经常变动的，因此在混凝土施工中应随时测定砂、石骨料的含水率，并及时调整混凝土配合比，以免因骨料含水量的变化而导致混凝土水灰比的波动，从而对混凝土的强度、耐久性等一系列技术性能造成不良影响。

六、砂浆

砂浆是由胶凝材料（水泥、石灰、黏土等）和细骨料（砂）加水拌和而成，是建筑工程中用量大、用途广的建筑材料。

1. 砂浆的种类　根据组成材料，砂浆可分为石灰砂浆、水泥砂浆和混合砂浆。石灰砂浆由石灰膏、砂和水按一定配比制成，一般用于强度要求不高、不受潮湿的砌体和抹灰层。水泥砂浆由水泥、砂和水按一定配比制成，一般用于潮湿环境或水中的砌体、墙面或地面等。混合砂浆是在水泥砂浆或石灰砂浆中掺加适当掺和料如粉煤灰、硅藻土等制成，以节约水泥或石灰用量，并改善砂浆的和易性，常用的混合砂浆有水泥石灰砂浆、水泥黏土砂浆和石灰黏土砂浆等。

按用途不同分为砌筑砂浆、抹面砂浆（包括装饰砂浆、防水砂浆）等。

（1）砌筑砂浆　用于砖、石块、砌块等的砌筑以及构件安装的砂浆称为砌筑砂浆。

① 砌筑砂浆的种类。常用的砌筑砂浆有水泥砂浆、石灰砂浆、水泥石灰混合砂浆等。

水泥砂浆适用于潮湿环境及水中的砌体工程；石灰砂浆仅用于强度要求低、干燥环境中的砌体工程；混合砂浆不仅和易性好，而且可配制成各种强度等级的砌筑砂浆，除对耐水性有较高要求的砌体外，可广泛用于各种砌体工程中。

② 材料的选择

a. 胶凝材料。用于砌筑砂浆的胶凝材料有水泥和石灰。水泥品种的选择与混凝土相同，水泥标号应为砂浆强度等级的 4～5 倍，水泥标号过高，将使水泥用量不足而导致保水性不良。石灰膏和熟石灰不仅是作为胶凝材料，更主要的是使砂浆具有良好的保水性。

b. 细骨料。细骨料主要是天然砂，所配制的砂浆称为普通砂浆。砂中黏土含量应不大于 5%；强度等级小于 M2.5 时，黏土含量应不大于 10%。砂的最大粒径应小于砂浆厚度的 1/5～1/4，一般不大于 2.5 mm。作为勾缝和抹面用的砂浆，最大粒径不超过 1.25 mm，砂的粗细程度对水泥用量、和易性、强度和收缩性影响很大。

③ 砌筑砂浆强度等级的选择。一般情况下，多层建筑物墙体选用 M2.5～M10 的砌筑砂浆；砖石基础、检查井、雨水井等砌体，常采 M5 砂浆；工业厂房、变电所、地下室等砌体选用 M2.5～M10 的砌筑砂浆；二层以下建筑常用 M2.5 以下砂浆；简易平房、临时建筑可选用石灰砂浆。

④ 砌筑砂浆的配合比。砂浆拌和物的和易性应满足施工要求，且新拌砂浆体积密度应满足：水泥砂浆不应小于 1 900 kg/m^3；混合砂浆不应小于 1 800 kg/m^3。砌筑砂浆的配合比一般可查施工手册确定。

⑤ 砂浆的拌制。砂浆的拌制一般用砂浆搅拌机，要求拌和均匀。为改善砂浆的保水性可掺入黏土、电石膏、粉煤灰等塑化剂。砂浆应随拌随用。如砂浆出现泌水现象，应再次拌和。水泥砂浆和混合砂浆必须分别在拌和后 3 h 和 4 h 内使用完毕，如气温在 30 ℃以上，则必须在 2 h 和 3 h 内用完。

（2）抹面砂浆　凡涂抹在建筑物和构件表面以及基底材料的表面，兼有保护基层和满足使用要求作用的砂浆，可统称为抹面砂浆（也称抹灰砂浆）。

与砌筑砂浆相比，抹面砂浆具有以下特点：

① 抹面层不承受荷载。

② 抹面层与基底层要有足够的黏结强度，使其在施工中或长期自重和环境作用下不脱落、不开裂。

③ 抹面层多为薄层，并分层涂抹，面层要求平整、光洁、细致、美观。

④ 多用于干燥环境，大面积暴露在空气中。

(3) 装饰砂浆 装饰砂浆是指用以涂在基层材料表面兼有保护基层和增加美观作用的砂浆。抹面砂浆用于砖墙的抹面，由于砖吸水性强，砂浆与基层及空气接触面大，水分失去快，宜使用石灰砂浆。有防水、防潮要求时，应用水泥砂浆。

(4) 防水砂浆 防水砂浆是一种刚性防水材料，通过提高砂浆的密实性及改进抗裂性以达到防水抗渗的目的。主要用于不会因结构沉降，温度、湿度变化以及受震动等产生有害裂缝的防水工程。用作防水工程的防水层的防水砂浆有3种：刚性多层抹面的水泥砂浆、掺防水剂的防水砂浆、聚合物水泥防水砂浆。

2. 砂浆的性质 砂浆的性质决定于它的原料、密实程度、配合成分、硬化条件、龄期等。砂浆应具有良好的和易性，硬化后应具有一定的强度和黏结力，以及体积变化小且均匀的性质。

(1) 流动性 流动性也叫稠度，是指砂浆的稀稠程度，是衡量砂浆在自重或外力作用下流动的性能。影响砂浆流动性的因素，主要有胶凝材料的种类和用量，用水量以及细骨料的种类、颗粒形状、粗细程度与级配，除此之外，也与掺入的混合材料及外加剂的品种、用量有关。通常情况下，基底为多孔吸水性材料，或在干热条件下施工时，应选择流动性大的砂浆。相反，基底吸水少，或在湿冷条件下施工，应选流动性小的砂浆。

(2) 保水性 保水性是指砂浆保持水分的能力。保水性不良的砂浆，使用过程中出现泌水、流浆现象，使砂浆与基底黏结不牢，且由于失水影响砂浆正常的黏结硬化，使砂浆的强度降低。影响砂浆保水性的主要因素是胶凝材料的种类和用量，砂的品种、细度和用水量。在砂浆中掺入石灰膏、粉煤灰等粉状混合材料，可提高砂浆的保水性。

(3) 强度 砂浆强度等级是以边长为70.7 mm的立方体试块，按标准条件在(20±2)℃、相对湿度为90%以上的条件下养护至28 d的抗压强度值确定。砌筑砂浆按抗压强度划分为M20、M15、M10、M7.5、M5、M2.5 6个强度等级。砂浆的强度除受砂浆本身的组成材料及配比影响外，还与基层的吸水性能有关。

影响砂浆强度的因素有：当原材料的质量一定时，砂浆的强度主要取决于水泥标号和水泥用量。此外，砂浆强度还受砂、外加剂、掺入的混合材料以及砌筑和养护条件影响。砂中泥及其他杂质含量多时，砂浆强度也受影响。

3. 影响砂浆性能的因素

（1）配合比　配合比是指砂浆中各种原料的组合比例，应由施工技术人员提供，具体应用时应按规定的配合比严格计量，要求每种材料均经过磅秤称量后才能进入搅拌机。水的加入量主要靠稠度来控制。

（2）原材料　原材料的各种技术性能是否符合要求，要经过实验室鉴定。

（3）搅拌时间　一般要求砂浆在搅拌机内的搅拌时间不得少于 2 min。

（4）养护的时间和温度　砌到墙体内的砂浆要经过一段时间后才能获得强度，养护的时间、温度和砂浆强度正相关。

（5）养护的湿度　在干燥和高温的条件下，除了应充分拌匀砂浆和将砖充分浇水湿润外，还应对砌体适时浇水养护。

七、管材

沼气输配工程常用管材主要包括钢管和塑料管。

1. 钢管　钢管是沼气输配工程中使用的主要管材，它具有强度大、严密性好、焊接技术成熟等优点，但它耐腐蚀性差，需进行防腐。

（1）分类及选材　钢管按制造方法分为无缝钢管和焊接钢管；按表面处理不同分为镀锌（白铁管）和不镀锌（黑铁管）；按壁厚不同分为普通钢管、加厚钢管和薄壁钢管 3 种。在沼气输配中，常用直缝卷焊钢管，其中用得最多的是水煤气输送钢管。

小口径无缝钢管以镀锌管为主，通常用于室内，若用于室外埋地敷设时，必须进行防腐处理；直径大于 150 mm 的无缝钢管为不镀锌的黑铁管。沼气管道输送压力不高，采用一般无缝管或由碳素软钢制造的水煤气输送钢管，但大口径燃气管道通常采用对接焊缝和螺旋焊缝钢管。

（2）钢管连接　地埋沼气管道不仅承受管内沼气压力，同时还要承受地下土层及地上行驶车辆的荷载，因此，接口的焊接应按受压容器要求施工，工程中以手工焊为主，并采用各种检测手段鉴定焊接接口的可靠性。有关钢管焊接前的选配、管子组装、管道焊接工艺、焊缝的质量要求等应遵照相应规范。

大中型沼气工程中的设备与管道、室外沼气管道与阀门、凝水器之间的连接，常以法兰连接为主。为了保证法兰连接的气密性，应使用平焊钢法兰，密封面垂直于管道中心线，密封面间加石棉或橡胶垫片，然后用螺栓紧固。室内管道多采用三通、弯头、变径接头及活接头等螺纹连接管件进行安装。为了防止漏气，用管螺纹连接时，接头处必须缠绕适量的填料，通常采用聚四氟乙烯胶带。

（3）钢管防腐　目前，我国沼气集中供气的管路仍以钢管为主。长距离的钢管埋入地下，由于土壤的腐蚀作用，造成管道外壁的腐蚀、穿孔。而输送含有 H_2S 及 CO_2 的湿沼气，又使管道内壁产生强烈腐蚀，其腐蚀速度与沼气在管内的流动状态有关。腐蚀破坏的区域，首先是管道底部，特别是冷凝液聚积的地方。因此，及时排除沼气中的 H_2S 及冷凝液是减少钢管内壁腐蚀的主要措施。

当前，对于埋地钢管采用绝缘防腐处理。常用的管道防腐材料有两种，即石油沥青和环氧煤沥青。

石油沥青是传统的防腐材料，其特点是货源充足，价格低廉，施工工艺成熟。缺点是吸水率高达20%左右，易老化、强度低、预制后的管件在运输、焊接、下沟、回填土方过程中，涂层易损坏，耐化学介质性差，使用寿命短，加上需热涂施工，现场熬制既易烫伤工人，又易污染环境。由于石油沥青一次性投资、材料费用低于其他涂料，故有些工程仍在使用。

环氧煤沥青的特点是固体分量高、涂层致密、涂膜坚韧、耐化学介质及微生物腐蚀，吸水率小于5%，电绝缘性能好，使用寿命长，防腐效果好。同时也存在一些缺点，环氧树脂的固化反应受温度影响，低温（10 ℃以下）固化较慢，北方冬季施工受到很大限制。由于是双组分，现场施工时会发生固化剂配比不准或搅拌不匀，易造成固化不好或固化后质量不均。防腐层中采用玻璃布加强，玻璃布含蜡，影响层间黏结力，施工过程中产生玻璃纤维，易损伤施工人员皮肤。

2. 塑料管

（1）选用要点　在沼气输送工程中塑料管主要采用聚乙烯管，南方有的地区也常使用聚丙烯管。虽然聚丙烯管比聚乙烯管表面硬度高，较耐高温，但耐磨性、热稳定性较差，且脆性较大，又因这种材料极易燃烧，故不宜在寒冷地区使用，也不宜安装在室内。

聚乙烯管具有如下特点：

① 塑料管的密度小，只有钢管的1/4，对运输、加工、安装均很方便。

② 电绝缘性好，不易受电化学腐蚀，使用寿命可到50年，比钢管使用寿命长2～3倍。

③ 管道内壁光滑，抗磨性强，沿程阻力较小，避免了沼气中杂质的沉积，

提高输气能力。

④ 具有良好的挠曲性，抗震能力强，在紧急事故中可夹扁抢修，施工遇有障碍时可灵活调整。

⑤ 施工工艺简便，不需除锈、防腐，连接方法简单可靠，管道维护简便。

采用塑料管时应注意：

① 塑料管比钢管强度低，一般只用于低压，高密度聚乙烯管最高使用压力为 0.4 MPa。

② 塑料管在氧及紫外线作用下易老化，因此，不应架空铺设。

③ 塑料管材对温度变化极为敏感，温度升高塑料弹性增加，刚性下降，制品尺寸稳定性差；而温度过低材料变硬、变脆，又易开裂。

④ 塑料管刚度差，如遇管基下沉或管内积水，易造成管路变形和局部堵塞。

⑤ 聚乙烯、聚丙烯管材属非极性材料，易带静电，埋地管线查找困难，用在地面上做标记的方法不够方便。

（2）塑料管连接　塑料管的连接根据不同的材质采用不同的方法，一般来说有焊接、熔接及粘接等。对聚丙烯管，目前采用较多的是手工热风对接焊，热风温度控制在 240～280 ℃。聚丙烯的粘接，最有效的方法是将塑料表面进行处理，改变表面极性，然后用聚氨酯或环氧胶黏剂进行粘合。

聚乙烯管的连接，在城市燃气管网中主要采用热熔焊，包括热熔对接、承插热熔及利用马鞍形管件进行侧壁热熔。另一种是电熔焊法，即利用带有电热丝的管件，采用专门的焊接设备来完成。

除了上述连接方法外，在农村地区施工，对同一直径的管子将一端在烧开的蓖麻油或棉籽油中均匀加热，然后用一根外径与管外径相等的尖头圆木，插入加热端使其扩大为承口（承口长度为管外径的 1.5～2.5 倍），迅速将另一根管端涂有黏结剂的管子插入承口内，当温度降至环境温度时，承口收缩，接口连接牢固。

当采用成品塑料管件时，可在承口内涂上较薄的黏结剂，在塑料管端外缘涂以较厚的黏结剂，然后将管迅速插入承口管件，直至两管紧密接触为止。

第二节　土建工程施工

一、施工准备

沼气工程的施工是一项十分复杂、综合和细致的工作。它涉及不同的工程技术、专有的工艺技术以及专用技术装备，又受到地区的自然和社会经济条件的影响和制约。为了保证施工的顺利进行和施工质量，必须事先做好施工准备工作。

1. 技术准备 施工前的技术准备主要包括如下内容。

（1）收集技术资料 调查研究，收集施工需要的各项技术资料，包括施工场地地形、地质、水文、气象等自然条件和现场周围可利用房屋、交通运输、供水、供电、供热、通信等条件以及现场地下、地上障碍物状况等综合资料。

（2）熟悉和审查图纸 沼气工程施工前应由建设单位组织设计单位进行技术交底，并组织施工单位和监理单位进行图纸会审，核对土建与各专业图纸相互间有无矛盾和错误，明确土建与各专业工序的施工配合关系，并向参与施工的工人进行层层技术交底。另外还要及时勘察现场，了解设计总平面布置与周围环境的关系，检查总图与现场周围情况是否符合。

（3）编制施工组织设计 施工组织设计按设计阶段和编制对象的不同，划分为建设项目施工组织总设计、单项（位）工程施工组织设计和施工方案，通常泛称的施工组织设计主要指单位工程施工组织设计，它是具体指导施工的文件。

编制施工组织设计是一项极为重要的技术准备，主要内容应包括：

① 工程概述。

② 施工部署。

③ 施工方法。

④ 建筑安装综合进度计划。

⑤ 施工机具设备需用量计划。

⑥ 主要工程材料、成品、半成品，施工用料需用量计划。

⑦ 劳动组织及劳动力需用量计划。

⑧ 施工总质量、安全计划。

⑨ 推广新技术、降低成本措施。

⑩ 施工总平面布置或不同阶段的平面布置。

⑪ 主要技术、经济指标。

编制施工组织设计应遵循建筑施工工艺及技术规律，合理安排施工程序。工程施工一般应遵循“先地下、后地上”，“先土建、后安装”，“先主体、后围护”的顺序，并应避免建（构）筑物之间施工时相互干扰。同时还应科学地安排冬期和雨季施工项目，保证全年施工的均衡性和连续性。

2. 现场准备 施工现场准备主要包括现场的“四通一平”以及临时设施

搭建，具体内容和要求如下。

（1）临时道路　为了后续施工的顺利进行，应修建临时道路，包括现场内和现场至运输干线的道路。临时道路的修建宜结合永久性道路建设，施工期间仅修筑路基和垫层，铺设泥结碎石面层，待竣工后再修道路面层。

（2）临时供水　现场临时供水，包括生活用水和施工用水。宜分开设置独立的供水系统，尽可能先建成永久性给水系统的构筑物，以节省临时设施费用。在方便施工和生活的情况下，应尽量缩短管线，且施工用水宜布置为环形管网，以保证管路发生意外损坏时，能继续供水。

（3）临时供电　现场临时供电，包括动力用电和照明用电。应按施工高峰时的最大用电量设计，架设线路，建设临时变电站或变压间，向供电部门申报用电量，有条件的尽可能先修建工程的供电线路。施工动力用电，一般宜沿主体工程布置干线，并循环设置，以防施工时突然断电。在不能保证供电量的情况下，应备临时发电设备。建设临时发电间、变电站，位置尽可能设在施工用电负荷中部，以缩短供电线路。

（4）现场通信　现场应设置方便的通信网络，保证内部与外界的联络畅通，特别是便于火灾的报警。

（5）场地平整　施工现场应按建筑设计总平面图确定的范围和粗平标高进行平整，并做好挖填土方的平衡。

（6）搭建施工临时设施　施工临时设施分大型临时设施和小型临时设施两类，其中大型临时设施主要包括职工宿舍、食堂、办公室、材料库等；小型临时设施主要包括各类工棚、蓄水池、围护设施等。施工临时设施的搭建应严格遵照施工总平面图的布置和要求及施工设施需要量计划建设，统筹安排，且应适应生产需要，使用方便，不占工程位置，并留出生产用地和交通道路。

3. 物资及机具准备

（1）建筑材料准备　应根据材料需用量计划准备好工程材料，按供应计划落实运输条件和工具，分期分批合理组织材料运输进场，按规定地点和方式储存或堆放，材料准备应符合下列要求：

① 合理采购材料，综合利用资源，尽可能就地取材，利用当地或附近地方材料，减少运输成本，节省费用。

② 做好场内外的运输组织工作，合理和适当集中设置仓库和布置材料堆放位置，以方便使用和管理，减少二次搬运。

③ 组织进场材料的核对、检查、验收工作，特种材料应按规定复检，无

合格证的材料，经材质鉴定合格方可使用。

（2）构件加工准备　应根据施工进度计划所提供的构（配）件制作、加工要求，委托加工订货或组织生产，按施工进度要求分期分批组织进场。构件成品、半成品出厂必须有合格证，按规定地点和要求堆放。

（3）施工机具准备　应根据施工进度计划的要求，分期分批组织施工机械设备和工具进场，按规定地点和方式存放，按进度要求合理使用，充分发挥效率。进场机械设备应配套，按总平面布置图要求入库或架设，并进行维护、保养、检查和试运转，以保持完好状态。

二、土方工程

1. 地基选择　沼气工程施工，尤其是地下沼气池，选择地基很重要，这关系到工程质量和池体的使用寿命，必须认真对待。以户用沼气池建设为例，其属于埋在地下的构筑物，因此，与土质的好坏关系很大。土质不同，其密度不同，坚实度也不一样，容许的承载力就有差异，而且同一个地方，土层也不尽相同。如果土层松软或沙性土或地下水位较高的烂泥土，池基承载力不大，在此处建池，必然引起池体沉降或不均匀沉降，容易造成池体破裂、漏水漏气。因此，池基应该选择在土质坚实、地下水位较低，土层底部没有地道、地窖、渗井、泉眼、虚土等隐患之处，而且池体与树木、竹林或池塘要有一定距离，以免树根、竹根扎入池内。

2. 测量放线　选好地基后就需要进行土方开挖。土方开挖前，首先要按设计图纸尺寸定位，进行测量放线。施工测量放线是利用各种测量仪器和工具，对建筑场地上地面点的位置进行度量和标高的测定工作。这里以户用沼气池建设为例介绍一般流程。

（1）平整场地　在规划和选定的庭院沼气设施建设区域内，清理杂物，平整好场地。

（2）确定中心　根据设计图纸，在地面上确定沼气池中心位置，画出进料间平面、发酵池平面、水压间平面三者的外框灰线，如图 5－1 所示。沼气池放线尺寸为池身外包尺寸加 2 倍池身外填土层厚度（或操作现场尺寸）加 2 倍放坡尺寸。根据南北方的气候特征和生活习惯，北方庭院沼气系统放线时，应将水压间布设在畜禽圈内，将出料管和储肥间布设在畜禽圈外；南方庭院沼气系统放线时，可将水压间、出料管和储肥间布设在畜禽圈外，但要布局整齐、美观，和农户庭院的方位和走向一致。当定位灰线画定后，在线外四角离线约

1 m 处打钉 4 根定位木桩，作为沼气池施工时的控制桩。在对角木桩间拉上连线，其交点作为沼气池的中心。选一个定位桩为标高基准桩，在其上标定 ±0.000，作为校正沼气池各部分垂直高度的基准。沼气池尺寸以中线标杆为基准，施工时随时校验。

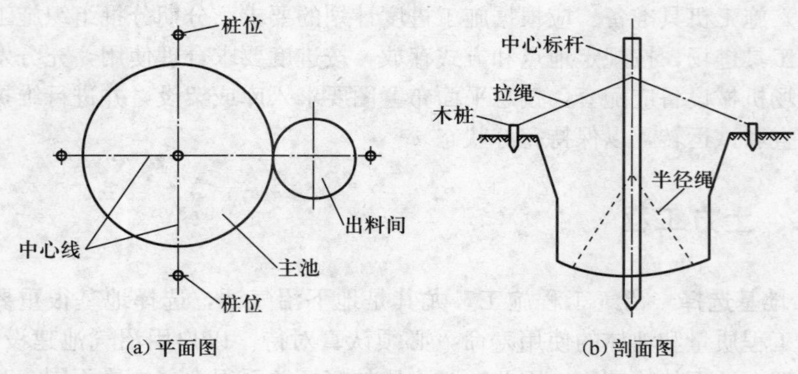

图 5-1 沼气池放线图

(3) 不同池型放线 圆筒形池，上圈梁以上部位按放坡尺寸放线，圈梁以下部位按模具成型的要求放线。球形池和椭球形池的上半球，一般按直径放大 1 m 放线，下半球按池形的几何尺寸放线。池坑放线时，先定好中心桩和标高基准桩，中心桩和标高基准桩必须牢固不变位。

3. 基坑开挖 根据建筑物独立柱基和条形基础所在位置，将施工区域内的地上、地下障碍物清除处理完毕，在做好技术交底后即可开槽施工。开槽可以人工开挖，也可以采用挖掘机施工。为使基底土不被扰动，挖掘机开挖时应预留 200 mm 土层由人工清理至设计坑底标高。

基坑开挖应遵循如下要点：

① 基坑开挖应尽量防止对地基土的扰动。

② 在地下水位以下挖土，应在基坑周边做好排降水处理。

③ 雨季施工时，基坑应分段开挖，挖好一段浇筑一段垫层，并做好排水。

④ 基坑开挖时，应对平面控制桩、水准点、基坑平面位置、水平标高、边坡坡度等做经常性复测检查。

⑤ 基坑挖完后应进行验槽，做好记录，如发现地基土质与地质勘测报告、设计要求不符时，应及时与有关人员研究处理。

在开挖过程中，应经常用水平仪检查挖土深度，严禁超挖，如有超挖或遇土质疏松应全部挖除，用碎石土回填，并分层夯实至设计标高。距开挖基槽

1 m处设防护栏杆，2 m 范围内严禁堆放重物及车辆行走、震动。

（1）挖方边坡　当土质为天然湿土、构造均匀、水文地质条件良好（即不会发生坍滑、移动、松散或不均匀下沉），且无地下水时，开挖基坑可不必放坡，采取直立开挖不加支护，但挖方深度应满足表 5－4 的规定，基坑长度应稍大于基础长度。如超过表 5－4 规定的深度，应根据土质和施工具体情况进行放坡，以保证不塌方。临时性挖方的边坡值可按表 5－5 采用。放坡后基坑上口宽度由基坑底面宽度及边坡坡度决定，坑底宽度每边应比基础宽出 15～30 cm，以便施工操作。

表 5－4　基坑不加支撑时的容许深度

土质种类	容许深度（m）
密实、中密的沙土和碎石类土（填充物为沙土）	1.00
硬塑、可塑的粉质黏土及粉土	1.25
硬塑、可塑的黏土和碎石类土（填充物为黏性土）	1.50
坚硬的黏土	2.00

表 5－5　临时性挖方边坡值

<table>
<tr><th colspan="2">土质类别</th><th>边坡值（宽：高）</th></tr>
<tr><td colspan="2">沙土（不包括细沙、粉沙）</td><td>1：1.25～1：1.50</td></tr>
<tr><td rowspan="3">一般黏性土</td><td>硬</td><td>1：0.75～1：1.00</td></tr>
<tr><td>硬塑</td><td>1：1.00～1：1.25</td></tr>
<tr><td>软</td><td>1：1.50 或更缓</td></tr>
<tr><td rowspan="2">碎石类土</td><td>填充坚硬、硬塑黏性土</td><td>1：0.50～1：1.00</td></tr>
<tr><td>填充沙土</td><td>1：1.00～1：1.50</td></tr>
</table>

注：1. 如有成熟施工经验，可不受本表限制。设计有要求时，应符合设计标准。
2. 如采用降水或其他加固措施，不受本表限制。
3. 开挖深度对软土不超过 4 m，对硬土不超过 8 m。

在实际应用中，沙质较多的土质应加大边坡坡度，如遇地下水时，也要放大坡度。当所要求的坡度较大而又限于场地位置时，要注意土方的开挖对邻近房屋基础的影响，必要时应使用临时支护。

（2）支护方法　当开挖基坑的土体含水量大而不稳定，或基坑较深，或受到周围场地限制而需用较陡的边坡或直立开挖时，应采用临时性支撑加固，基坑每边的宽度应比基础宽 15～20 cm，以便于设置支撑加固结构。挖土时，土壁要求平直，挖好一层，支一层支撑，挡土板要紧贴土面，并用小木桩或横撑木顶住挡板。开挖宽度较大的基坑，当在局部地段无法放坡，或下部土方受到基坑尺寸限制不能放较大坡度时，应在下部坡脚采取加固措施，如采用短桩与横隔板支撑，砖砌，或用编织袋、草袋装土作为临时矮挡土墙保护坡脚。

(3) 开挖程序　基坑开挖程序一般是：测量放线→切线分层开挖→排降水→修坡→整平→留足预留土层。相邻基坑开挖时，应遵循先浅后深或同时进行的施工原则。挖土应自上而下水平分段分层进行，每层 0.3 m 左右，边挖边检查坑底宽度及坡度，不够时及时修整。每 3 m 左右修一次坡，至设计标高，再统一进行一次修坡清底，检查坑底宽和标高，要求坑底凸凹不超过 2 cm。

(4) 土方回填　基础土方回填时，应按设计要求采用质地均匀、级配合理、不含对基础具有侵蚀作用的回填土，分层回填夯实至设计标高，然后再进行上部结构施工。回填土应去除垃圾、杂质，并检查回填土的含水率是否在规定的合理范围之内，若回填土的含水量偏低，可采用预先洒水润湿等措施。

土方回填时应分层铺摊夯实，每层铺土厚度应根据土质、密实度要求和夯实机械的性能确定。用压路机进行填方碾压时，每层铺土厚度不应超过 300 mm，碾压间距应相互搭接，搭接不少于 20 cm，人工夯实每层铺土厚度则不宜大于 250 mm。回填土铺摊后，及时整平、夯实，逐层回填，逐层夯实。每层回填土碾压后，须对回填土质量进行检验，采用钎入仪检测回填土的承载力，求出压实度，其压实系数不小于 0.97。压实系数达到设计要求方可进行下一层摊铺夯实。

基坑土方回填应在相对两侧或四周同时进行，柱基础相对两侧回填土标高不应相差过多，避免柱基轴线产生位移。

回填土检验内容及控制指标见表 5-6。

表 5-6　回填土检验内容及控制指标

项目	允许偏差	检验方法
标高	−50 mm	用水准仪
分层压实系数	不少于设计的 50%	用钎入仪
回填土质	不应有垃圾、树根等杂物	取样检查或观察
分层厚度及含水率	分层厚度不应大于：机械碾压 300 mm，人工夯实 250 mm	用水准仪抽样检查
表面平整度	20 mm	用靠尺或水准仪

4. 基坑排降水　地下水的处理是沼气工程建设的一个十分重要的环节。基坑排降水如处理不当，常常造成大量的返工和原材料的浪费，影响土方开

挖、工程施工以及工程质量，所以事先必须做好调查研究，弄清地下水位的高低和流向，一般在地质勘测报告中会有详细的说明。若地下水难以避开时，应利用地下水最低的季节施工，或根据水量大小、水位高低，户用沼气池可采用浅池和半地下沼气池的型式，把地下水的影响消除在挖池坑之前。基坑开挖中处理地下水的原则是：以抗水为中心，避、引、堵相结合，以排为主。

（1）确定工期　我国大多数地区一般夏、秋季雨量充沛，冬、春期间雨量稀少。因此，在夏、秋季节备料，冬、春季节开始工程建设，可以在一定程度上克服自然的不利因素，减少建池的难度。

（2）合理设计　户用沼气池是全地下或半地下构筑物，在池型结构和布局上设计“半埋池”、“子母池”等，可以有效克服地下水对池体的不利影响和对施工造成的困难。

① 半埋池。半埋池如图 5－2 所示，是一种以“避水”为主的池型，沼气池部分埋于地下，部分高出地面，具有以下特点：

a. 可以避开地下水，使沼气池建于地下水位以上，以便于按照一般方法建造。

b. 施工中开挖土方量减少，有利于挖、填土方量平衡。

c. 夏季气温较高，借助太阳辐射有利于提高池体温度。

d. 由于池顶高出地面，需要在沼气池地上部分覆土覆盖，进料不太方便，且保温效果较差。

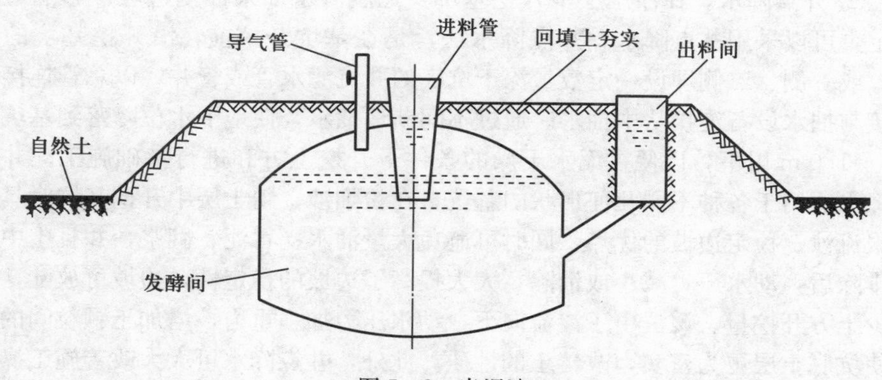

图 5－2　半埋池

② 子母池。子母池如图 5－3 所示，也是一种以避水为主的池型。池顶设置活动进料吊斗插入料液中，发酵间（也称母池）产生的沼气由附近的顶压式储气柜（称作子池）储存。这样沼气发酵池容积可相应减小，从而可使沼气发酵池避开地下水，浅埋于地下。其缺点是两个池体总建造成本要有所增加。

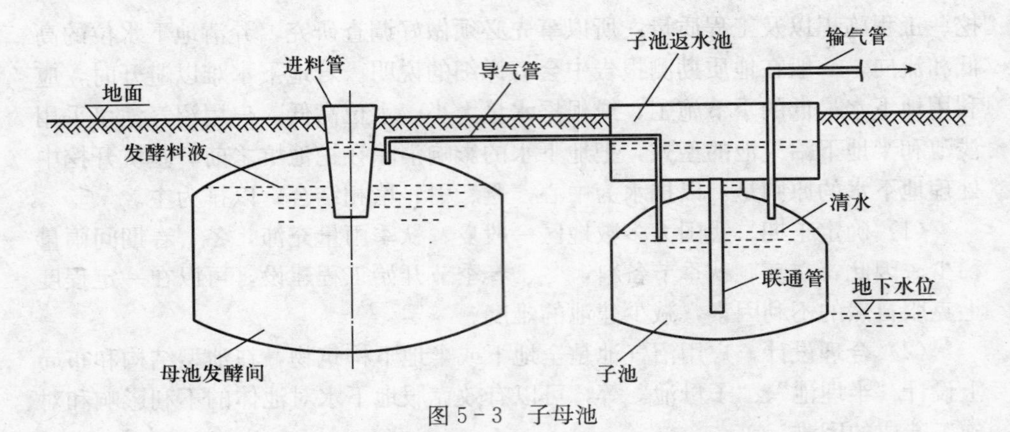

图 5-3 子母池

(3) 排水方法

① 明沟排水。开挖基坑渗水，一般采用明沟法排水。沿坑底四周基础范围以外挖排水沟和集水坑，汇集基坑渗水，然后用水泵排出坑外。从地下水位以上 0.5 m 开始，每一层开挖，均首先开挖集水沟和集水坑，并使排水沟底和集水坑底低于本层基坑开挖底面深度，保证排水通畅。排水沟和集水坑的大小，主要根据渗水量的大小而定，排水沟深 0.5 m，集水坑一般应设在下游位置，一个或数个，最小边长 0.6 m，深度一般应大于 0.7 m。

② 井点降水。在沙土层中开挖基坑，地层渗水如果冲刷边坡，影响边坡稳定，可以采用井点降水。井点降水法，是在基坑开挖前，沿开挖基坑的四周，或一侧、二侧埋设一定数量深于坑底的井点滤水管或管井，以总管连接或直接与抽水设备连接从中抽水。通过不间断地抽水，使地下水位降落到基坑底 0.5～1.0 m 以下，以便在无水干燥的条件下开挖土方和进行基础施工。井点法降水适用于各种不同几何形状的基坑，在粉细沙、粉土层中开挖基坑时具有克服流沙、稳定边坡的优点，同时可避免大量涌水、冒泥、翻浆，并且土中水分排除后，动水压力减小或消除，大大提高了边坡的稳定性，边坡可放陡，可减少土方开挖量。该法由于渗流向下，动水压力加强重力，增加土颗粒间的压力使坑底土层更为密实，改善土的性质。此外，井点降水可大大改善施工操作条件，提高工效加快工程进度。井点降水还可以创造基坑无水作业条件，有利于机械化施工、缩短工期、保证工程质量与安全。但井点降水设备一次性投资较高，运转费用较大，施工中应合理地布置和适当地安排工期，以减少作业时间，降低排水费用。

5. 地基加固 在软弱地基土质上建设沼气工程，应采取地基加固处理，并在土方工程施工阶段完成。常用的处理方法有如下几种。

（1）灰土地基　灰土中的土料应尽可能采用就地挖出的含有机质不大的黏性土，不得采用表面耕植土、冻土或夹有冻块的土。土料应过筛，其粒径不得大于15 mm。熟石灰应过筛，其粒径不得大于5 mm，熟石灰中不得夹有未熟化的生石灰块，不得含有过多的水分。灰土比宜为2∶8或3∶7（体积比）。灰土的含水量以用手紧握土料能成团，两指轻捏即碎为宜（此时含水量一般在23%～25%之间），含水过多、过少均难以夯实。灰土应拌和均匀、颜色一致，拌好后要及时铺设夯实。灰土施工应分层进行，如采用人工夯实，每层以虚铺15 cm为宜，夯至10 cm左右可认为基本夯实。

用灰土加固地基完毕后，其上应覆盖塑料布、草垫等防护材料，以防日晒雨淋，影响质量。刚夯实完毕的灰土如突然遭受雨淋、浸泡，则应将积水及松软灰土铲除后补填夯实。稍受浸湿的灰土，可在晒干后再补夯。灰土地基适用于深2 m以内的黏性土地基加固，并可兼作辅助防水层，但不宜用于地下水位以下的地基加固。

（2）砂、砂石及碎石地基　砂垫层、砂石垫层及碎石垫层系分别用砂、砂石混合物及碎石碾（夯）实加固地基。砂、石宜用颗粒级配良好，质地坚硬的中砂、粗砂、砾砂、卵石或碎石、石屑，也可用细砂，但宜掺加一定数量的卵石或碎石。砂粒中石子粒径应在50 mm以下，其含量应在50%以内；碎石粒径宜为5～40 mm，砂、石子中均不得含有草根、垃圾等杂物，含泥量应小于5%，兼作排水垫层时，含泥量不得超过3%。

砂、砂石和碎石垫层的厚度，应根据作用在垫层底面处的土重应力与附加应力之和来确定，并应不大于软弱土层的承载力特征值，同时考虑土层范围内的水文地质条件等，一般为0.5～2.5 m。砂、砂石和碎石垫层适用于处理深2.5米以内的软弱透水性强的黏性土地基，但不宜用于加固湿陷性黄土地基及渗透系数极小的黏性土地基。

（3）粉煤灰地基　粉煤灰是火力发电厂的工业废料，有良好的物理力学性能，用它作为处理软弱土层的换填材料，已在很多地区得到应用。粉煤灰铺设时应控制含水量，如果含水量过大，需摊铺晾干后再碾压。粉煤灰铺设后，应予当天压完，如压实时含水量过小，呈现松散状态，则应洒水湿润再压实。

施工前应先检查粉煤灰材料，并对基槽清底状况、地质条件予以检验，排除表面积水，平整场地，预压密实。粉煤灰垫层应分层铺设与碾压，当用机械夯实时铺设厚度宜为0.2～0.3 m，夯实后厚度为0.15～0.2 m；用压路机碾压时铺设厚度宜为0.3～0.4 m，碾实后厚度约为0.25 m。对小面积基坑，可采用人工分层摊铺，用平板振动器等机具进行夯实，每次夯板应重叠 1/3～1/2，往复压实，由两侧向中间进行，夯实不少于 3 遍。

6. 特殊地基处理

（1）软土　软土是一种高压缩性黏土，这种土含水量大，透水性小，承载力低，分布在我国东南沿海地区、沿江和湖泊地区。工程如果建设在软土地基上，建筑物易产生较大的沉降和不均匀沉降，沉降速度快，且沉降稳定性往往需要很长时间，因此在软土地基上建造建（构）筑物必须采取有效技术措施。

对于软土地基，可采用置换及拌入法，用沙、碎石等材料置换地基中部分软弱土体，或在软土中掺入水泥、石灰等形成加固体，提高地基承载力。沼气工程中各类型建、构筑物体型差异较大，应合理安排施工顺序，先施工高、重的部分，使在施工期间先完成部分沉降，后施工矮、轻的部分，以减少部分差异沉降。对于沼气工程中库房、水池等可适当控制施工速度，使软土逐步固结，地基强度逐步增长，以适应荷载增长的需求，同时可借以降低总沉降量，防止土的侧向挤出，避免建筑物产生局部破坏或者倾斜。

（2）湿陷性黄土　天然黄土在覆土的自重应力作用下，或在自重应力和附加应力共同作用下，受水浸湿后土的结构迅速破坏而发生显著附加下沉，称为湿陷性黄土。湿陷性黄土由于水浸湿常会使建（构）筑物出现不均匀沉降，引起边坡滑动，且这种破坏具有突发性，难以预料其下沉部位。

处理湿陷性黄土地基常用方法包括：将基础下的湿陷性土层全部或部分挖出，用灰土换填夯实；也可对湿陷性土层用重锤夯实法或强夯法处理，重锤夯实法可消除 1.0～2.0 m 厚土层的湿陷性，强夯法可消除 3.0～6.0 m 厚土层的湿陷性。基础施工完成后应用素土在基础周围分层回填夯实，其压实系数不得小于 0.9。

（3）膨胀土　膨胀土为一种高塑性黏土，强度一般较高，具有吸水膨胀，失水收缩和反复胀缩变形，浸水强度衰减，干缩裂隙发育等特性，性质不稳定，常使建筑物产生不均匀的竖向或水平的胀缩变形，造成位移、开裂、倾斜、甚至破坏。

处理膨胀土地基首先应提前平整场地，预湿，减少挖填方湿度过大的差别，使含水量得到新的平衡，大部分膨胀力得到释放。膨胀土地基可采取换土处理，将膨胀土层部分或者全部挖去，用灰土、土石混合物或沙砾回填夯实，或用人工垫层，如沙、沙砾作缓冲层，厚度不小于 90 cm。基坑挖好，应及时分段快速施工完成，及时回填覆盖夯实，减少基坑暴露时间，避免暴晒及暴雨侵袭。

（4）盐渍土　盐渍土是盐土和碱土以及各种盐化、碱化土壤的总称。土层中含有石膏、芒硝、岩盐等易溶解盐，其含量大于0.5%，自然环境中具有盐溶、盐胀等特性的土称为盐渍土。盐渍土在干燥时，盐类呈结晶状态，地基具有较高的强度，但当遇水后易崩解，出现土体失稳、强度降低、压缩性增大的情况，造成建筑物不均匀沉陷、裂缝、倾斜，甚至破坏。

盐渍土地基可将基础埋置于盐渍土层以下，或隔断有害毛细水的上升，或铺设隔绝层、隔离层，以防止盐分向上运移。还可以采用换填法、重锤夯实法或强夯法处理浅部土层。对厚度不大或渗透性较好的盐渍土，可采用浸水预溶。另外在盐渍土地基上建设沼气工程，应对建（构）筑物基础采取防腐措施，如采用耐腐蚀建筑材料建造，或在基础外部做防腐处理等。

三、基础工程

1. 垫层　垫层是钢筋混凝土基础与地基土的中间层，作用是使其表面平整便于在上面绑扎钢筋，也起到保护基础的作用。垫层一般采用素混凝土，无需加钢筋。施工前应先进行验槽，校验轴线位置、基坑尺寸和土质，槽内浮土、积水、淤泥、杂物应清除干净。验槽后应立即浇灌垫层混凝土。

2. 基础混凝土

（1）毛石混凝土基础　条形基础中可加入适量的毛石。施工时，应先铺一层100～150 mm厚的混凝土打底，再铺上毛石，毛石铺放应均匀排列，使大头向下，小头向上，且毛石的纹理应与受力方向垂直。毛石间距一般不小于150 mm，毛石与模板或槽壁距离不应小于150 mm，以保证每块毛石均被混凝土包裹。

毛石铺放后，继续浇筑混凝土，每层厚为200～250 mm，用振动棒进行振捣。振捣时应避免触及毛石和模板。如此逐层铺放毛石及浇筑混凝土，直至基础顶面，保持毛石顶面有不少于100 mm厚的混凝土覆盖层，所掺用的毛石数量不应超过基础体积的25%。

条形毛石混凝土基础如不能连续浇筑完，应在混凝土毛石交接处，即毛石露出混凝土面一半处留设施工缝。继续浇筑时，应将施工缝处清洗干净，铺上一层与混凝土成分相同的水泥砂浆，再继续浇筑混凝土及铺放毛石。混凝土浇筑完毕，待混凝土初凝后，应用草帘或薄塑料膜等覆盖，并定时浇水养护。正常温度下养护7 d后，除去表层覆盖物。

（2）钢筋混凝土基础　基础施工时，先在垫层上弹出基础边线，在所画边线的范围内放上钢筋网，钢筋网要用水泥垫块垫起，垫起高度等于混凝土保护层的厚度，再组装模板，模板要浇水湿润。

钢筋网要求：

① 钢筋表面洁净，使用前必须去除干净油渍、铁锈。

② 钢筋平直、无局部弯折，弯曲的钢筋要调直。

③ 钢筋的末端应做180°圆弧弯钩，弯钩应按净空直径不小于钢筋直径的2.5倍。

④ 加工受力钢筋长度允许偏差为±10 mm。

⑤ 板内钢筋网的全部钢筋相交点，用铁丝扎结。

⑥ 盖板中钢筋的混凝土保护层不小于10 mm。

混凝土应分层浇筑，用内部振动器或振动棒振捣。对于阶梯形基础，每一阶梯高度内应分层浇捣。对于锥体形基础，应注意斜坡部位的混凝土要捣固密实，振捣完后再用人工将斜坡表面修正拍平。独立基础应连续浇捣完毕，不能分数次浇捣。

在基础上如有插筋时，浇捣过程中要保持插筋位置固定，不使因浇捣而移位。浇捣完毕，水泥初凝后，混凝土外露部分要加以覆盖，浇水养护。养护终了后，拆除模板，进行回填土。

（3）桩基础　当天然地基的强度不能满足设计要求时，往往采用桩基础。桩基础通常是由若干根单桩组成，桩的顶部用承台连接成一个整体，共同受力。根据桩在土壤中工作的原理，分为端承桩、摩擦桩和锚固桩3种；根据施工方法又可分为预制桩和灌注桩两大类。

桩基础的施工，应按《建筑施工工程师手册》等有关要求施工。

3. 基础防腐　在沿海、盐碱地、盐湖区范围内的地下水和土中常含有盐类；在工业生产区范围内的地下水和土中也可能含有酸、碱、盐及其水溶液，这些腐蚀性介质接触基础时能腐蚀破坏基础。例如，硫酸盐会破坏混凝土，氯盐能引起钢筋锈蚀。因此，基础位于含有腐蚀性介质的地下水或（和）土中的地基内时，必须对基础进行可靠的防腐处理，以保证建筑物长期安全使用。

基础防腐的必要性和类型选择，主要取决于基础所处环境的侵蚀度、建筑物的重要性和耐久性要求。考虑防腐措施时，应了解腐蚀机理和腐蚀破坏类型。在通常情况下，钢筋混凝土基础具有一定的耐腐蚀能力和较好的耐久性，但在腐蚀性较强的环境中，混凝土和钢筋都可能发生腐蚀破坏，单靠常规防水措施就达不到长期安全使用的目的。制订防腐方案要对环境侵蚀度或介质侵蚀度作出正确评价，对混凝土来说，除环境腐蚀因素外，在施工用水、砂、掺和料或外加剂中也可能存在对混凝土有害的成分。因此，对混凝土原材料应进行严格质量控制。例如，氯盐含量大于0.3%和硫酸盐含量大于0.2%的砂，氯离子含量大于3 000 mg/L和硫酸根含量大于600 mg/L的水，都不宜用于拌制钢筋混凝土。

在弱腐蚀和中等腐蚀环境中，基础防腐主要是通过改善混凝土自身的防腐能力来实现，例如选择水泥品种，提高水泥用量，降低水灰比，使用外加剂（如钢筋防锈剂）和采取必要的防水措施。在强腐蚀和超强腐蚀环境中，除采取上述措施外，混凝土外表面还要做防护层。常见的防护层的做法有以下几种。

（1）对混凝土表面施加涂料。常用的涂料有沥青、煤焦油、环氧树脂等。

基础防腐一般采用冷底子油和热沥青。其做法为基础混凝土表面干燥后（其含水率<3%），将表面清理干净，去除表面杂物、浮尘，将基底边杂土清理干净，确保能够涂刷到位，不留死角。采用滚筒涂刷冷底子油，先横后竖，局部阴阳角处用刷子涂刷，不得有漏涂、露底及麻点现象。待冷底子油晾干后，涂刷热沥青，其涂刷方法同上，第一遍刷完12 h后开始涂刷第二遍。

（2）在混凝土表面做树脂玻璃钢隔离层。

（3）在混凝土表面砌筑浸渍沥青的砖或用树脂胶泥粘贴耐腐蚀的瓷板、瓷砖等。

（4）重要的独立基础和钢桩，除采用上述防护措施外，还可施加阴极保护措施。

四、钢筋工程

根据施工图纸和钢筋配料单，核对成型钢筋的品种、规格、形状、尺寸和数量等，并清除钢筋表面的油污、泥浆和浮锈。梁内钢筋安装中按“先主后次、先下后上、先内后外”的原则，避免梁内钢筋安装层次混乱和箍筋漏设。

1. 柱钢筋施工　柱钢筋施工顺序为：钢筋定位→套柱箍筋→柱纵筋安装→画箍筋位置线→绑扎箍筋。

（1）钢筋定位　按设计要求进行基础起始钢筋的生根或插筋。

（2）套柱箍筋　按设计和规范要求的间距，计算好每根柱箍筋数量，先将箍筋套在下层伸出的搭接筋上。

（3）柱纵筋安装　绑扎纵筋钢筋，在搭接长度内，钢筋的绑扣不少于3个，绑扣要向柱中心。如果柱子主筋采用光圆钢筋搭接时，角部弯钩应与模板呈45°角，中间钢筋的弯钩应与模板呈90°角。

（4）画箍筋位置线、绑扎箍筋　先按设计要求的方式连接纵向钢筋，然后在竖向钢筋上依次绑扎箍筋。承重柱钢筋的施工应依据蓝图及有关大样在现场加工制作，现场绑扎。其步骤为先绑扎主筋，画箍筋位置线，再将已套好的箍筋依次由上往下逐个采用缠扣绑扎牢固，且箍筋与主筋要垂直，箍筋转角处与主筋交点必须全部绑扎牢固。柱上下两端箍筋加密区长度及加密区内箍筋间距、柱筋保护层厚度均应符合设计图纸要求，垫块应绑在柱纵筋外皮上，以保证主筋保护层厚度的准确。钢筋柱绑扎完成后，经监理和质检部门检查验收合格办理隐蔽工程记录后方可将其放在基础的钢筋网上，进行支模浇筑混凝土。

2. 钢筋网施工　钢筋网每层钢筋交叉点应扎牢，中间部分交叉点可相隔交错扎牢，但必须保证受力钢筋不位移，双向主筋的钢筋网则必须将全部钢筋相交点扎牢。绑扎时应注意相邻绑扎点的铁丝扣要成八字形，以免网格歪斜变形。钢筋弯钩应朝内，不能倒向一边。在绑扎钢筋时，应详细检查钢筋的直径、间距、位置及保护层厚度，上下层钢筋均用马凳筋加以固定，马凳筋的放置示意图及工程实例如图5-4、图5-5所示。

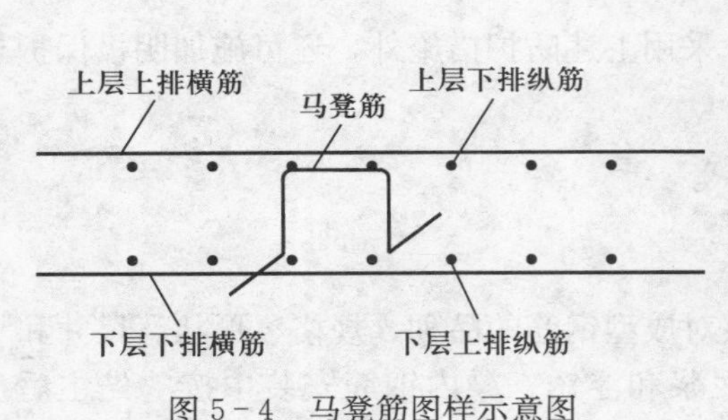

图5-4　马凳筋图样示意图

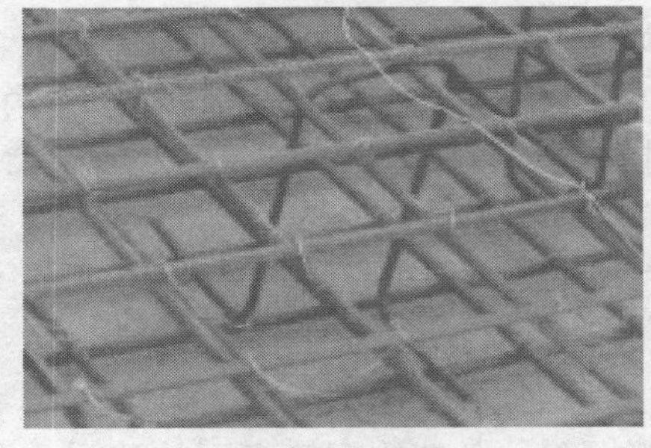

图5-5　马凳筋现场施工图

钢筋网边缘处钢筋两头为双向弯曲，其底面长边钢筋应放在短边钢筋的上面，有垫层的钢筋网片的保护层不得小于35 mm。

五、模板工程

1. 一般规定　模板施工前，应根据建（构）筑物结构特点和混凝土施工工艺进行模板设计，并编制安全技术措施。沼气工程使用到的模板主要有砖模板、木模板和钢模板，如图 5－6 所示。模板及支架应具有足够的强度、刚度和稳定性，能可靠地承受新浇混凝土自重、侧向压力、振动力和施工中产生的其他荷载。各种材料模板的制作，应符合相关技术标准的规定。模板支架材料宜采用钢管、门型架、型钢、木杆等，其材质应符合相关技术标准的规定。

（a）独立柱基础使用的木模板

（b）发酵罐基础使用的砖模板

（c）预处理池使用的钢模板

图 5－6　沼气工程中常用的三种模板

2. 施工要求　各种模板的支架应自成体系，严禁与脚手架进行连接。模板支架立杆底部应设置垫板，不得使用砖及脆性材料铺垫，并应在支架的两端和中间部分与建筑结构进行连接。模板支架立杆在安装的同时，应加设水平支撑，立杆高度大于 2 m 时，应设两道水平支撑，每增高 1.5～2 m 时，再增设一道水平支撑。当采用多层支模时，上下各层立杆应保持在同一垂直线上。需进行二次支撑的模板，当安装二次支撑时，模板上不得有施工荷载。严禁在模板上堆料或承受设备荷载，当采用小推车运输时，应搭设小车运输通道，将荷载传给建筑结构。模板支架的安装应按照设计图纸进行，安装完毕经验收确认符合要求后方可浇筑混凝土。

3. 模板拆除　模板拆除必须有工程负责人的批准手续及混凝土的强度报告。模板拆除顺序应按设计方案进行。当无规定时，应按照先支的后拆，先拆主承重模板后拆次承重模板。拆除较大跨度梁下支柱时，应先从跨中开始，分别向两端拆除。当水平支撑超过二道以上时，应先拆除二道以上水平支撑，最下一道大横杆与立杆应同时拆除。模板拆除应按规定逐次进行，不得采用大面积撬落方法。拆除的模板、支撑、连接件应用槽滑下或用绳系下，不得留有悬空模板。

六、混凝土工程

混凝土工程包括配料、搅拌、运输、浇捣、养护过程。在整个工艺过程中，各工序是紧密联系又相互影响，如其中任一工序处理不当，都会影响混凝土工程的最终质量。

1. 混凝土浇筑　普通混凝土的搅拌、运输和浇筑应严格遵照《混凝土结构工程施工质量验收规范》（GB 50204—2010）有关规定施工。

（1）混凝土搅拌　不宜采用人工搅拌，应采用机械搅拌，且搅拌时间不应少于 120 s。掺入引气型外加剂时，其搅拌时间为 120～180 s。

（2）混凝土运输　拌好的混凝土要及时浇筑，常温下应在 0.5 h 内运至现场，于初凝前浇筑完毕；运输过程中要防止离析现象和含气量的损失以及漏浆；运距较远或气温较高时，可掺入缓凝型减水剂。

（3）混凝土浇筑　浇筑前注意清理模板内杂物，并以水湿润模板，浇筑混凝土的自落高度不得超过 1.5 m，否则应使用溜槽、串筒等工具进行浇筑。浇筑应连续进行，分层浇筑，每层厚度不宜超过 30～40 cm，相邻两层浇筑时间不得超过 2 h（混凝土从搅拌机卸出至次层混凝土浇筑压茬时间，当气温低于 25 ℃时不应超过 3 h，当气温高于 25 ℃时不应超过 2.5 h），如超时应预留施工缝。在施工缝处继续浇筑混凝土时，应符合下列规定：

① 已浇筑混凝土的抗压强度不应小于 2.5 MPa。

② 在已硬化的混凝土表面，应凿毛和冲洗干净，并保持湿润，但不得积水。

③ 在浇筑前，施工缝处应先铺一层与混凝土配合比相同的水泥砂浆，其厚度宜为 15～30 mm。

④ 混凝土应细致捣实，使新旧混凝土紧密结合。

（4）混凝土振捣　每一点的振捣延续时间，应使混凝土表面呈现浮浆和不再沉落为度，插入式振捣器振捣时的移动间距不宜大于作用半径的 1.5 倍，振捣器距离模板不宜大于作用半径的 1/2，并尽量避免碰撞钢筋、模板、预埋管件等。振捣器应插入下层混凝土 5 cm 左右；在结构中若有密集的管道、预埋件或钢筋稠密处，不易使混凝土捣实时，应改用相同抗渗标高的细石混凝土进行浇筑和辅以人工插捣；遇到预埋大管径套管或大面积金属板时，可在管底或金属板上预留浇筑振捣孔，以利浇捣和排气，浇筑后进行补焊。

2. 混凝土养护　对已浇筑完毕的混凝土，应遵照下列规定操作：

（1）应在浇筑完毕后的 12 h 以内对混凝土加以覆盖和浇水。

（2）混凝土浇水养护的时间，对采用硅酸盐水泥、普通硅酸盐水泥和矿渣硅酸盐水泥拌制的混凝土，不得小于 7 d，对掺用缓凝型外加剂或有抗渗性要求的混凝土，不得小于 14 d。对厌氧消化池混凝土养护不得少于 14 d，池外壁在回填土后，方可撤出养护。

（3）浇水次数应能保持混凝土处于湿润状态。

（4）混凝土的养护用水应与拌制用水相同，当日平均气温低于 5 ℃时，不得浇水。

采用塑料布覆盖养护的混凝土，其敞露的全部表面应用塑料布覆盖严密，并应保持塑料布内有凝结水。当厌氧消化池采用池内加热养护时，池内温度不得低于 5 ℃，且不宜高于 15 ℃，并应洒水养护，保持湿润，池壁外侧应覆盖保温。必须采用蒸汽养护时，宜用低压保护蒸汽均匀加热，最高气温不宜高于 30 ℃，升温速度每小时不宜大于 10 ℃；降温速度每小时不宜大于 15 ℃。冬季施工时，应注意防止结冰，特别是预留孔洞处容易受冻部位应加强保温措施。

3. 混凝土防水及防腐措施　与池体连接的工艺管线均应设置预埋套管，套管外侧焊止水环或加法兰套管。套管的安装在钢筋绑扎后，支模板之前进行，其安装如图 5－7 所示。

图 5－7　套管现场安装图

池壁与池底之间的施工缝应避免留设在剪力较大的部位。一般情况下，施工缝留设在池底上 300 mm 处，施工缝中间须安置钢板止水带，止水带安装如图 5－8 所示。

图 5－8　止水带现场安装图

混凝土池体拆模后，应进行防腐处理，具体操作参见本章第二节基础防腐。

七、门窗工程

1. 门窗安装　门窗安装施工顺序为：弹线→门窗框上安装连接件→竖立门窗框并校正→门窗框固定→填嵌密封→清理。

（1）弹线　依据门窗的边线和水平安装线做好门窗安装标记，然后以门窗中线为准向两边量出门窗边线，用线坠或经纬仪将门窗边线画到相应位置。

（2）门窗框上安装连接件　检查门窗框上下边的位置及其内外朝向，确认无误后安装固定片。安装时先采用直径合适的钻头钻孔，然后用自攻螺钉或膨胀螺栓拧入，严禁直接锤击钉入。

（3）立门窗并校正　根据设计图纸及门窗的开启方向，确定门窗框的安装位置，把门窗框装入洞口，并使其上下框中线与洞口中线对齐，然后将上框的一个连接件固定在墙体上，再调整框的水平度、垂直度，用木楔临时固定。

（4）门窗固定　先固定上框，后固定边框，其固定方法采用膨胀螺栓或水泥钉固定，但不得固定在砖缝上。窗下框与墙体的固定可将固定片直接伸入墙体预留孔内，并用砂浆填实。

（5）填嵌密封 门窗框与洞口之间的缝隙内腔采用闭孔泡沫塑料、发泡聚苯乙烯等弹性材料填嵌饱满，之后去掉临时固定用的木楔，其空隙用相同的材料填塞。

（6）清理 门窗表面有水泥砂浆时，应在其凝固前清理干净。粉刷门窗洞口时，先将门窗表面遮盖严密，待其他工序施工完成后，再将门窗上保护膜撕去。

2. 玻璃安装 玻璃安装工艺流程为：清理玻璃槽→填放玻璃垫块→安装单面胶条及压条→安装玻璃、胶条及压条→修整、打胶→清理。

（1）清理玻璃槽 清理各窗框玻璃槽内所有灰渣、杂物等，确保玻璃垫块与窗框的有效黏结，并疏通排水孔。

（2）填放玻璃垫块 将玻璃垫块打上中性硅酮耐候胶，放在安装玻璃的窗框玻璃槽内。

（3）安装单面胶条及压条 在窗扇单面先安装上密封用的专用胶条及压条，对胶条和压条的长短应考虑安装时温度的影响，过长或过短均影响密封效果及美观。

（4）安装玻璃、胶条及压条 将玻璃在窗框玻璃槽内正确就位，内外侧间隙相等，然后把胶条和压条嵌入玻璃一侧内密封，将玻璃挤紧，再安装另一侧的胶条和压条。

（5）修整打胶 玻璃安装完工后，将双面胶条和压条仔细检查，是否存在过长或过短的现象，如存在即进行调整修理。对于窗扇四角胶条不严实的地方，用同颜色的中性硅硐耐候密封胶进行修补处理。

（6）清理 玻璃安装后，对玻璃与框、扇同时进行清洁工作，严禁用酸性洗涤剂或含研磨粉的去污粉清洗反射玻璃的镀膜面层。

八、内墙工程

1. 工艺流程 内墙面工程施工顺序为：基层处理、湿润→找规矩（找平整度和垂直度）、做灰饼、冲筋→做护角→抹底层灰→抹中层灰→抹面层灰→清理、养护。

（1）基层处理 清扫基层上浮灰污物和油渍等，对于表面光滑的基体进行毛化处理，在混凝土表面洒水湿润，涂刷界面剂。砖砌体墙面洒水充分湿润，使渗水深度达 8～10 mm，抹灰时墙壁面不显浮水。

（2）找规矩、做灰饼、冲筋 先用托线板检查基体平整、垂直度，根据检查结果决定抹灰厚度，在墙壁的上角各做一个1∶3水泥砂浆标准灰饼，遇到门窗洞口垛角处要补做灰饼，尺寸大小为50 mm×50 mm左右，厚度根据墙壁面平整度决定。然后根据上面的两个灰饼用托线板或线坠挂垂直线，在墙面下、踢脚线上口做两个标准灰饼，厚度以垂线为准。再用钉子钉在灰饼左右墙壁缝隙上，然后挂通线，并根据通线位置每隔1.2～1.5 m加做若干个标准灰饼，待灰饼稍干后，在上下或左右灰饼之间抹上宽约50 mm的与抹灰层相同的砂浆冲筋，用刮杠刮平，厚度与灰饼相平，稍干后可进行底层灰抹灰。

（3）做护角　护角高度、宽度及做法均严格按前面建筑说明中要求施工。

（4）抹底层灰　采用水泥砂浆、混合砂浆抹底灰，抹完后用刮杠垂直刮找一遍，再用木抹子搓毛。

（5）抹中层灰　中层灰在底层灰干至六～七成后进行，抹灰厚度稍高于冲筋，做法与底层灰相同。砂浆抹平后，用刮杠按冲筋刮平，并用木抹子搓压，使表面平整密实。在墙壁的阴角处用方尺上下核对方正，然后用阴角抹子上下拖动搓平，使室内四角方正。

（6）抹面层灰　从阴角开始两人同时操作，一人在前面上灰，另一人紧跟在后面找平并用铁抹子压光。罩面时由阴、阳角处开始，先竖向薄薄刮一遍底，再横向抹第二遍。阴阳角处用阴阳角抹子捋光，墙面再用铁抹子抹一遍，然后顺抹纹压光，并用毛刷蘸水将门窗等圆角处清理干净。面层砂浆抹完后，派专人把预留孔洞、配电箱、槽、盒周边50 mm宽的砂浆刮平，并清除干净，用大毛刷蘸水沿周边刷水湿润，然后用砂浆把洞口、箱、槽、盒周边抹平整、光滑。

（7）清理、养护　抹灰工程结束后，将贴在门窗框、墙壁面上的灰浆及落地灰及时清除、打扫干净，根据气温条件对抹灰面进行养护，防止砂浆产生干缩裂缝。

2. 内墙乳胶漆施工　内墙乳胶漆施工顺序为：清理墙表面→修补墙表面→刮腻子→刷第一遍乳胶漆→刷第二遍乳胶漆。

（1）清理墙表面　首先将墙表面起皮及松动处清理干净，将灰渣铲干净，然后扫净墙、柱表面。

（2）修补墙表面　修补前，先涂刷一遍用3倍水稀释后的107胶水。然后用水石膏将墙表面的坑洞、缝隙补平，干燥后用砂纸将凸出处磨掉，将浮尘扫净。

（3）刮腻子　刮腻子遍数可由墙面平整程度决定，一般为两遍。第一遍用铁抹子横向满刮，一刮板紧接着一刮板，接头不得留搓，每刮一刮最后收光要干净平顺。干燥后用砂纸打磨将浮腻子磨平磨光，再将墙柱表面清扫干净。第二遍用铁抹子竖向满刮，所用材料及方法同第一遍腻子，干燥后用砂纸磨平并扫干净。

（4）刷第一遍乳胶漆　乳胶漆在使用前要先用滤斗过滤。涂刷顺序是先刷顶板后刷墙柱面（先上后下）。乳胶漆用排笔进行涂刷。使用新排笔时，将活排笔毛拔掉。乳胶漆使用前应搅拌均匀，适当加水稀释，防止头遍漆刷不开。由于乳胶漆漆膜干燥较快，因此应连续迅速操作。涂刷时，从一头开始，逐渐向另一头推进，要上下顺刷，互相衔接，后一排笔紧接前一排笔，避免出现干燥后接头。

（5）刷第二遍乳胶漆　第二遍乳胶漆操作要求同第一遍。使用前要充分搅拌，值得注意的是第二遍乳胶漆宜少加水，以防露底。

九、外墙工程

1. 施工工艺流程　外墙施工的工艺流程为：基层处理→测量、放线→配制聚合物砂浆→粘贴聚苯板→聚苯板修整及打磨→安装锚固件→粘贴加强网格布→抹底层聚合物砂浆→贴、压玻纤网格布→砂浆找平→装饰线→验收。

（1）基面处理　检查并封堵基面未处理的孔洞，清除墙面上的混凝土残渣、模板油等，然后用钢丝刷刮刷，除去墙面灰尘并找平。

（2）墙面测量及弹线、挂线　在阴角、阳角和墙面适当部位固定钢丝以测定垂直基面误差，做好标记并记录。在每一层墙面上适当的部位拉通水平线用以测定墙面平整度误差，做好标记。然后依照基准线弹水平和垂直伸缩缝分格线，挂线控制，墙面全高度固定垂直钢丝，每层板挂水平线。

（3）配制聚合物砂浆　选用专用胶、水泥及砂子配制而成聚合物砂浆，用电动搅拌器搅拌均匀，一次搅拌量的使用时间不宜超过 60 min。

（4）粘贴聚苯板　聚苯板通常规格为 600 mm×600 mm，涂胶黏剂方法为板中间呈条状涂布，涂饰墙面涂胶黏剂面积约占板面积的 40%（面砖墙面涂胶黏剂面积约占板面积的 60%）。板在阳角处要留马牙槎，伸出部分的聚苯板不抹胶黏剂，其宽度略大于聚苯板厚度。

粘板时应轻揉均匀挤压板面，随时用托板检查平整度。每粘完一块板，用木杠将相邻板面拍平，及时清除板边缘挤出的胶黏剂。聚苯板应挤紧、拼严，若出现超过 2 mm 的间隙，应用相应宽度的聚苯片填塞，严禁上下通缝。如墙体基面局部超差，可调整胶黏剂或聚苯板的厚度。

（5）聚苯板修整、安装锚固件　粘贴好的聚苯板面平整度要控制在 4 mm

以内。超出平整度控制标准处，应在聚苯板粘贴 12 h 后用砂纸或专用打磨机等工具进行修整打磨，动作要轻。在洞口边需安装锚固件，当聚苯板安装 12 h 后，用电锤（冲击钻）在聚苯板表面向内打孔，孔径按保温厚度所选用的固定件型号确定，深入墙体（混凝土和砖砌体墙）30 mm 以上，然后安装锚固件。

（6）粘贴加强网格布　门窗洞口等大阳角必须增设加强网格布，加强网格布置于大面积网格布的里面。有特殊要求处需做双层网格布加强时，应在做完单层网格布罩面砂浆后，再贴铺一道网格布并罩面。

（7）抹底层聚合物砂浆　将搅拌好的聚合物砂浆抹于安装好的聚苯板面上，厚度平均为 2～3 mm。

（8）贴、压玻纤网格布　剪裁网格布应顺经纬线进行，将网格布沿水平方向绷平，平整地贴于底层聚合物砂浆表面，用抹子由中间向上、下及两边将网格布平压砂浆中，要平整压实，不得皱褶，严禁网格布外露，网格布的搭接，左右搭接宽度不小于 100 mm，上、下搭接宽度不小于 80 mm。

（9）抹面层聚合物砂浆找平层　在底层聚合物砂浆终凝前，抹 1～2 mm 厚的聚合物砂浆罩面，以刚盖住网格布为宜。砂浆切忌不停揉搓，以免造成泌水（砂浆表面析出水分），形成空鼓。如底层聚合物砂浆已终凝，应做界面处理后再抹面层砂浆。聚合物防护砂浆总厚度为 3～5 mm，用双层网格布加强时，总厚度为 5～7 mm。

（10）装饰线　在粘贴好的聚苯板面，按设计要求，用墨斗弹出分格线，竖向分格线应用线坠或经纬仪校正。用开槽机制出凹槽，凹槽处保温板厚度不得小于 30 mm。在结构墙体或已粘贴好的聚苯板面上，粘贴加工好的装饰线条，采用螺栓固定。装饰线的防护砂浆及网格布做法同上。

2. 质量控制　外墙保温系统的施工应在门窗框和预埋铁件安装完毕，并将墙上的施工孔洞堵塞密实，墙面找平后进行。

外墙保温系统的施工应在聚苯板粘贴完成后进行隐蔽检查验收，抹灰完成后进行验收。

各墙面检查数量应符合以下质量要求：以每 500～1 000 m^2 划分为一个检验批，不足 500 m^2 也划分一个检验批。每个检验批每 100 m^2 应至少抽查一处，每处不得小于 10 m^2。

胶黏剂和聚合物砂浆配合比应符合外墙保温体系的要求。聚合物砂浆与聚苯板必须黏结牢固，无脱层、空鼓，抹灰面层无爆灰和裂缝等缺陷。聚苯板安装应上下错缝，碰头缝不得抹胶黏剂，各聚苯板间应挤压拼严，接缝平整。网格布应压贴密实，不得有空鼓、皱褶、翘曲、外露等现象。网络布搭接长度必须符合规定要求。抹灰面层应表面洁净，接槎平整。

第三节 户用沼气池施工实例

户用沼气池是小型的沼气工程，大多建于庭院内，为全地下或半地下形式构筑物，池体容积不大（一般 10 m^3 左右），户用沼气池池型可参考《户用沼气池标准图集》(GB/T 4750—2002)。

一、圆形沼气池施工

圆形或近似于圆形的沼气池与其他池型比较具有以下优点：

(1) 相同容积的户用沼气池，圆形池的表面积小，省工、省料。

(2) 圆形池受力均匀，池体牢固，同一容积的沼气池，在相同荷载作用下，圆形池比其他形池的池墙厚度小。

(3) 圆形沼气池的内壁没有直角，容易解决密封问题。

圆形沼气池按照建池工艺，一般可分为现浇混凝土沼气池、砖混组合结构沼气池和预制块砌体结构沼气池 3 种类型。

1. 现浇混凝土沼气池施工 现浇混凝土沼气池是指沼气池在建造过程中，按照沼气池施工图放线并挖去全池土方，采用砖模、木模、钢模作为模板，先浇筑池底和下圈梁混凝土，然后浇筑池墙和池拱混凝土，从下到上，在现场用混凝土浇筑而成的沼气池。现浇混凝土沼气池具有以下特点：

① 整体性能好，材料强度可得到充分发挥。

② 施工简单、质量稳定、使用寿命长。

③ 沼气池密实性较好。

④ 池墙紧贴于自然土，可减少回填土工作量，而且和原状土共同作用的效果较好。

但其缺点也是明显的：

① 其对配制混凝土的材料要求较高，砂、石等粗细骨料均要求冲洗干净，搅拌均匀。

② 要消耗大量模板，模具一次性投资大，异地施工模具转运费用高，故其造价较高。

③ 建池容积受制于模具，大小不能灵活变化。

现浇混凝土沼气池建池施工技术包括如下步骤。

(1) 模板安装　户用沼气池采用现浇混凝土作为池体结构材料时，提倡用钢模、玻璃钢模或木模施工。无此条件时，也可采用砖模施工。钢模和玻璃钢模强度高、刚度好、可以多次重复使用，是最理想的模具。砖模取材容易，不受条件限制，成本也低，目前农村中用得比较广泛。不论采用什么模具，都要求表面光洁，接缝严密，不漏浆，模板及支撑均应有足够的强度、刚度和稳定性，以保证在浇捣混凝土时不变形、不下沉、拆模方便。

(2) 混凝土浇捣　浇捣混凝土前，应清除杂物，将模板浇水湿润，混凝土浇捣采用螺旋式上升的方法一次浇捣成型，要求浇捣密实、无蜂窝麻面。混凝土填满模板四周，以达到内部密实、表面平整的目的。

(3) 池底施工　户用沼气池池底应根据不同的池坑土质，进行不同的处理。对于黏土和黄土土质，挖至老土，铲平夯实后，用 C15 混凝土直接浇灌池底 80 mm 以上即可。如遇沙土土质或松软土质，应先做垫层处理。首先将池底土铲平、夯实，然后铺一层直径为 80～100 mm 的大卵石，再用砂浆浇缝、抹平，厚 100～120 mm。垫层处理完后，即可在其上用 C15 混凝土浇灌池底，池底混凝土层厚度在 60～80 mm，然后原浆抹光。

为避免操作时对池底混凝土的质量带来影响，施工人员应站在架空铺设于池底的木板上进行操作。浇筑沼气池池底时，应从池底中心向周边轴对称地进行浇筑。要用水平仪（尺）测量找平下圈梁，用抹灰板以中心点为圆心，抹出一个圆形平台面，作为钢模池墙的架设平台。

地下水位高时，首先应在池底作十字形盲沟和集水坑，在盲沟内填碎石，使池底浸水集中排出，如有条件可在池底铺一块塑料薄膜，在集水坑部位剪一个孔供排水，铺膜后，即可在薄膜上浇筑池底混凝土。

(4) 池墙施工　沼气池池底混凝土浇筑好后，一般间隔 24 h 后浇筑池墙。浇筑沼气池池墙、池拱，无论采用钢模、玻璃钢模，还是木模，浇筑前必须检查校正，保证模板尺寸准确、安全、稳固，主池池墙模板与土坑壁的间隙均匀一致。浇筑前，在模板表面涂上石灰水、肥皂水等隔离剂，以便于脱模，减少或避免脱模时敲击模具，保证混凝土在发展强度时不受冲击。用砖模时必须使用油毡、塑料布等作隔离膜，防止砖模吸收混凝土中的水分和水泥浆，以及振捣时发生漏浆现象，也便于脱模。

池墙一般用 C20 混凝土浇筑，一次浇筑成型，不留施工缝。池墙应分层浇筑，每层混凝土高度不应大于 250 mm。浇筑时，先在主池模板周围浇捣 6 个混凝土点固定模板，然后沿池墙模板周围分层铲入混凝土，均匀铺满一层后，振捣密实，并且注意不能用铲直接倾倒，应使用砂浆桶倾倒，这样可以保证砂浆中的骨料不会在钢模上滚动而分离，才能保证建池质量。浇筑要连续、均匀、对称，用钢钎有次序地反复捣插，直到泛浆为止，保证池体混凝土密实，不发生蜂窝麻面。

进出料管模下部先用混凝土填实，与模具接触的表面用砂浆成型，避免漏水、漏气现象的发生。在混凝土未凝固前，要转动进出料管模，防止卡死。尽量采用有脱模块的钢模，这样不需转模，也方便脱模。

在已硬化的混凝土表面继续浇筑混凝土前，应除掉表面的松动石子、拉毛混凝土面层，并加以充分湿润、冲洗干净和清除积水。水平施工缝（如池底与池墙交接处、上圈梁与池盖交接处）继续浇筑前，应先铺上一层 20～30 mm 厚与混凝土内砂浆成分相同的砂浆。

池墙现浇好混凝土后，在池内壁和内顶面抹 20 mm 厚 1∶2 水泥砂浆（加 3%～5%防水剂）作为内防水层。

（5）池拱施工　池拱用 C25 混凝土一次浇筑成型。用一根较粗的木棒直立于池底中心，顶端取一点（池的直径乘以 0.725 处），绑若干根支架，支架的另一端置于池墙顶端预留空隙处，支架之间加放若干横条，然后铺上草席等物，再垫上泥土和隔离砂，做成矢跨比为 1∶5 的削球体形状，抹光压实，再在上面浇注厚度为 60～80 mm 的混凝土，充分拍打、提浆，原浆压实、抹平、收光，如图 5－9 所示。浇筑池拱球壳时，应自球壳的周边向壳顶轴对称进行。

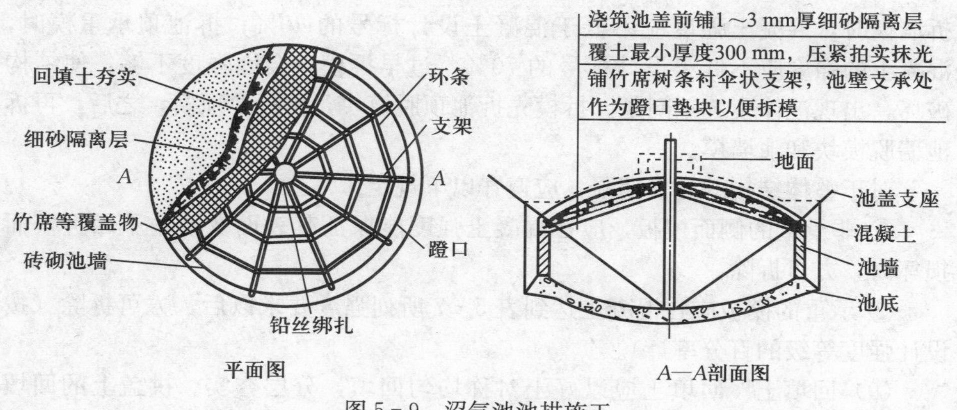

图 5－9　沼气池池拱施工

（6）活动盖、进出料间盖板施工　现浇混凝土沼气池的活动盖和进料间、活动盖口、出料间盖板均为钢模具现浇成型。所有盖板均用 C20 混凝土预制，内配屈服强度为 235 N/mm^2 的低碳建筑钢筋。预制盖板时，板底均应铺一层隔离用塑料薄膜。

盖板的几何尺寸要符合设计要求。一般圆形、半圆形盖板的支承长度应不小于 50 mm；盖板混凝土的最小厚度应不小于 60 mm。

盖板的混凝土强度达到 70%时盖板面要进行表面处理。活动盖板上下底面及周边侧面应按沼气池内密封做法进行粉刷，进出料间盖板表面用 1∶2 水泥砂浆粉刷 5 mm 厚面层，要求表面平整、光洁。

（7）混凝土养护　养护是混凝土工艺中的一个重要环节。混凝土浇筑后，逐渐凝固、硬化以致产生强度，这个过程主要由水泥的水化作用来实现。水化作用必须有适宜的温度和湿度。混凝土养护的目的，就是要创造各种条件，使水泥充分水化，加速混凝土硬化。沼气池建造中，为保证沼气池混凝土有适宜的硬化条件，并防止其发生不正常的收缩裂缝，通常采用的是自然养护法养护。

在自然气温高于 5 ℃的条件下，用草帘、草袋、麻袋、锯末等覆盖池盖、蓄水圈、水压间、进料口以及盖板等现浇混凝土部位，为防止水分蒸发过快，需在上面经常浇水。普通混凝土浇筑完毕后，应在 12 h 内加以覆盖和浇水，浇水次数以能够保持足够的湿润状态为宜。在一般气候条件下（气温为 15 ℃以上），在浇筑后最初 3 d，白天每隔 2 h 浇水 1 次，夜间至少浇水 2 次。在以后的养护期中，每昼夜至少浇水 4 次。在干燥的气候条件下，浇水次数应适当增加，浇水养护时间一般以达到标准强度的 60%左右为宜。

（8）拆模　池体混凝土在 20 ℃下，连续潮湿养护 7 昼夜以上方可拆模。拆墙模时，混凝土强度应不低于混凝土设计标号的 40%；拆池顶承重模时，混凝土的强度应不低于设计标号的 70%。过早拆模，会因强度不够，使结构破坏，出现池体裂缝等问题。拆模先拆池顶脱模块，再拆池顶模，之后，再拆池墙脱模块和池墙模。

对于整体结构的拆模期限，应遵守以下规定：

① 非承重的侧面模板，应在混凝土强度能保证其表面及棱角不因拆模而损坏时，方可拆除。

② 承重的模板应在混凝土达到表 5－7 所列强度要求以后，方可拆除（按设计强度等级的百分率计）。

（9）回填土　回填土应以好土对称均匀回填，分层夯实。拱盖上的回填土，必须待混凝土达到 70%的设计强度后进行。回填土的湿度以“手捏成团，落地开花”为最佳。回填土质量要好，并可掺入石块、碎砖以及石灰窑脚灰等。回填时要对称、均匀、分层夯实。回填土时，要避免局部冲击荷载对沼气池结构体的破坏。

表 5-7　混凝土拆模时强度要求

项目		强度要求（%）
板及拱	跨度为 2 m 及小于 2 m	50
	跨度在 2～8 m	70
梁（跨度为 8 m 及小于 8 m）		70
承重结构（跨度大于 8 m）		100
悬臂梁和悬臂板	跨度为 2 m 及小于 2 m	70
	跨度在 2 m 以上	100

（10）密封工程

① 密封层施工

a. 基层用水灰比为 0.4 的纯水泥浆均匀涂刷 1～2 遍。

b. 底层抹灰用水灰比为 0.4 的 1∶3 水泥砂浆粉刷 5 mm 厚，初凝前反复压实 2～3 遍。

c. 均匀涂刷水灰比为 0.4 的纯水泥浆 1 遍。

d. 面层抹灰抹 1∶2.5 水泥砂浆，厚 5 mm，反复压实抹光，要求表面有光度、不翻砂、无裂纹。

e. 刷水灰比为 0.4 的纯水泥浆 2～3 遍。

② 密封涂料层施工　密封涂料层施工是在水泥砂浆密封处理的基础上，或在面层抹灰后，另做的防水涂料密封层，目的是为了提高防水的等级。

a. 硅酸钠密封涂料。按层次顺序为水泥净浆、硅酸钠液交替涂刷 3～5 道。要求涂刷均匀，不漏涂、不脱落、不起壳。

b. 为了提高沼气池储气室的密封性能，可采用“夹层水密封”技术。

涂刷密封涂料的间隔时间为 1～3 h，涂刷时用力要轻，按顺序水平、垂直交替涂刷，不能乱刷，以免漏刷。

2. 砖混组合沼气池施工　砖混组合沼气池是块体砌筑与现浇施工相结合施工的小型沼气池，如池底、池墙用混凝土浇筑，拱顶用砖砌；池底浇筑、池墙块砌、拱顶支模浇筑等。常用的砖混组合沼气池施工方法是沼气池池底用混凝土浇筑，池墙用60 mm立砖组砌，池盖用 60 毫米单砖漂拱，土壁和砖砌体之间用细石混凝土浇筑，振捣密实，使砖砌体和细石混凝土形成坚固的结构体。砖混组合建池法具有以下特点：

① 机动灵活、池容不受模具制约，而且省工、省料、省模板。

② 施工方便、连续、适应性强、整体强度可靠。但整体强度依靠每一砖

砌体来实现，因此，技术要求较高，对技工的技能要求也较高。

砖混组合沼气池施工的大体步骤为：按照沼气池施工图放线并挖去全池土方→校正池墙垂直度、圆整度和池底矢高及形状→浇筑池底和下圈梁混凝土→池底混凝土初凝后，确定主池中心→画池墙净空内圆灰线→沿池墙内圆灰线用单砖砌筑池墙→在池墙上用混凝土浇筑三角形上圈梁，并压实，抹光→土壁和砖砌体之间的缝隙用细石混凝土连续、均匀、对称浇筑，振捣密实→砌筑池拱。池拱采用“单砖漂拱法”砌筑，用细石混凝土加固，经过充分拍打、提浆、抹平后，再用水泥砂浆粉平收光，使砖砌体和细石混凝土形成坚固的结构体。

（1）池底施工　池底施工过程和要求同现浇混凝土沼气池池底的施工。

（2）池墙施工　待池底混凝土初凝后，确定主池中心。用1∶3的水泥砂浆，60 mm厚单砖砌筑池墙。每砌一层砖，在土壁和砖砌体之间约40 mm的缝隙中分层浇注C20细石混凝土，并用钢钎有次序地反复捣插，直到泛浆为止，保证混凝土密实，不发生蜂窝麻面。在池墙上端，用混凝土浇筑三角形上圈梁，上圈梁浇筑后要压实，抹光。

（3）池拱施工　用砖混组合法建设户用沼气池，一般采用“单砖漂拱法”砌筑池拱。砌筑时，应选用规则的优质砖。砖要预先淋湿，但不能湿透。漂拱用的水泥砂浆要用黏性好的1∶2细砂浆。砌砖时砂浆应饱满，并用钢管靠扶或吊重物挂扶等方法固定。每砌完一圈，用片石嵌紧。收口部分改用1/2砖或1/4砖砌筑，以保证圆度。为了保证池盖的几何尺寸，在砌筑时应用曲率半径绳校正。

池盖漂完后，用1∶3的水泥砂浆抹填补砖缝，然后用粒径为5～10 mm的C20细石混凝土现浇30～50 mm厚，经过充分拍打、提浆、抹平后，再用1∶3的水泥砂浆粉平收光，使砖砌体和细石混凝土形成整体结构体，以保证整体强度。

（4）活动盖和活动盖口施工　活动盖和活动盖口用下口直径为400 mm、上口直径为480 mm、厚度为120 mm的铁盆作内模和外模配对浇筑成型。浇筑时，先用C20混凝土将铁盆周围填充密实，然后，在铁盆外表面用细砂浆铺面，转动成型。活动盖直接在铁盆内浇筑成型，厚度为100～120 mm。按照混凝土的强度要求进行养护，脱模后，直接用沼气池密封涂料涂刷3～5遍即可。无需用水泥砂浆粉刷，以免破坏配合形状。

砖混组合沼气池施工中涉及混凝土部分的养护、拆模，以及回填土和密封工程与现浇混凝土沼气池的施工相同。

3. 预制块砌体沼气池施工

预制块砌体沼气池是用砖、水泥预制块或料石拼砌而成，这种施工工艺适应性强，各类地基都可以采用。块体可以实行工厂化生产，易于实现规模化、标准化、系列化批量生产，实行配套供应，可以节省材料，降低成本。我国农村建池普遍采用的砌块主要有：

a. 低标号普通水泥混凝土砌块。

b. 无熟料混凝土砌块。

c. 条石砌块、毛石砌块。

d. 普通黏土砖、异型砖等。

砌块建池在我国农村沼气池施工中占有相当大的比例，这种技术具有以下特点：

① 建池速度快。预制砌块可以达到常年备料、常年建池，与现浇混凝土沼气池相比，减少了混凝土的养护时间，可以大大加快建池的速度。

② 适应性强。对于各类地基均可采用砌块建池，预制砌块既可集中预制，也可分散生产，可以达到标准化、工厂化成批生产，商品化成套供应，现场装配化施工，从而保证质量、节约材料（特别是木材）、降低成本、施工简便、节约劳力。

③ 制作砌块的材料多为地方性材料，来源方便。大多可以就地取材，避免了散装材料的运输，且施工技术简单，便于普及。

（1）建池准备

① 砌块制作。砌块沼气池所用材料应满足下列要求：

a. 砖。强度在 MU10 以上，外形规则、无裂缝翘曲、声音清脆、质量均匀、无过火、无欠火，不含易爆裂物质。

b. 块石。经加工成 9 cm 厚、外形规则的石块，强度在 MU30 以上，软化系数大于或等于 0.7。

c. 预制块。混凝土预制块强度大于 MU15，尺寸准确、外形规则、无缺棱少角。

d. 砌筑砂浆。采用 M5、M7.5 强度等级水泥砂浆。

② 确定建池施工方案。施工的方法和顺序可根据土质条件而定。

a. 土质条件差，容易塌方的地方，可先砌筑池盖，再从上向下分段挖方和砌筑池墙和池底。这样，挖一段砌一段，既可节省修建池盖和粉刷上部池墙和池盖内顶的搭架用工和用料，又便于精细施工。而且雨天也能施工。一般分段下挖的深度以不超过 2 m 为宜。

b. 土质条件好，地下水位低，施工面没有地下水浸漏，不会出现滑坡塌方的地方可以先砌池底，后砌池墙，再砌池盖，由下向上施工。

(2) 建池施工技术

① 墙基与池底施工。沼气池池坑开挖后应即进行墙基和底板施工，尽量防止地基被淋雨或浸泡。当基坑表面被水浸泡或扰动破坏时，该层土必须清除，将池基原土夯实。墙基是承受池体和池盖上部覆土等荷载的重要结构部位，建成后不能沉陷、胀裂。为保证其质量，应按设计要求将发酵间墙基标高用水平器具操平，并在坑壁四周打上水平木桩，作为控制标高。准确的尺寸应根据土质情况，按设计要求确定。可用石块、砖砌筑墙基。底板施工前，按设计图修挖池底，按矢跨比做成反削球形。土质松软的地基要先铺层碎砖或石块加固，厚度可为 10～20 cm。对于中型池应用弧形靠尺检查，然后用 15～20 cm的大卵石铺底，并按石块的大小有规则地铺放。石与石之间的空隙用小石子嵌紧，使其相互压紧，再以流动性较大的砂浆灌缝，最后浇混凝土层，捣制密实。由于削球底有一定坡度，应自上而下地捣制，然后由中心向四周绕圈捣制。一般浇筑混凝土层这道工序放在池墙砌筑完工后进行，以尽量避免人在混凝土面上来回走动，影响混凝土质量。

② 池墙施工

a. 中心线的测定。沼气池中心线的测定是一项较为重要的工作，它关系到沼气池的施工质量，如池墙是否圆整垂直，池盖是否符合设计几何尺寸，墙顶四周标高是否水平等。沼气池的中线、直径、标高的控制，采用中心杆和活动轮杆办法，如图 5 - 10 所示。将地面上 4 个控制桩拉线相交，在交点处用线吊一重锤，定出坑底圆心点，在捣制底板时，预埋一个小木桩，在桩上立一直径为 2 cm，长 2 m 左右的圆钢筋，也可用木杆或竹竿代替。在杆的上部用绳索分 4 个方向拉紧并固定在地面的木桩上，使之垂直立于圆心点上。活动轮杆是采用断

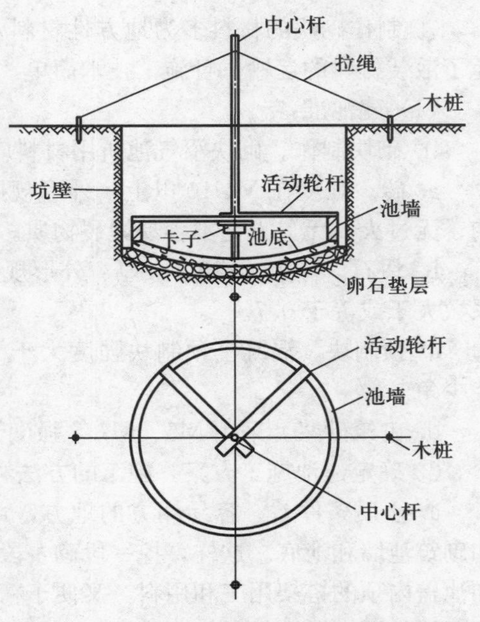

图 5 - 10　活动轮杆法施工示意图

面 4 cm×6 cm，长度略大于池墙半径的方木制成（或用竹竿代替）。在方木的一端钻一个 2 cm 直径的圆孔，使中心杆能穿入其中，轮杆下面用一个活动卡具卡住，使轮杆能在上面转动，松开卡子可使其上下移动，活动轮杆的另一端用笔或小刀刻划沼气池半径线，或钉钉控制。这样，池墙的直径由活动轮杆控制。池墙每砌完一圈转动活动轮杆，用轮杆上的标记校准砌块的位置。校正时轮杆要保持水平。将卡具松开，把活动轮杆向上提升一个砌块高度，固定卡具，便可继续砌筑。

b. 池墙砌筑。待池底的砌筑砂浆或浇筑混凝土强度达到 50%以上后，即可砌筑池墙。砌筑池墙时应注意以下几点：

• 砌筑前必须将混凝土、条石、砖等砌块浸水，使砌块吸足水，面干内湿，这样可避免砌缝收缩开裂或砌块之间黏结不牢。

• 砌块砌筑须横平竖直，横缝竖缝均需砂浆饱满，饱满度应大于 80%并须一顺一丁错缝砌筑。灰缝厚一般以 10 mm 为宜。如砌块不平，平缝须垫石子时，在垫好石子后，应将砌块取下，重抹砂浆，再砌筑砌块，否则，平缝会产生空隙。砌完一圈后，必须用楔形小石子或砖块将砌块竖缝嵌紧（即在一个砌块的竖面上用 4 个扁石子对称将砌块嵌紧，并再一次检查竖缝砂浆是否饱满）。施工中必须严格把住这一关，否则在回填土时砌块可能出现错位、池墙变形、砌块不规则、上下凹凸不在一条垂直线上等现象。

• 砌块嵌紧完毕后，再次检查竖缝砂浆是否饱满，并进行内外清缝。为避免砂浆脱水，应浇水养护，夏季气温高时，每天应浇水 2～3 次。

c. 池墙外回填土。池墙与池坑壁自然土之间的回填土必须紧实，这是沼气池施工中一个重要工序，必须认真对待。否则，会在沼气池装料后造成池墙胀裂、漏水漏气。如砌墙时不留背厢，可将砌块背面上抹灰浆紧贴在坑壁上，或灌入低标号水泥砂浆使其成为一个整体。回填土时需要注意以下几点：

• 回填土应用黏土或老黏土，不可用膨胀土或其他含有机杂质的土。回填土要有一定的湿度，含水量控制在 20%～25%之间，简易测试办法是“手捏成团、落地即散”，过干过湿均难以夯实，影响回填质量。有条件可在池墙外贴面涂抹一层黏性较好的土。黏土回填的容重不应小于 1.8 g/cm^3。

• 分层、对称、均匀、薄层夯土，每层以虚铺 15 cm 为宜，夯至 10 cm。

• 回填土的夯实应在砌筑砌块的砂浆初凝前进行。砌筑池墙与回填夯实的间隙的时间，夏季不超过 3 h，冬季不超过 6 h，不得过夜。对于用熟料水泥砂浆砌筑砌块时，时间可适当延长。

③进、出料口施工。进、出料管与水压间的施工及回填土，应与主池在同一标高处同时进行，进、出料管插入池墙部位按设计要求用混凝土加强增厚。当池墙砌筑到进、出料管与池体交接处，应用 C20 细石混凝土与池体浇牢，内外交接长度不应小于 40 cm。进出料管越陡，交接长度越长，一般进料管与池墙呈 30°为宜。细石混凝土的厚度不应小于 10 cm。在进、出料管与池墙交接阴脚处，均应用水泥砂浆抹成圆弧，如图 5－11 所示。

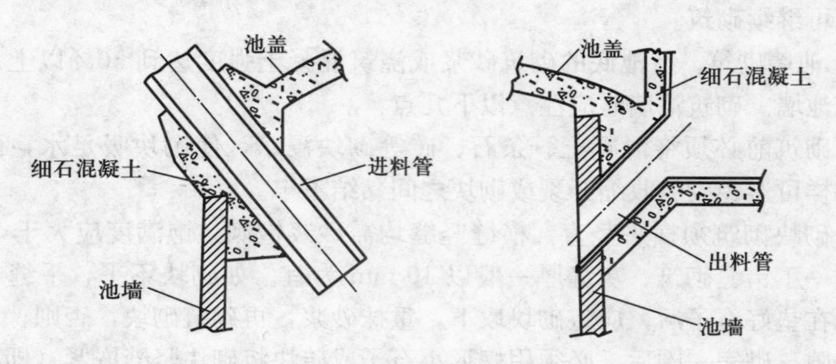

图 5－11　进、出料口施工示意图

④ 池盖支座施工。

a. 圈梁。浇灌池盖和池墙交界处的圈梁混凝土可采用两块弧形板，分别置于池墙内外侧，手扶木板，浇灌低塑性混凝土，表面拍紧抹光，并做成所要求的斜面后，即刻脱模，移动模板，浇捣下段，依次全部浇捣完毕。在砌好的池墙上端，做好砂浆找平层，然后支模。当采用工具式弧形木模时，应分段移动浇灌低塑性混凝土，捣实抹光，并做成所需要的斜面；砌好外围块石蹬脚，使拱盖水平推力传至老土，确保圈梁的整体性。

b. 支墩。在圈梁与自然土之间浇灌大卵石混凝土（或紧砌块石），使圈梁的水平推力均匀传至侧向原状自然老土上。

⑤ 池盖施工。待圈梁混凝土达到 70％强度后，方可砌筑池盖。用小形砌块或普通黏土砖砌筑池盖，无需拱架与支模，即采用无模悬砌卷拱法施工。砌筑时，应选用规则的砖，并且要配置好黏性较强的砌筑砂浆。先在圈梁上砌一圈座砖，然后用 1/4 砖砌筑池盖。单砖砌拱，砖不宜湿透，内干外湿的砖仍然能吸收砂浆中少量水分，加快凝结。砖的下口（内口）互相顶紧，上口（外口）微张，安放平稳，使壳体内拱弧一致。为保证拱轴线规则，应设置曲率半径标尺，经常校正，使砖定位准确。即根据设计图的曲率中心，打入木桩，钉上钉子，将细铅线一端拴在钉子上，在其上量得设计图中池盖之曲率半径，以

钉子为中心，转动细铅线，便可保证具有等曲率半径的池盖几何尺寸。

池盖曲率半径 $R_{曲}$ 为：

$$R_{曲}=\frac{(R^2+f^2)}{2f}$$

式中 R——池墙半径；

f——矢高，一般为池墙直径的 1/5～1/4。

砌筑过程要经常测量砌块的各位置是否符合 $R_{曲}$，控制砌块空间定位准确。

砌筑用的混合砂浆，拌和要均匀，保水性及和易性要好，砌筑时灰浆应饱满。为了防止未砌满一圈时砌块下落，可采用口形临时卡具，将新砌筑的砖和已砌筑完的上一圈砖临时固定住，每隔一块或两块设卡具一道。也可用曲率半径尺顶住或用人工扶住最边沿的砖以及用木棒靠扶，吊重线挂扶等简易办法。待砌完一圈后，各砖块之间应用扁石子、碎瓦片嵌紧，这样已砌筑完的砖便形成了开口球壳，由于壳体作用，使其能承受一定的荷载。砌筑池盖时可边砌筑边抹池盖面层水泥砂浆，边回填土。这样有利于施工操作，并可增强壳体稳定性和密封性。但施工中切忌在池盖局部施加集中冲击荷载。砌筑池盖收口部分，用整块砖砌筑，圆度不好控制，须改用半砖砌筑，厚度为 12 cm。

总之，砌筑池盖的要领是灰浆饱满要抹匀，两砖之间要抵紧，上下左右要看齐，圆度斜度要看准。

⑥ 活动盖、导气管的制作和安装。活动盖可预先浇制，可采用砖模或土模素混凝土浇筑，也可配制少量钢筋，以增加其强度。活动盖可做成上大下小的圆台瓶塞状，安放于活动盖口，用黏泥密封，也可做成上小下大的椭圆形形状，反扣法安置于活动盖口。导气管可安装在活动盖口边上，也可安置在活动盖上。

⑦ 内密封层施工。池盖、池墙、池底、出料间以及活动盖内壁均设密封层，必须精心施工，才能确保沼气池不漏水不漏气。施工要领是：先将粉刷面的基层清扫干净，洒水湿润，然后分层粉刷，用力抹压。这样分层抹面，薄抹重压，可切断各层材料间毛细孔，建成后各层黏结牢固，不脱壳、不裂缝，起到密封作用。具体操作方法如下。

a. 基层处理刷浆。先将基层上的混凝土毛边或松散砂浆清除，洗净，使池壁表面保持湿润、清洁、平整、粗糙。砌块材料要先清缝，如遇缺损、凹凸不平处要涂灰抹浆，使其基本平整，在湿润基层上涂刷 1∶0.2 水泥石灰浆一层。

b. 底层抹灰。用水泥∶石灰∶细砂为1∶0.2∶3配比的砂浆抹灰，厚度为0.5 cm，待半干后（气温20 ℃左右间隔2～3 h）用抹灰刀压实，尽力将砂浆与壁间所含的空气泡和水蒸气挤压出来。

c. 中层抹灰。中层抹灰与底层要求相同，抹压结实，但表面不要求光滑。

d. 面层抹灰。用水泥∶石灰∶细砂为1∶0.4∶3配比的砂浆抹灰，厚度为0.5 cm。抹压两遍，要求抹平抹光，不现砂粒。为提高密封效果，增加各层之间的黏结力，在各层之间均刷纯水泥浆。

e. 面层刷浆。面层抹灰完成后，刷纯水泥浆2～3道，形成罩面层。

以上各道工序应采用防水砂浆，例如在水泥砂浆中掺入三氯化铁或水剂，掺量为水泥质量的1%～2%。施工中注意浇水养护。

二、其他池型施工

1. 球形沼气池施工　球形池是一种相同容积情况下表面积最小、经济实用的池体结构型式，在我国沿海和河网化地带应用较为普遍。其施工方法主要有以下两种。

（1）现场挖槽砌筑　对于土质较好，地下水位低的地区可采用此法。首先选好池址，放线定桩。挖坑时，要在下半球上沿留出30～40 cm宽的施工操作带，安放好横杆和中心标杆位置，以利施工中随时校验球体的几何尺寸，如图5-12所示。

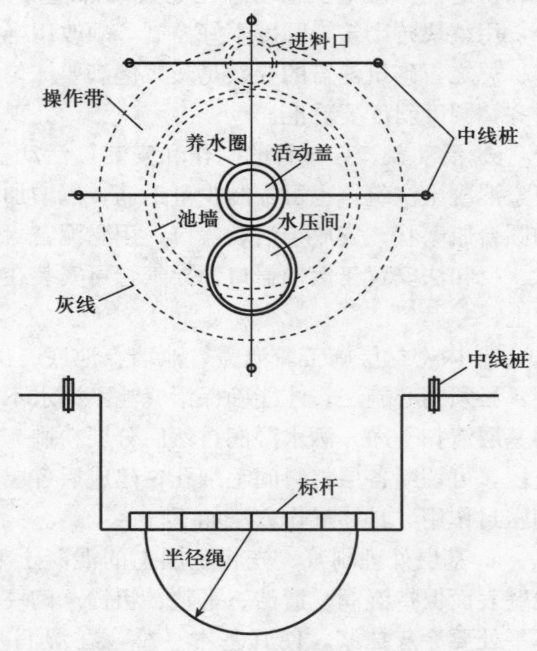

图5-12　球形沼气池施工示意图

下半球用混凝土浇制，厚度为4～6 cm。为使浇制厚度均匀一致，可在下半球铺设1～2圈砖，以砖的厚度随时检查，并用球体弧形抹板抹平。下半球完工后，应铺设麦草或稻草洒水养护，待强度达到50%以上，方可进行上半球施工。但应注意不要在球壳体上放置过重的物体和施加集中冲击荷载。上半球如果采用砖砌，则与削球形池盖的砌筑方法相同，可用无模悬砌卷拱法施工，并用球半径标尺随时检查弧度，砌好之后用水泥砂浆抹面，稍干后回填土。如用混凝土浇制，则可用砖砌作内模，而后在砖模外侧浇混凝土，厚度与下半球一致，并用球体弧形抹板抹平。为使混凝土内壁平整，可在砖模上抹涂黄泥浆，外涂石灰水，这样既便于脱模，又可保持混凝土内壁清洁。保养后应先回填土，再拆砖模。施工中应注意安全。

（2）浮沉法施工技术 此种方法适用于地下水位高、土层松软、容易塌方的地区。

建造池身时，先建造下半球。挖一个半球形土坑，如果地下水位较高，可以挖的浅一些，再用土填高坑沿并夯实，或者在土坑周围开沟排水，降低地下水位，不使坑底渗水，以免影响施工。土坑挖好后，在上面搁一根直横梁，在球心处拴一根长度等于球半径的细铁丝，以检查球形土胎模的几何尺寸，逐步将土坑底铲光压平，使土坑壁面坚实、光滑、圆整。然后用C20细石混凝土涂抹坑壁，再用球面形铁掌反复用力压抹，直至壁面坚实出浆为止。随后再涂刷两遍水泥浆，待凝结后，及时盖上草垫浇水养护。

待下半球混凝土达到70%设计强度后，即可采用无模卷拱法砌筑上半球施工中需注意根据设计图尺寸安放进、出料管。上半球砌好后，球身外面先用1∶2的稀水泥砂浆浸泡，随后用1∶3的水泥砂浆抹灰，厚度为0.8～1.0 cm。在上、下半球接缝处抹灰时，应把施工时保护下半球边沿用的垫砖拿去，用清水洗去泥污，再用水泥砂浆涂抹刷平，厚度为0.6～0.8 cm，而后进行内壁密封层施工。砌筑完成后，注意浇水养护。

待池身达到设计强度后，就可在设计位置修挖池坑，并向坑内灌水至一定高度，依靠水的浮力将预制好的球形池缓慢移至坑内，用抽水泵将坑内积水抽走，球形池便匀速下沉。注意进、出料管须随时扶住，不要翻转，以免下沉时碰裂。球形池下沉至设计位置后，即可砌筑进料口、出料间和活动盖口，并覆土夯实。

2. 钢丝网水泥沼气池施工 由于水压式沼气池的上球盖是一个至关重要的部位，其必须具有足够的抗透性能，施工质量控制难度高，工作量大，耗费木材等支模材料多，粉刷工作量也很大，所以是一个亟待解决的工艺技术问题。钢丝网水泥沼气池上球盖可以工厂化预制生产，又可商品化销售，材质轻，强度高，气密性好，现场装配简单，施工速度快，耗工量少，而且制造简单，便于推广。

（1）技术数据 根据农村户用沼气池的容积大小，确定池盖的技术数据。一般采用池直径 $D=2.2$ m，球半径 $R=1.5$ m，矢高 $f=0.5$ m，容量 $V_1=1.05$ m^3，自重 $G=200$ kg，壁厚 $\delta=15$ mm，蓄水圈高度 $h_1=180$ mm，活动盖直径 $d=500$ mm。

（2）构造要求 根据低压常温沼气池的要求，考虑结构强度、起吊、运输等要求，采用钢丝网无筋结构，只在盖的底边配制一根 $\phi6$ 的环形增强钢筋，以防止边缘在搬运、安装时损伤。蓄水圈上也配制两圈 $\phi4$ 钢筋，为了脱模及承受活动盖气压，应在蓄水圈上配制两个 $\phi10$ 吊钩，既是为了脱模起吊需要，也是作为活动盖横杆的支点，以承受气压对活动盖的向上顶力。

钢丝网用直径为 0.9～1.1 mm 的低碳冷拔钢丝织成 10 mm×10 mm 的网格，幅宽一般为 1 m 左右。

（3）胎模的制作和要求 因球盖是钢丝网无筋结构，所以成型必须在胎模上进行，便于钢丝网成型。胎模的制作可以采用砖砌、混凝土实心胎模或钢丝网水泥胎模，有条件的可采用 3～5 mm 厚的钢板剪切弯曲焊接成型。

（4）成型要求 球盖作为储气箱，是由砂浆材料筑成。而砂浆属多孔性材料，又长期处于侵蚀介质中，其抗侵蚀和气体的渗透能力的好坏取决于砂浆的密实度，故在结构上除要求一定强度外，还必须具有较高的水密性和气密性。为使砌筑材料高度密实，砂浆和混凝土必须振动成型。砂浆的水灰比不大于 0.4，采用小型平板振动器振动捣实砂浆初疑后，必须仔细反复收浆压实。球盖是薄壁构件，为防止产生裂缝，应加盖草袋浇水养护。在铺网时，必须将钢丝网拉紧，避免抹浆时分层，使保护层厚薄不均。

（5）涂料及气密试验 为了保证更好的气密性能，还需对池盖内壁进行涂料处理。

经常采用的气密涂料为环氧煤焦油水泥，它具有以下优点：

① 与池壁黏结力牢，涂料本身有较高的强度。

② 具有良好的密封抗渗性能和抗腐蚀性能，从而具有可靠的耐久性。

③ 涂刷方便，硬化时间快，经济上也较合理。

具体的涂刷方法是，先对池盖内壁麻面、气孔用水泥净浆补满抹平后涂一道涂料，24 h 硬化后再涂刷第二道，一般涂刷两道即可保证密封不漏气。为检验其密封效果，可先将池盖上的活动盖密封，然后将池盖吊起置于水池中。依靠自重和适当的加重使球盖下沉，盖内气体受压，观测气压表数值并检查是否漏气，如发现漏气应及时加以修补。

（6）池盖安装　池身建好以后即可进行池盖安装。池身可用砖砌筑或现浇混凝土，但要求在装配面上必须预埋 $\phi4$ 固定钢筋，预留长度为 10 cm，间距为 15 cm。装配前将接触面的钢丝网及预留固定钢筋用钢丝刷洗刷干净，在装配面上铺设一层 1∶2 砂浆后，将球盖抬至池上放置就位，随后把 $\phi4$ 预留钢筋打弯压在钢丝网上，最后用砂浆在接缝处内外灌浆压实抹光。

第四节　工艺管道施工

工艺管道的施工包括给排水管线、料液管线、沼气管网及热水管道等，其施工安装应根据具体条件合理安排顺序，一般为先地下，后地上；先大管，后小管；先干管，后支管。

一、工艺管道施工流程

工艺管道施工工序流程如图 5－13 所示。

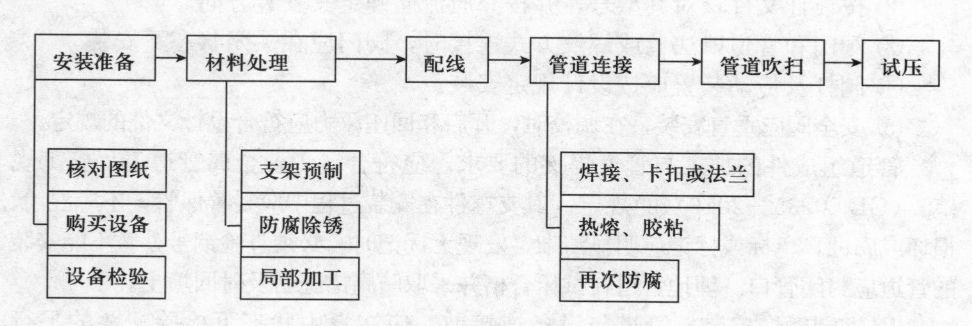

图 5－13　工艺管道施工工序流程图

二、工艺管道施工技术要点

1. 施工前准备

① 管道安装前应完成安装图纸的技术交底，并经会审批准。

② 检验与管道有关的土建，满足安装要求。

③ 与管道连接的设备已安装固定完毕。

④ 管道组成件及阀门等已按设计要求核对合格。

（1）管道组成件及阀门检验要求

① 必须具有制造厂的质量合格证明书。

② 材质、规格和型号应符合设计文件规定。

③ 无裂纹、缩孔、夹渣等缺陷。

④ 管壁不得有超过壁厚负偏差 1/2 的锈蚀或凹陷。

⑤ 螺纹及密封面良好，精度及光洁度应达到设计要求或制造标准。

（2）法兰连接要求

① 连接时端口应保持平行，偏差不大于法兰外径的 0.15％。

② 连接时应保持同轴，螺孔中心偏差不大于孔径的 5％，并保证螺栓自由穿入。

③ 与设备连接时，选用配对的法兰类型，标准和等级应与设备法兰相同，连接螺母应放在设备一侧。

④ 紧固螺栓应对称均匀，松紧适度，紧固后的螺栓与螺母应平齐。

（3）阀门安装要求

① 检查填料，压盖螺栓应留有调节余量。

② 按设计文件核对其型号，并按介质流向确定其安装方向。

③ 阀门和管道以法兰或螺纹方式连接时，阀门应在关闭状态下安装。

④ 阀杆及传动装置应按设计规定安装。

⑤ 安全阀应垂直安装，在调校时，开启和回座压力应符合设计文件的规定。

管道组成件的加工与管道焊接的要求，应符合《工业金属管道工程施工规范》（GB 50235—2010）的规定。其支撑件在安装过程中应妥善保管，不应混淆、损坏或腐蚀，色标或标记应明显清晰，发现无标记时，必须查验钢号，暂不能安装的管道应封闭管口。埋地管道在试压合格并采取防腐措施后及时回填土。

2. 钢制管道安装 管道与设备连接前，应在自由状态下检验法兰的平行度和同轴度，允许偏差应符合《沼气工程技术规范第 3 部分：施工及验收》（NY/T 1220.3—2006）中相关的规定。管道多口连接时，应保证其平直度，当管道的公称直径小于 100 mm 时，允许偏差为 1 mm，当管道公称直径大于 100 mm 时，允许偏差为 2 mm，全长偏差不大于 10 mm。垫片安装时，可分别涂以二硫化钼或石墨机油涂剂。螺栓、螺母在安装时应涂以二硫化钼油脂、石墨机油或石墨粉。管道在穿墙或池壁时，应加装导管，穿墙套管长度不小于墙厚，套管内不宜有焊接缝。有缝管的纵向焊接应置于易检测的位置，且不得在焊接缝处开孔。埋地钢管的防腐，除焊接部位应在试压合格后进行外，均应在安装前做好。运输和安装时损坏的防腐层，在试压合格后修复完整。

3. PE 管道的安装　PE 管材的允许偏差应符合表 5－8 的要求。

表 5－8　PE 管材的允许偏差

外径（mm）		壁厚（mm）	
基本尺寸	公差	基本尺寸	公差
40	＋0.4	2	＋0.4
50	＋0.4	2	＋0.4
75	＋0.6	2.3	＋0.5
110	＋0.8	3.2	＋0.5
160	＋1.2	4	＋0.8

热弯弯头时，加热温度应控制在 130～150 ℃之间，加热长度应稍大于弯管弧度。弯管的椭圆形圆度不得超过 6%，凹凸不平度允许偏差不得超过表 5－9中要求。

表 5－9　PE 管弯头允许最大凹凸不平度

公称直径（mm）	＜50	50～100	＞100
凹凸不平度（mm）	2	3	4

PE 管材或板材在进行热加工时，应当一次成型。需要现场热熔焊接时，焊接前检查焊条表面须光滑，横断面的组织均匀紧密，无夹杂质。焊缝根部的第一根打底焊条应采用直径为 2 mm 的细焊条。焊缝中焊条必须排列紧密，不得有空隙，各层焊条的接头必须错开，焊缝应饱满、平整、均匀，无波纹、断裂、烧焦、吹毛和未焊透等缺陷。

硬 PE 管道的安装应符合表 5－10 的要求。管道安装完毕，应按设计要求进行水压或气压试验。在试压过程中，不能敲击管子，开启或关闭阀件要缓慢。

表 5－10　PE 管道安装允许偏差

检查项目	允许偏差
立管垂直度	每米高度不大于 3 mm 5 m 以下，全高不大于 10 mm 5 m 以上每 5 m 不大于 10 mm，全高不大于 30 mm
横管弯曲度	每米长度不大于 2 mm 10 m 以内，全长不大于 8 mm 10 m 以上，每 10 m 不大于 10 mm

三、沼气管网施工

沼气作为一种生活能源，当向用户供气时需要输配系统。沼气的输配系统是指自沼气站至用户前一系列沼气输配设施的总称。对于较大工程来说，主要由中、低压力的管网和居民小区的调压器组成。对于小规模居民区或大中型沼气工程站内的供气系统，主要包括低压管网及管路附件。

1. 管线施工测量

（1）测量准备　施工测量的准备工作包括熟悉图纸，设置临时水准点，即把水准高程引至管线附近预先选择好的位置，而且水准点设置要牢固，标志要醒目，编号要清楚，三方向要通视。对施工有影响的地下交叉构筑物的实际位置或高程（埋深），特别是地下高压电缆、重要通信电缆、高压水管等不明确时，应挖深坑以测准其位置、高程与燃气管道设计位置之间的关系。

（2）放线　测量人员根据施工组织设计的要求，管线沟槽上口开挖宽度及管线中心位置，在地面上撒灰线标明开挖边线。当沟槽开挖到一定深度以后，必须把管线中心线位置移到横跨沟槽的坡度板上，并用小钉标定其位置。同时用水准仪测出中心线上各坡度板板顶的高程，以及时了解沟槽的开挖深度。

（3）测挖深　当沟槽挖到距设计标高约 500 mm 时，要在槽帮上钉出坡度桩。第一个坡度桩应与水准点串测，其他可根据图纸的管线坡度和距离钉出坡度钉，钉到一定距离后再与水准点串测、核对高程数值。管沟内的坡度桩钉好后，拉上小线按下反数（从板顶往下开挖到管底的深度）检查与其他交叉管线在高程上是否发生矛盾。如遇矛盾请设计师及施工技术员洽商决定，重新钉坡度桩。

（4）验槽　开挖沟槽至管底设计高程，清槽结束，测量人员需复测一下坡度桩，每米有一测点。槽底基础在符合设计及有关规范要求情况下，方可下管进行管道安装。

（5）竣工测量　管道安装结束后在回填土之前，要及时对全线各部位的管线高程和平面位置进行竣工测量，这道工序非常重要，根据竣工测量的数据，绘制永久保存的竣工图，为今后其他管线设计施工、燃气管线的运行管理维修、管线上增加用户的设计施工等提出准确资料。

① 测量内容　高程测量是测管顶的绝对高程，平面测量是测管线的中心线位置。主要控制点是：管线起止点、折点、坡度变化点、高点、排水器（抽水缸）和闸门等。在较长的直线管段上每隔 30～50 m 设一高程控制点，每隔

150～350 m 设一平面控制点。

② 平面控制测量　小区内因永久建筑较多，可以用永久建筑物与管道的相对位置来标明管道位置，这称为栓点。只用皮尺即可在地面上量得管道转角点与永久建筑物间的水平直线距离，每个点至少应有两个与永久建筑的距离。

③ 高程测量　管线的竣工高程在回填土前要及时测量，竣工高程数值是管顶实测高程。

（6）绘制竣工图　竣工图一般绘出管线平面图即可。图面上应有管线埋设位置，控制点的坐标、高程及其间距，栓点数值、坡向、管线与地面上建筑物的距离，指北针、高点和抽水缸的位置等。图标上应注明工程名称、施工单位及开竣工时间等。

2. 管道沟槽的开挖与回填

（1）管道沟槽的开挖　在开挖沟槽前首先应认真熟悉施工图纸，了解开挖地段的土质及地下水情况，结合管径大小、埋管深度、施工季节、地下构筑物情况、施工现场大小及沟槽附近地上建筑物位置来选择施工方法，合理确定沟槽开挖断面。

沟槽开挖断面是由槽底宽度、槽深、槽层、各层槽帮坡度及槽层所留平台宽度等因素来决定的。正确地选择沟槽的开挖断面，可以减少土方量，便于施工、保证安全。

沟槽断面的形式有直槽、梯形槽和混合槽等，如图 5－14 所示。

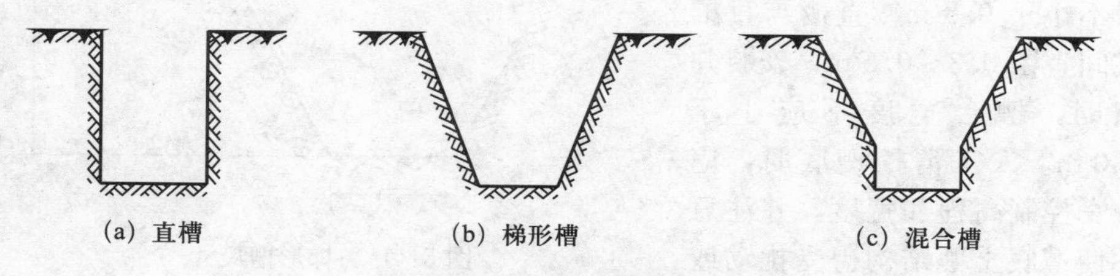

图 5－14　各种沟槽断面图

当土壤为黏性土时，由于它的抗剪强度，以及颗粒之间的黏结能力都比较大。因而可开挖成直槽，直槽槽帮坡度一般取高：底为 20：1，如果是梯形槽，槽帮坡度可以选得较陡。

沙性土壤由于颗粒之间的黏结能力较小，在不加支撑的情况下，只能采用梯形槽，槽帮坡度应较缓和。当沟槽深而土壤条件许可时，可以挖混合槽。沟槽槽底宽度的大小决定于管径、管材、施工方法等。根据施工经验，不同直径的金属管（在槽上做管道绝缘）所需槽底宽度见表 5－11。

表 5-11 槽底宽度

管径（mm）	50～75	100～200	250～350
槽底宽（m）	0.7	0.8	0.9

梯形槽上口宽度的确定，如图 5-15 所示。

① 单管敷设

$$b=a+2nh$$

式中 b——沟槽上口宽度（m）；

a——沟槽底宽度（m）；

n——沟槽边坡率；

h——沟槽深（m）。

② 双管敷设

$$a=DH_1+DH_2+L+0.6$$

式中 a——沟槽底宽度（m）；

DH_1、DH_2——第一条、第二条管外径（m）；

L——两条管之间设计净距（m）；

0.6——工作宽度（m）。

人工开挖多层槽的层间留台宽度，梯形槽与直槽之间一般不小于 0.8 m；直槽与直槽之间宜留 0.3～0.5 m，安装井点时，槽台宽度不应小于 1.0 m。人工清挖槽底时，应认真控制高程和宽度，并注意不使槽底土壤结构遭受扰动或破坏。

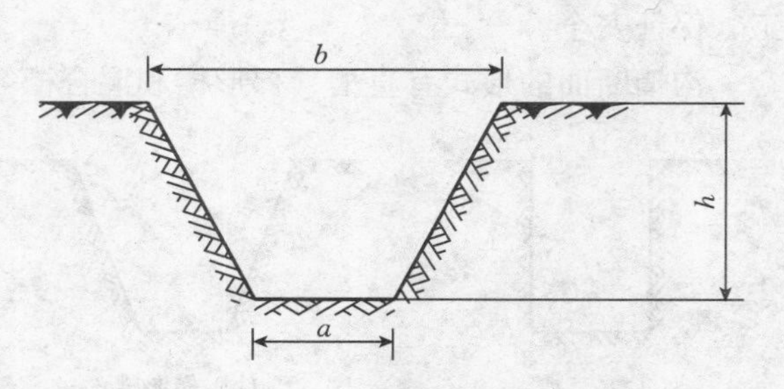

图 5-15 梯形槽尺寸

靠房屋、墙壁堆土高度，不得超过檐高的 1/3，同时不得超过 1.5 m。结构强度较差的墙体，不得靠墙堆土。堆土不得掩埋消火栓、雨水口、测量标志、各种地下管道的井室及料具等。

挖槽见底后应随即进行下一工序，否则，槽底以上宜暂留 2 cm 不挖，作为保护层。冬季挖槽不论是否见底，对暴露出来的自来水管，均需采取防冻措施。

（2）管道沟槽土方回填 回填土施工包括还土、摊平、夯实、检查等工序，还土方法分人工、机械两种。

沟槽还土必须确保构筑物的安全，使管道接口和防腐绝缘层不受破坏、构筑物不发生位移等。沟槽应分层回填，分层夯实，分段分层测定密实度。

管道两侧及管顶以上 0.5 m 内的土方，在铺管后立即回填，留出接口部分。回填土内不得有碎石砖块，管道两侧应同时回填，以防管道中心线偏移，对有防腐绝缘层的管道，应用细土回填。管道强度试压合格后及时回填其余部分土方，若沟槽内积水，应排干后回填。管顶以上 50 cm 范围内宜用木夯夯实。

管顶以上填土夯实高度达 1.5 m 以上，方可使用碾压机械。穿过耕地的沟槽，管顶以上部分的回填土可不夯实，覆土高度应较原地面高出 0.4 m。

第五节 设备安装施工

一、一般流程

1. 设备基础验收 根据设备图纸的尺寸，对基础进行核实。如果基础的尺寸和位置与设计的偏差在允许范围内，可以进行下一步的安装。如果基础的偏差较大，需重新进行处理，达到设计要求方可安装。

2. 开箱验收 新设备到货后，由设备管理部门，会同购置单位、使用单位（或接收单位）进行开箱验收，检查设备在运输过程中有无损坏、丢失，附件、备件、专用工具及技术资料等是否齐全。

3. 设备安装 按照工艺技术部门绘制的设备工艺平面布置图及安装施工图、基础图、设备轮廓尺寸以及相互间距等要求画线定位，组织基础施工及设备搬运就位。在设计设备工艺平面布置图时，对设备定位要考虑以下因素：

（1）适应工艺流程的需要。

（2）方便工件的存放、运输和现场的清理。

（3）确保设备及其附属装置的外尺寸、运动部件的极限位置及安全距离。

（4）满足设备安装、维修、操作安全的要求。

（5）厂房设计与设备安装尺寸相匹配，包括门的宽度、高度，厂房的跨度，高度等。

设备安装前，应按照有关机械设备安装验收规范要求，做好设备安装找平，保证安装稳固，减轻震动，避免变形，保证加工精度，防止不合理的磨损。必要时要进行技术交底，组织施工人员认真学习设备的有关技术资料，了解设备性能和施工中应注意的事项。

安装过程中，对基础的制作，装配链接、电气线路等项目的施工，要严格按照施工规范执行。安装工序中如果有恒温、防震、防尘、防潮及防火等特殊要求时，应采取措施，条件具备后方能进行该项工程的施工。

4. 设备试运转　沼气工程中泵及搅拌机等机电设备在运行前需进行设备试运转，设备试运转一般可分为空转试验、负荷试验，做好运转记录。

（1）空转试验　一定时间的空负荷运转是新设备投入使用前必须进行磨合的一个不可缺少的步骤。为了检验设备安装精度的保持性、设备的稳固性、灵敏可靠性，以及传动、操纵、控制、润滑、液压等系统正常运行，在设备安装完后需要在无负载状态下进行空载运转试验。

设备安装完毕后，检查设备安装情况，达到试运转条件后方可进行空转试验。主要检查的内容包括：检查电机的转动方向是否符合设计规定；检查电机的电压、电流及电阻是否符合规定值；检查电机的发热程度和噪声是否在允许范围内。

（2）负荷试验　设备在通过空转试验运行正常后进行负荷运转试验。

（3）运转记录　运转试验结束后，断开设备的总电路和动力源，做好下列设备检修、记录工作：

① 运转磨合后对设备的清洗、润滑、紧固，更换或检修故障零部件并进行调试，使设备进入最佳使用状态。

② 整理设备几何精度、加工精度的检查记录和其他性能参数的试验记录。

③ 整理设备试运转中的情况（包括故障排除）记录。

④ 对于无法调整的问题，分析原因，从设备设计、制造、运输、保管及安装等方面进行逐一排除。

⑤ 对设备运转做出评定结论，处理意见，办理移交手续，并注明参加试运转的人员和日期。

二、典型设备安装举例

1. 搪瓷钢板拼装发酵罐　搪瓷钢板拼装制罐是使用软性搪瓷或其他防腐预制钢板，以快速低耗的现场拼装使之成型的装置。罐体的钢板采用螺栓连接方式拼装，连接处加特制密封材料，能够保证罐体的密封和防腐性能。

（1）搪瓷钢板的安装　图 5－16 为搪瓷拼装罐安装示意图，图 5－17 为现场实物。其现场安装的工艺过程和主要技术要求如下。

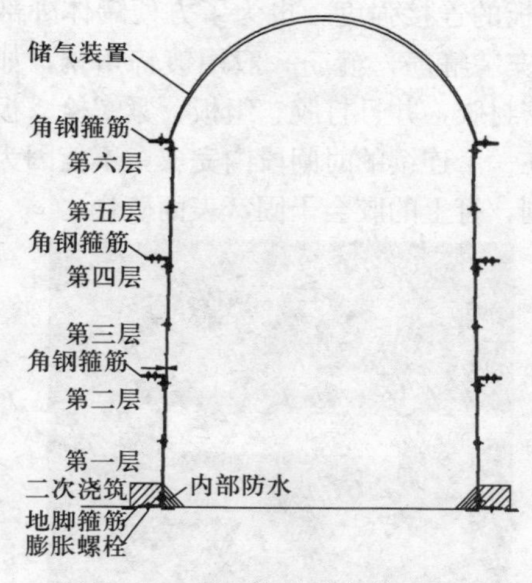

图 5-16 搪瓷拼装罐安装示意图

图 5-17 搪瓷拼装罐现场实物图

① 定位。核对图纸，确认罐体中心位置。搭建支撑钢板的脚手架。

② 组板。检查钢板外观及质量，若有磕碰、变形及掉瓷现象应及时更换。用丙酮等稀料将钢板擦拭干净，绝不允许使用带有污渍、尘土，甚至有脚印的钢板进行安装。将钢板放到指定位置，板与板之间贴胶条、打胶、用自攻螺丝进行紧固、刮胶，紧固完毕后螺母用密封胶密封，如图 5-18 和图 5-19 所示。安装完一层钢板后，用脚手架或支架将钢板升起，按照同样步骤安装下面一层钢板。

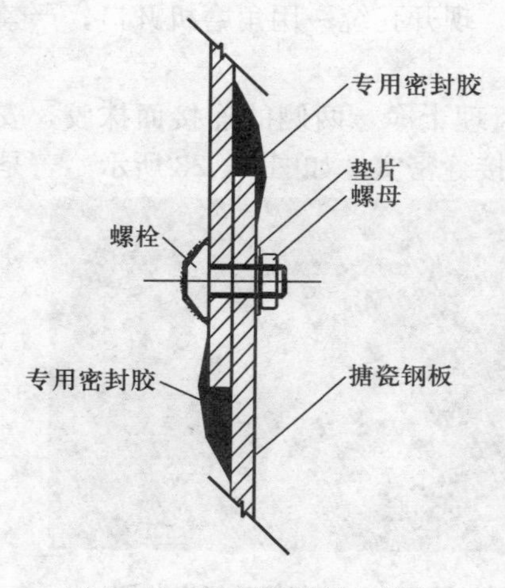

图 5-18 组板连接处的密封

图 5-19 组板连接的现场

③ 箍筋安装。为了加强层与层之间钢板的连接强度，也为了方便罐体外部保温层的安装，一般在部分钢板层之间要安装箍筋，箍筋一般用镀锌角钢，如图 5－20 所示。箍筋安装前要在接触面打密封胶，并且打胶、组板、紧螺栓、板缝刮胶 4 个步骤为一个安装周期，一定要在一个连续的时间段内完成，不能因为作息时间打断工序，如图 5－21 所示。否则，打上的胶会干固（表面硫化）。

图 5－20　箍　筋

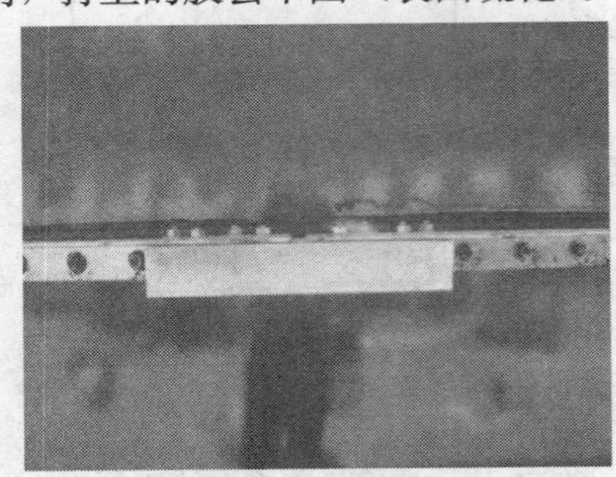

图 5－21　箍筋安装

同样地，在安装完最后一层钢板后，要用箍筋将钢板和基础固定。箍筋和钢板的连接如同上述步骤打胶、紧螺栓、板缝刮胶。箍筋和基础的连接采用膨胀螺栓固定，如图 5－22 所示。

④ 套管安装

a. 定位、开孔。开孔前，应准确定位套管位置和螺栓孔位置。钢板开孔时，要用湿布敷在需要开孔部位的周围，防止操作上的偶然失误造成钢板大面积掉瓷，如出现掉瓷现象，一定要用胶抹上。现开孔统一用角磨机开口，严禁用气割开孔。

b. 套管安装。将套管和钢板的连接处清理干净，两侧的连接面抹胶，安装螺栓，螺栓紧固完毕后，再用密封胶将连接缝密实，如图 5－23 所示。若是

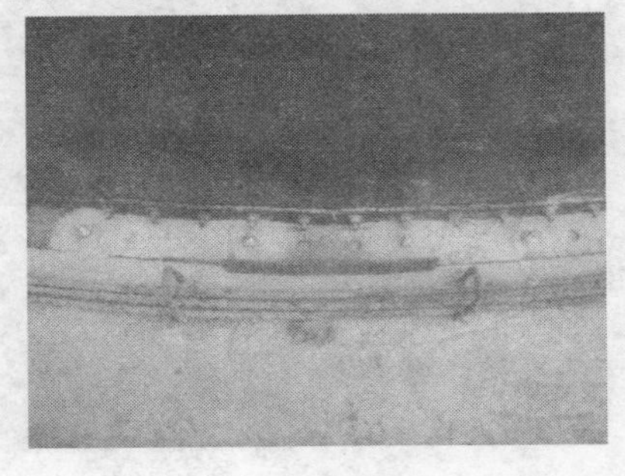

图 5－22　地脚箍筋的安装

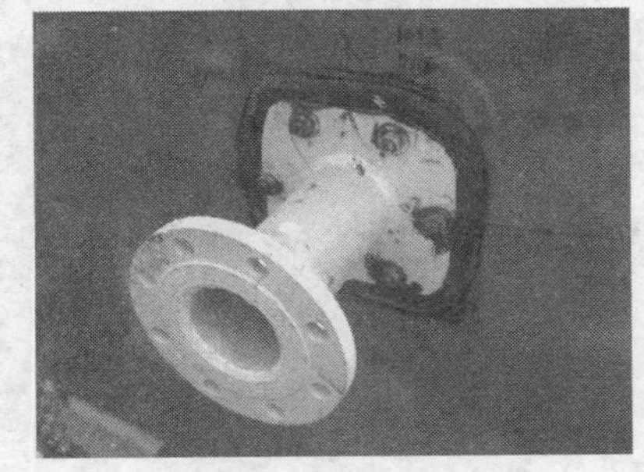

图 5－23　套管现场安装图

安装套管和其他套管无关时，一定要保持套管最上面的两个螺栓孔水平，要求每个套管均必须用水平尺找平。

(2) 罐体基础施工　罐体基础施工工序为：先进行罐体基础浇筑，然后罐体安装及固定，再进行罐体二次浇筑，最后进行罐体内八字浇筑、防水及保护层的施工。

二次浇筑即在罐体底部周边进行支模浇筑，浇筑施工操作步骤同混凝土施工，其施工大样和现场施工图如图 5-24、图 5-25 所示。

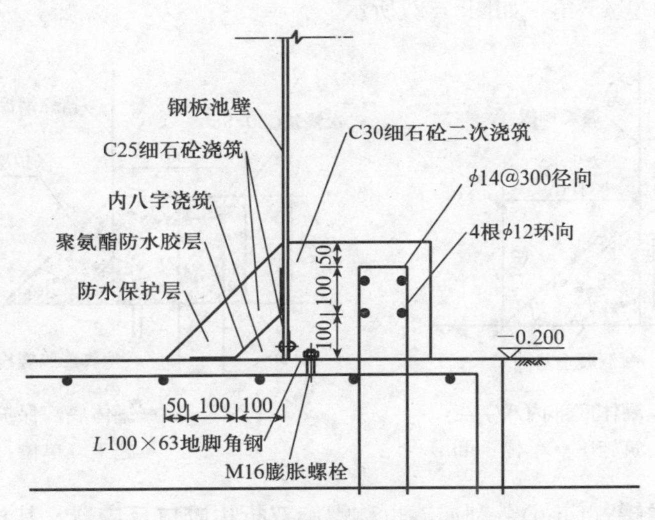

图 5-24　二次浇筑及防水施工图（单位：mm）

二次浇筑结束 1～2 h 内，将罐体内侧与基础的接触位置清理干净，用“水不漏”将接触面密封，要求均匀抹平、密封严密。待“水不漏”凝固后进行内八字浇筑，浇筑施工如图 5-26 所示。内八字浇筑 24 h 后进行聚氨酯防水施工，具体步骤为：将聚氨酯加少许水混合均匀搅拌，搅拌的时间应该尽量长些，最少不低于 15 min，直至桶内聚氨酯呈

图 5-25　二次浇筑现场施工图

黏稠状。根据内八字坡面宽度，将油布剪开（油布的宽度以盖住内八字，并沿罐壁向上、基础向内各伸出40 mm为宜，长度1 m左右），放在聚氨酯里浸泡30 s，然后将油布按压接方向从中间贴上，沿基础和罐壁方向用手（戴橡胶手套）抚平压实，将气泡挤出。待第一层油布干后（不黏手）进行第二层油布的施工，具体施工细节与第一层油布一致。油布施工完毕1 h后，再刷上一层聚氨酯，厚度保证在2 mm以上，尤其是阴阳角板缝及压接处，表面应平整。防水施工完成48 h后即可进行防水保护层浇筑，浇筑高度与罐外二次浇筑持平，保护层斜面呈45°角，如图5－27所示。

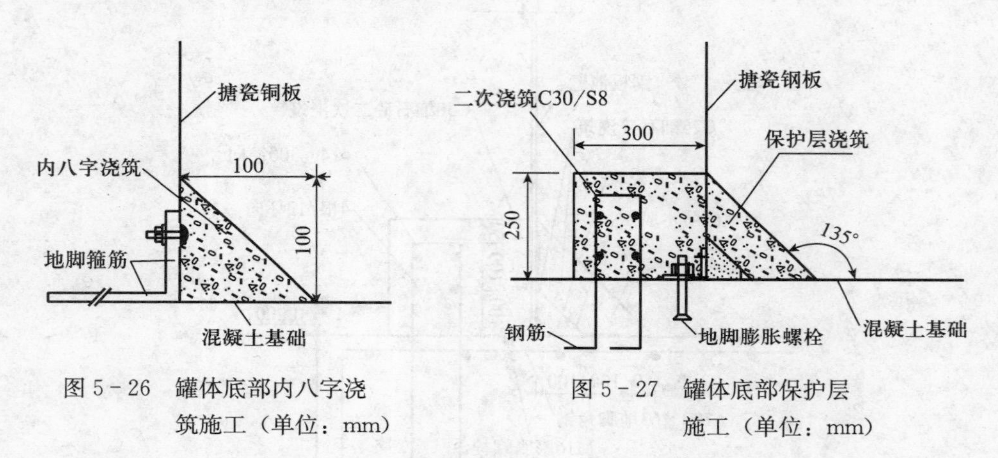

图5－26　罐体底部内八字浇筑施工（单位：mm）

图5－27　罐体底部保护层施工（单位：mm）

2. 利浦罐（Lipp）　利浦罐也称螺旋双折边咬口反应器，其技术工艺为利用金属加工时的可塑性，通过专用技术和设备，将一定规格的钢板通过上下层之间的咬合形式螺旋上升和连续的咬合筋，而内部为平面的圆柱形罐体，其咬合面和螺旋成型示意图如图5－28、图5－29所示。

图5－28　利浦罐咬合面示意图

图5－29　利浦罐成型示意图

由于对钢板采用机械化加工和自动化制作，所以利浦技术具有施工周期短，造价较低，质量好等优点。但也存在一些缺点，比如：对钢板有特殊要求（要用镀锌卷板并裁成一定宽度的规格）；罐体在弯折和成型时表面镀锌层有一定的损伤，在一定程度上影响使用寿命；不可拆迁；立筋与筒体连接多采用点焊形式，连接处镀锌层破坏锈蚀，影响罐体使用寿命。

（1）罐体制作　利浦罐制作时薄钢板通过一台成型机和一台咬合机共同完成。成型机将薄钢板上部折成 h 形而下部被折成 n 形，咬合机将薄钢板上部与上一层薄钢板的下部咬合在一起，从而完成钢板的双边咬合成型，如图 5－30 所示。

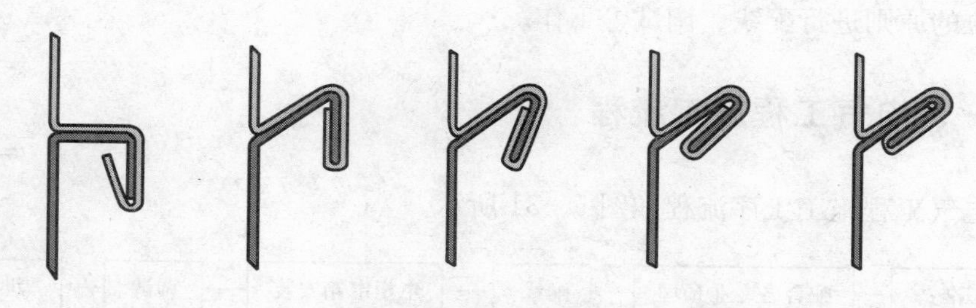

图 5－30　利浦罐双折边咬合过程

（2）基础的施工　利浦罐的基础按照图纸进行施工。一般在基础表面根据罐体直径留一条宽 150 mm，深 100 mm 的预留槽，槽内均匀放置一定数量的锚形不锈钢预埋件。利浦罐制作完成后放入预留槽内，用螺栓将罐体和预埋件固定，然后用膨胀混凝土、沥青和油毡等材料密封预留槽，最后覆细石混凝土保护层。

3. 潜污泵　潜污泵是一种泵与电机连体，并同时潜入液下工作的泵类产品。

（1）泵安装　潜污泵泵体不应有缺件、损坏或锈蚀等情况。安装前应复查基础的尺寸、位置及标高是否满足设计要求和安装要求，地脚螺栓必须恰当和正确地固定在混凝土地基中。潜污泵的安装应符合设备技术文件的规定，若无规定时，应符合现行国家标准《机械设备安装工程施工及验收通用规范》（GB 50231—2009）的规定；所有与泵体连接的管道、管件的安装以及润滑油管道的清洗要求应符合相关国家标准的规定。

（2）试运行　潜污泵安装完毕后，应进行试运转。试运转时确定驱动机的转向应与泵的转向相同，确保各指示仪表及安全保护装置均应灵敏、准确、可靠，检查各固定连接部位牢固可靠。另外，有预润滑要求的部位应按规定进行预润滑；各润滑部位加注润滑剂的规格和数量应符合设备技术文件的规定。

第六节 电气工程施工

沼气工程的建设涉及建筑、结构、给排水、暖通、工艺管线、电气等相关专业，各专业在施工中是同步交叉进行的。因此，合理安排专业施工顺序，解决各专业工种在时间和空间上的衔接配合，对保证施工进度、提高施工质量及确保安全生产至关重要。电气工程的施工遵循配合土建工程预埋，保证设备安装到位的原则进行配线、调试等工作。

一、电气工程施工流程

电气工程施工工序流程如图 5－31 所示。

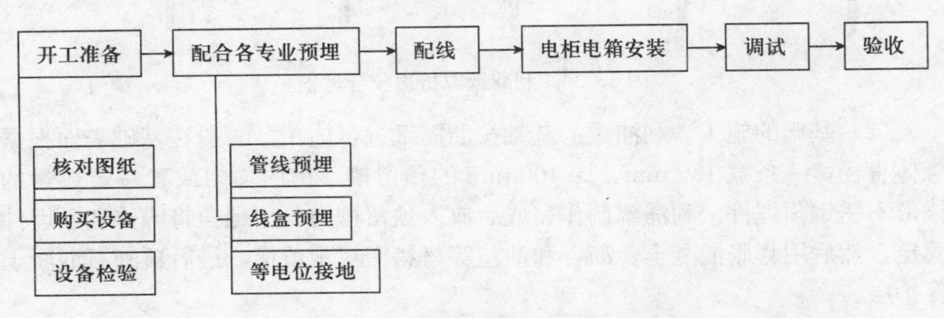

图 5－31 电气工程施工工序流程图

二、电气工程施工技术要点

1. 施工前的准备 安装前应核对电器设备的型号，检查设备的技术文件及附件，检验继电器、接触器及开关的触点的紧密程度，有无腐蚀和损坏，确保固定和接线用的紧固件、接线端子完好无损等。

2. 管线预埋、电缆敷设 施工人员必须认真熟悉图纸，严格按设计要求的管线规格、型号及敷设方式配合建筑、结构进行预埋。沼气工程中常见的电线穿线管有 PVC 管、PE 管、焊接钢管（SC 管）、套接紧定式薄壁钢导管（JDG 管）和套接扣压式薄壁钢导管（KBG 管）。所有管材的规格要求必须符合设计图纸的要求，并且要有产品的出厂合格证、检测合格证和生产厂家资质证。

管路的连接、防腐、弯曲半径、弯扁度处理、跨接地线、保护层设置、固定盒位置、标高及管口处理等要严格遵循相关规范进行施工。在施工中应认真加强看护，保证管路畅通，做好自检、互检及隐检工作，并及时报验监理，保证施工符合实际和规范要求。

电缆的敷设应排列整齐，不宜交叉，并装设标志牌，直埋电缆接头处应加设保护盒；电缆管的弯曲半径应符合设计要求，每根电缆不应超过 3 个弯头，出入地沟和建筑物的管口应密封；导线敷设不得有扭结，转弯处不应有急弯和绝缘层损伤，跨越伸缩缝、沉降缝的导线两端应牢固，并留有余量。穿线完毕后，应对线路做绝缘摇测，选用 500 V、0～500 MΩ 的兆欧表测量，照明线路绝缘电阻值不小于 0.5 MΩ，动力线路绝缘电阻不小于 1 MΩ。

3. 接地　沼气工程的接地，一般包括防雷接地、安全保护接地和防静电接地。

（1）防雷接地　防雷接地是为防止雷电对建（构）筑物或设备造成伤害，将雷电引入大地的保护措施。独立的防雷保护接地电阻应不大于 10 Ω。

（2）安全保护接地　安全保护接地是将平时不带电的金属部分（机柜或设备外壳、操作台外壳等）与地之间形成良好的导电连接，以保护设备和人身安全。独立的安全保护接地电阻应不大于 4 Ω。

（3）防静电接地　所有金属或金属外壳设备及其相连接的管道应做防静电接地。防静电接地电阻应不大于 100 Ω。

4. 配电箱（柜）的安装　配电箱包括明箱和暗箱，根据设计要求加工订货。暗装配电箱根据预留洞尺寸，确定标高及水平竖直度，并将箱体周边用砂浆填实。明装箱要量好尺寸，配合土建工程在预留位置砌箱体的基础，基础与箱体用膨胀螺栓固定，安装箱体时不得破坏箱面油漆，保证箱体水平放置。

配电箱（柜）进场时，设备应有铭牌，附件齐全，设备开箱检查应由甲乙方及供货单位共同进行，并做好检查记录。型钢基础安装时，应将型钢调直，然后按图纸要求预制加工型钢架，并刷好防锈漆，按图示位置把型钢架设在预留铁件上，用水平尺找平，型钢基础应固定牢固，接地良好。

5. 调试　沼气工程所有电线电缆、电柜及用电设备安装完成后，应再次复核电线电缆与供用电设备连接、连通单元的回路是否符合设计要求。对设备、电缆线进行绝缘检查，检查连接处的完好性，依规范进行导线连接紧固，检查连接处裸露导电部分的爬电距离（两个导电部分之间沿绝缘材料表面的最短距离）是否符合规范要求。待所有检查完成后按照以设备专业为主导编写的试运转方案（电气照明专业由电气专业工程师编制）进行通电试运行。试运转开始后，定时检测各种电量和非电量参数，试运转结束后填写试运转记录。

调试内容包括用电设备器具的单机试运转、联合试运转、空载试运转及满载试运转，检测运行电流、电压、电机转速、轴承温升及照明度等，消除试运行中发现的缺陷。

第七节　沼气工程验收

沼气工程的验收主要包括土建工程验收和设备安装工程验收，土建工程包括建筑物、构筑物及场区工程。设备安装工程包括厌氧消化器、沼气净化装置、储气设备、阀门、仪表及管路等。如果工程所产沼气用于集中供气，则也包括沼气管道工程、沼气输配及入户管路的验收等。

一、验收程序

沼气工程的验收应由施工单位提出申请报告，由建设单位邀请设计单位和其他单位的同行、专家，施工单位的上级主管部门技术领导，使用单位技术负责人，以及施工合同书中明确的公证处代表等组成验收组。验收组长应有具有较高技术水平及经验丰富的技术人员担任，验收组下设技术资料审查组和测试组。

工程验收时，施工单位应交付下列技术文件及资料：

（1）由设计单位提供的全部设计图纸及施工过程中提出的设计变更图纸和文字资料。

（2）由设计单位、建设单位、施工单位及监理单位有关技术负责人员参加的设计图纸会审记录。

（3）各单项工程，特别是隐蔽工程的试验、检查、验收记录。

（4）各类建筑材料的出厂证明和合格证以及材料的实验报告单，产品、设备、仪器、仪表的技术说明书和合格证。

（5）钢筋、水泥及砖等重要建筑材料的现场抽样检验试验报告。

（6）沼气管道的材质焊接（连接）试验及检验记录。

（7）施工单位提供的施工组织设计和安全施工组织设计。

（8）重大施工方案的重要会议记录或组织手续书。

施工验收应遵循国家有关施工安装验收标准，根据所制定的验收大纲，明确验收内容及验收要求。

二、验收内容

1. 土方工程

① 集水池、预处理池及厌氧消化池池底及土质的承载力检验。

② 回填土分层压实情况和压实系数（或干容重）。

③ 隐蔽工程的施工记录。

2. 钢筋工程

① 原材料质量合格证件。

② 钢筋及焊接接头的试验数据。

③ 钢筋隐蔽工程的施工记录。

3. 混凝土工程

① 混凝土试块的试验报告及质量评定记录。

② 混凝土振捣密实等施工记录。

③工程重大问题的处理文件。

4. 沼气管道及储气设备

① 钢材、配件及焊接材料的合格证书。

② 基础沉降观测记录。

③ 储气柜（膜）防腐、气密性试验记录。

④ 正负压保护器检测记录。

5. 电气工程　电气工程施工完成后，依据现行的国家标准《电气装置安装工程电气设备交接试验标准》（GB 50150—2006）及《建筑电气工程施工质量验收规范》（GB 50303—2011）的相关规定对各分项工程进行验收。

（1）管路敷设分项验收　材质及规格、品种型号必须符合设计及规范要求，各种材料必须有合格证件，在混凝土内敷设宜做内防腐，DN32 以下管子连接宜采用套管焊接，所有连接处及进出箱（盒）处均应焊跨接地线，管路弯曲半径为 $10D$（D 为圆钢直径），凹扁度≤0.10，保护层为 15 mm。

（2）管内穿线分项验收　材质及品种、规格、型号必须符合设计及规范要求，材料必须有合格证，导线绝缘电阻必须大于或等于 0.5 MΩ，穿线前应在箱（盒）位置标高准确无误的情况下进行，同时在穿线前必须将箱（盒）清理干净，做到导线分色正确，余量适量。

（3）接地装置分项验收　罐体防雷接地及电器接地材质的品种、规格、型号必须符合设计及规范要求，接地电阻必须符合要求，焊接长度应满足：圆钢与圆钢 $6D$，圆钢与扁钢 $6D$，扁钢与扁钢 $2L$（L 为扁钢宽度），且须三面焊，要求焊缝饱满，平整光滑，焊后将焊药清理干净，在焊接处进行防腐处理。

（4）电气器具及配电箱安装验收　材质及品种、规格、型号必须符合设计及规范要求，并必须有合格证。开关、插座及配电箱安装应做到横平竖直，标高准确，紧贴墙面，固定牢靠，接地保护良好。灯具安装必须牢固，并符合规范要求，接线正确。所有接压线不伤线芯及绝缘层，箱内接压线做到整齐、美观、牢靠并编号正确。

（5）电气安装分部观感验收　工程所有材料必须选用优良产品，并做到品种、型号、规格符合设计要求，质量合格、有合格证。施工安装符合设计图纸要求，工程质量符合施工验收规范标准要求。在线路敷设，配电箱、开关插座、照明器具及防雷接地等分项上，外观质量必须达到优良标准。对新设备、器具、材料或引进设备、器具、材料构成的电气工程，交接试验时还要核查其使用、试验说明书，以满足其特殊试验要求。

6. 设备安装　设备基础的施工验收由建设单位质量检查员、监理单位工程师会同土建施工员进行验收，填写施工验收单。基础的施工质量必须符合基础图和技术要求。

设备安装工程的最后验收，在设备调试合格后进行。由设备管理部门和工艺技术部门会同其他部门，在安装、检查、安全、使用等各方面有关人员共同参加下进行验收，做出鉴定，填写安装施工质量、精度检验、安全性能、试车运转记录等凭证和验收移交单，由参加验收的各方人员签字方可竣工。

设备验收合格后办理移交手续。设备开箱验收单（或设备安装移交验收单）、设备运转试验记录单由参加验收的各方人员签字后及随设备带来的技术文件，由设备管理部门纳入设备档案管理；随设备的配件、备品，应填写备件入库单，送交设备仓库入库保管。

第六章

沼气工程的启动、运行及管理

第一节 户用沼气池的启动、运行及管理

一、户用沼气池的启动调试

户用沼气池发酵启动的好坏，直接影响着沼气池的产气情况。“三分建池，七分管理”，因此，应做好沼气池的发酵启动工作，使其产气早、产气好。

为了保证户用沼气池启动和发酵有充足且稳定的发酵原料，在投料前，需要选择有机营养含量丰富的牛粪、猪粪、羊粪等作为启动的发酵原料。不要单独使用鸡粪、人粪和绿豆渣或者红薯渣、土豆渣等，因为这类原料在沼气细菌少的情况下，料液容易酸化，导致发酵不能正常进行。并且应注意控制发酵原料的碳氮比，合理配置粪便原料与秸秆原料的比例。使用秸秆类原料时，应采用粉碎或堆沤等预处理措施来加快原料的分解速度。

在我国农村，根据原料的来源和数量，户用沼气发酵采用6%～10%的发酵料液浓度是较适合的。一般原料分解快，发酵料液浓度可以放低一些；原料分解较慢，应适当提高发酵料液浓度。

接种物是沼气发酵启动的关键因素，对农村户用沼气发酵来说采用下水道污泥作为接种物时，接种数量一般为发酵料液的10%～15%；当采用老沼气池发酵液作为接种物时，接种数量应占总发酵料液的30%以上；若以底层污泥作为接种物时，接种数量应占总发酵料液的10%以上。如果接种物收集很少，可以进行扩大培养，如果第一次扩大培养仍旧不够，还可以继续扩大培养，直至满足使用需要。使用较多秸秆作为发酵原料时，需加大接种物数量，其接种量一般应大于秸秆质量。

户用沼气启动过程包括投料、加水封池、放气试火、调节pH等。

1. 投料　打开活动盖板，拔掉导气管上的输气管，然后将准备好的发酵原料和接种物混合在一起，投入池内。所投原料的浓度不宜过高，一般控制在干物质含量的4%～6%为宜，以粪便为主的原料，浓度可适当低些。投入的发酵原料一般为沼气池总有效容积的一半左右。

2. 加水封池　原料和接种物入池后，一般经过1～2 d的堆沤，发酵原料的温度可上升至40 ℃以上，此时应及时加水封池。加入沼气池的水要加到气箱顶部，直到沼气池内的空气全部排出。然后将活动盖板盖好，接上导气管，装料完成。

3. 放气试火　沼气发酵启动初期，所产生的气体主要是原料经酸化作用产生的二氧化碳，同时池内还有少量空气，因此气体中的甲烷含量低，通常不能燃烧。所以当沼气压力表上的压力显示达到3～4 kPa时，应放气试火，第一次排放的气体因甲烷成分含量低一般点不着。当压力表显示值再次上升到2 kPa时，应进行第二次放气试火。一般放气试火3～4次后，所产气体中甲烷含量会达到30%以上，即可点燃使用。

4. 发酵液的pH控制　一个启动正常的户用沼气池一般不需要调节pH，靠内部自然调节即可达到平衡。在原料发酵初期，由于产酸菌的活动，沼气池内会产生较多的有机酸，导致pH下降。但随着发酵继续进行，氨化作用产生的氨可以中和部分有机酸，同时，随着甲烷菌的活动，大量的挥发性酸随即被利用，这样就可以使pH回升到正常范围。为加速pH自然调节作用，需取出一部分发酵液，重新加入大量接种物或运行良好的沼气池中的发酵液。也可以加入草木灰或者石灰澄清液调节，使pH调节到6.5以上，以达到正常产气的要求。

5. 启动完成　当池中所产生的沼气量基本稳定，并可点燃使用后，说明沼气池内微生物数量、产酸和产甲烷菌的活动已趋于平衡，pH也较适宜，这时沼气发酵的启动阶段结束，进入正常运转。

6. 沼气池的密封　有活动盖的沼气池，需注意密封好活动盖，以免漏气或产气过多时冲开活动盖板。

二、户用沼气池的运行及管理

1. 日常管理　沼气池装入原料和菌种，启动使用后，加强日常管理，控制好发酵过程条件，是提高产气率的重要技术措施。应按照沼气微生物生长繁育规律，加强沼气池的科学管理。

（1）加强沼气池的吐故纳新　加入沼气池的发酵原料，经沼气细菌发酵分解，逐渐地被消耗或转化。如果不及时补充新鲜原料，沼气细菌就会“吃不饱”、“吃不好”，产气量就会下降。为了保证沼气细菌有充足的原料，并进行正常的新陈代谢，使产气正常持久，就要不断地补充新鲜原料，做到勤加料，勤出料。

根据一般家庭日常用气量和常用沼气发酵原料的产气量，户用沼气池正常启动使用2～3个月后，每天应保持20 kg左右的新鲜畜禽粪便入池发酵。“三结合”沼气池，每天有3～6头猪和1～2头牛的粪便入池发酵即可满足需要，平时只需添加适量的水，以保持发酵原料的浓度。非“三结合”沼气池，一般每隔5～10 d，应进、出占总有效容积5%的原料，也可按每立方米沼气池容积3～4 kg干料的比例加入发酵原料。同时也要定期小出料，以保持池内一定数量的料液。

进出料时，应先出料，后进料，做到出多少，进多少，以保持气箱容积的相对稳定。要保证剩下的料液液面不低于进料口或出料口的上沿，以免池内沼气从进料口或出料口跑掉。若出料后池内的料液液面低于进料口或出料口的上沿，应及时加水，使液面达到所要求的高度。若一次补充的发酵原料不足，可加入一定数量的水，以保持原有水位，使池内沼气具有一定的压力。

（2）经常搅动沼气池内的发酵原料　沼气池运行后，经常搅拌沼气池内的发酵原料，能使原料与沼气细菌充分接触，促进沼气细菌的新陈代谢，使其迅速生长繁殖，提高产气率；可以打破上层结壳，使中、下层所产生的附着在发酵原料上的沼气，由小气泡聚集成大气泡，并上升到气箱内；可以使沼气细菌的生活环境不断更新，有利于它们获得新的养料。如不经常搅拌发酵原料，就会使其表层形成很厚的结壳，阻止下层产生的沼气进入气箱，降低沼气池的产气量。

户用沼气池的搅拌方法有两种：一是通过手动回流搅拌装置，每天用活塞在回流搅拌管中上下抽动10 min，将发酵间的料液抽出，再回流进进料口，进行人工强制回流液搅拌；二是通过小型污泥电动泵，将出料间的料液抽出，再回流进进料口，进行电动液体搅拌。

（3）保持沼气池内发酵料液适宜的浓度　沼气池内发酵原料必须含有适量的水分，才有利于沼气细菌的正常生活和沼气的产生。因为沼气细菌吸收养分、排泄废物和生存繁殖，都需要有适宜的水分，水分过多或过少都不利于沼气细菌的活动和沼气的产生。若水量过多，发酵液中干物质含量少，单位体积的产气量减少；如果水量过少，发酵液过浓，容易积累有机酸，使沼气发酵受阻，影响沼气产量。根据试验研究和实践经验证明，户用沼气池适宜的发酵原料浓度为 6%～12%。夏季浓度不低于 6%，冬季浓度不高于 12%。

（4）随时监控沼气池发酵液的 pH　户用沼气池如果不按照沼气发酵工艺条件调控，一般出现偏酸的情况较多，特别是在发酵初期，由于投入的纤维类原料多，而接种物不足，常会使酸化速度加快，大大超过甲烷化速度，造成挥发性酸大量积累，使 pH 下降到 6.5 以下，抑制沼气细菌活动，使产气率下降。

发酵原料是否过酸，可用 pH 试纸确定。确定原料过酸后，可用以下 3 种方法调节：

① 取出部分发酵原料，补充相等数量或稍多一些含氮多的发酵原料和水。

② 将人、畜粪尿拌入草木灰，一同加到沼气池内，不但可以调节 pH，而且还能提高产气率。

③ 加入适量的石灰澄清液，并与发酵液混合均匀，避免强碱对沼气细菌活性的破坏。

2. 安全运行　要做到安全运行，主要应抓住以下几个关键环节。

（1）安全发酵　沼气池内原料发酵过程顺利与否是安全运行的核心问题，应该在投料、pH 控制等多方面加以监控，给产甲烷细菌提供适宜的生存环境。

① 乱投料导致细菌中毒。各种剧毒农药，特别是有机杀菌剂、杀虫剂以及抗菌素等；喷洒了农药的作物茎叶、刚消过毒的畜禽粪便；能做自制农药的各种植物，如大蒜、韭菜、苦皮藤、桃树叶、马钱子果等；重金属化合物、盐类等都不能进入沼气池，以防沼气细菌中毒而停止产气。如果发生这种情况，应将池内发酵料液取出 1/2，补充 1/2 新料，使之正常产气。

② 乱投料导致有毒气体产生。禁止把油枯、骨粉、磷矿粉和脱落的棉铃等含磷物质加入沼气池，以防产生剧毒的磷化三氢气体，给入池检查和维修带来危险。

③ 平衡 pH。加入的秸秆和青杂草过多时，应同时加入部分草木灰或石灰水和接种物，防止产酸过多，使 pH 下降到 6.5 以下而发生酸中毒，导致甲烷含量减少甚至停止产气。

④ 防止碱中毒。加入过多的碱性物质，如石灰等，使料液 pH 超过 8.5，沼气发酵产生抑制。

⑤ 防止氨中毒。氨中毒主要是加入过多含氮量高的人畜粪便，发酵料液浓度过大，接种物少，使铵态氮浓度过高引起的中毒现象。中毒现象与碱中毒

相同，表现出强烈的抑制作用。

（2）安全管理 安全管理是沼气池运行全周期的关键，规范的管理制度和措施既可以避免事故的发生还可以保障沼气池周年稳定地运行。

① 安全维护。沼气池进出料口要加盖，防止人畜掉进池内伤亡。

② 注意监控。要经常观察压力表数值的变化。当沼气池产气旺盛，池内压力过大时，要立即用气、放气或从水压间排出部分料液，以防胀坏气箱、冲开池盖、冲掉U形压力表水封等，造成事故。如果池盖已经被冲开，需立即熄灭附近的烟火，以免引起火灾。

③ 进出料要均衡不能过大。如加料数量较大，应打开进料口，慢慢地加入。一次出料较多，压力表数值下降到零时，应打开出料口，以免产生负压过大而损坏沼气池。

④ 注意冬季保温。寒冬季节，沼气池外露地面的部分要做好防寒防冻措施，以免冻裂，影响正常使用。

⑤ 进出料口应设置防雨水设施。防雨设施一般高出地面10 cm以上，并避开过水道，以防雨水大量流入池内，压力突然加大，造成池子损坏。

（3）安全用气

① 沼气用具远离易燃物品。沼气灯和沼气炉不要放在柴草、衣物、蚊帐、木制家具等易燃物品附近，沼气灯的安装位置还应距离房顶远些，以防将顶棚烤着，引起火灾。

② 必须采用火等气点火方式。点沼气灯和沼气炉时，应先擦着火柴，后打开开关，并立即将火柴头熄灭，避免先开开关，沼气溢出过多，引起火灾或中毒。关闭时，要将开关拧紧，防止跑气。

③ 输气管路上必须装带安全瓶的压力表。产气正常的沼气池，应经常用气。夏秋产气快，每天晚上要将沼气烧完。因事离家几日，要在压力表安全瓶上端接一段输气管通往室外，使多余的沼气可以跑掉。

④ 防止管道和附件漏气着火。经常检查输气管道、开关等是否漏气，如果管道、开关漏气，要立即更换或修理，以免发生火灾。不用气时，要关好开关。厨房要保持通风良好，空气清洁。如嗅到硫化氢味（臭鸡蛋味），特别是在密闭不通气的房间，要立即切断气源，开门开窗，尽快离开，待室内无气味时，再检修漏气部位。

⑤ 严禁在导气管上试火。沼气池边严禁烟火，检查池子是否产气，应在距离沼气池5 m以上的沼气炉具上点火试验，不可在导气管上试火，以防回火，引起池子爆炸。

⑥ 选用优质沼气用具。使用沼气灶和沼气灯时，要注意调节灶或灯上的空气进气孔，避免形成不完全燃烧。否则，不但浪费沼气，而且会产生一氧化碳，毒害人体健康。

（4）安全检修　沼气池是一个密闭容器，空气不流通，缺乏氧气。所产沼气的主要成分是甲烷、二氧化碳和一些对人体有毒害的气体如硫化氢、一氧化碳等。当空气中的甲烷浓度达到30％时，人吸入后，肺部血液得不到足够的氧气，造成神经系统的呼吸中枢抑制和麻痹，就会使人发生窒息性中毒；当甲烷浓度达到70％时，可使人窒息死亡。二氧化碳也是一种窒息性气体，当空气中的二氧化碳达到3％～5％时，人就感到气喘、头晕、头痛；达到6％时，呼吸困难，引起窒息；达到10％时就会不省人事，呼吸停止，引起死亡。由于二氧化碳密度较大，易积聚在池的底部，加之刚出料后的沼气池内缺乏氧气，还可能残余少量的硫化氢、磷化三氢等剧毒气体，所以，禁止人立即下池检查和维修。如果不注意，很容易发生事故。因此，必须采取安全措施，进行沼气池的维护。

① 下池前必须做动物试验。进入老沼气池检修前，一定要揭开活动盖，将原料出到进料口和出料口以下，并设法向池内鼓风，促进空气流通；人下池前，必须把青蛙、兔子、鸡等小动物放入池内约20 min，若反应正常，人方可下池。否则，要加强鼓风，直至试验动物活动正常时，人才能下池。

② 做好防护工作。进入沼气池检修，池外要有专人守护。入池人员如感到头昏、发闷、不舒服，要马上离开池内，到空气流通的地方休息。要特别注意的是，人入池时必须多人在场，入池者系好安全带，当发现入池人窒息中毒后，立即将人拉出沼气池，送往医院抢救。千万不要急着下池救人，否则会造成多人连续窒息中毒事故。

③ 池内严禁明火照明。清除池内沉渣或下池检修沼气池时，不得携带明火和点燃的香烟，以防点燃池中沼气，引起火灾。如需照明，可用手电筒或电灯。

三、户用沼气池的常见故障与排除方法

户用沼气池在使用过程中，会出现一些故障，这些故障不排除会影响用气、用肥，降低沼气池的使用效果。

1. 引发沼气池故障的因素　沼气池在使用过程中发生故障的因素可分为内因和外因两方面。

（1）内因及预防

① 由于建池材料质量差，施工粗糙，使沼气池“患先天性不足症”，或负重即垮，或“未老先衰”。因此，建池时应严格把好质量关，严格按操作规程施工。

② 首次装料过多，或平时多进少出、不出，使沼气池处于“胀肚”状态，久而久之，把池子胀坏，造成“双漏”。因此，首次装料不宜过多，平时进料应注意出多少、进多少。

③ 由于储气间容积过小，产气高峰期气压过大，使池子发生裂缝，导致漏气。为避免此现象发生，储气间应设计合适，储气气压接近或达到设计压力时，应及时放气。

④ 发酵料液酸碱性对池子腐蚀，使密封层脱落，形成池子渗漏。因此，应注意料液 pH 的调节，使之维持在中性或中性偏碱的状态。

（2）外因及预防

① 重物压撞。重物对池顶或池壁的长期压撞、震荡，使池体变形，发生裂缝甚至断裂，导致沼气池漏水、漏气。为避免沼气池受损，禁止在池上存放重物和载重车从沼气池上通过，不得在沼气池附近进行剧烈震动活动。

② 大出料后，没有及时装新料，使池体内各部与空气长期接触，由于风化、氧化、混凝土脱水等原因，使池体内部发生龟裂或密封层脱落，造成沼气池漏水、漏气现象的发生。因此，在大换料前，应做好充分准备，出料后，及时装料，防止“空腹”闲置，造成池子损伤、渗漏。

③ 气温骤变，使池体各部胀缩不匀，尤其是冬季，池子受冻裂缝或分层脱落，造成“双漏”。因此，为避免气温对池子的影响，特别在冬季，应在沼气池顶堆放些柴草，或在池上搭建塑料大棚，使池子安全越冬。

2. 常见故障的判断与排除方法 户用沼气池在使用过程中会出现的故障是多方面的，这里收集和整理了一些常出现的故障与相应的排除方法。

（1）户用沼气池漏水、漏气 在试压时（气压法或水压法），当压力表上升到一定位置后，停止加压，观察压力变化情况，若先快后慢地下降，则说明是漏水；若以均匀速度下降，则说明是漏气。

漏水多数是由于建池地基选择和处理不当，以及进、出料管搭接处或与池墙结合部位密封与强度不够。当池体装水后，地基下沉，往往将进、出料管（特别是与池墙结合处）折断而产生严重漏水。也有因砖块砌筑水压间时，没有满浆，或水泥砂浆粉抹时没有压紧造成孔隙而产生渗漏。严重漏水的沼气池容易觉察。一般池内液面下降到某一水位，不再下降，其漏水处也大致在这一水位附近。查到裂缝处，采取相应的常规措施，加固修复即可。

漏气多数是气室的密封层没有做好，用密封涂料掺水泥将气室再粉抹一次即可。

漏水时应将沼气池的料液出尽进行维修；漏气时有可能沼气池气室漏气或活动盖漏气或管道漏气，要逐个排除找到具体漏气部位进行维修。

（2）新沼气池装料不产气　出现这种情况，大体上有以下原因：

① 装料时没有加入足够数量的接种物，池内产甲烷菌少，使沼气发酵不能进行。

② 加入沼气池的料液温度低于12 ℃以下，抑制了甲烷菌的生命活动。如在北方寒冷地区第一次加料时是寒冷季节，池温低，会造成长时间不产气。

③ 沼气池的发酵液浓度过大，酸化阶段产生的有机酸过多，产甲烷菌不能完全利用，使挥发酸大量积累导致料液酸化。

（3）装料后产气很少，燃烧不理想　这种情况多见于冬季气温低的时候，原因可能是：

① 沼气池密封性不强，可能漏水或漏气。

② 输气管道、开关等可能漏气。

③ 缺乏产甲烷菌种，不可燃气体成分多。

④ 配料过浓或青草太多，使挥发酸积累过多，抑制了产甲烷菌的生长。

⑤ 池温过低。

解决办法：

① 新建沼气池及输气系统均应进行试压检查，必须达到质量标准，保证不漏水不漏气才能使用。

② 排放池内不可燃气体，添加菌种，主要是加入活性污泥或粪坑、老沼气池中的渣液，或换掉大部分料液。

③ 注意调节发酵液的pH至6.8～7.5。

判断发酵液是否过酸，除用pH试纸测试外还可根据沼气燃烧时火苗发黄、发红或者有酸味来判断。调节pH的方法是从进料口加入适量的草木灰或适量的氨水或石灰水等碱性物质，并在出料间取出粪液倒入进料口，同时用长把粪勺伸入进料口来回搅动。用石灰调节pH时，不能直接加入石灰，只能用石灰水。石灰水的量也不能过多，因为石灰水的浓度过大，它将和沼气池内的二氧化碳结合生成碳酸钙沉淀。二氧化碳的量减少过多，会影响沼气产量。

（4）压力表上升很慢　这时产气量低，一时弄不清产气少，还是漏气。这种情况可用正负压测定。如第一天24 h内压力表显示压力达到1.5 kPa，从导管处将输气管拔出，把沼气全部放完，在导气管处临时装一个 U 形压力表。从水压间取出 10 桶粪水，使沼气池内变成负压。如果池子有漏洞，池内沼气不会漏出来，只会把池外的空气吸进去。再过 24 h，把取出的粪水如数倒入水压间内，观察压力表压力值，如果与第一次水柱高度相同，说明不漏气而是产气慢；如果比第一次高了许多（因从漏洞吸进了空气），说明池子漏气，应进行检修。同时，对输气管路也应进行检查是否漏气。

产气慢的原因有：

① 发酵原料不足，浓度过低，或虽原料多，但很不新鲜，营养元素已经消化完了，使沼气细菌得不到充足的营养条件。

② 当池内的阻抑物浓度超过了微生物所能忍受的极限，使沼气细菌不能正常生长繁殖，这就要补充新鲜发酵原料或者大换料。

③ 原料搭配不合理，粪料过少。

（5）人畜粪料前期产气旺盛随后产气逐渐减少　这是因为人畜粪被沼气细菌分解，产气早而快。新鲜人畜粪入池后大约有 30～40 d 的产气高峰期。如进一次料以后不再补充新料，产气就会逐渐减少。为避免上述问题产生，最好建“三结合”和“四结合”模式，做到畜禽舍、厕所、沼气池连通，以保证每天有新鲜原料入池，达到均衡产气。与此同时应经常出料。

（6）大换料前产气好，出料后重新装料产气不好　主要是出料时没有注意，破坏了顶口圈或出料后没有及时进料，引起池内壁特别是气箱干裂，或因为内外压力失去平衡而导致池子破裂造成漏水漏气，或出料前就已破裂，而被沉渣糊住而不漏，出料后便开始漏气。

排除方法是：

① 修补好破损处。

② 进料前将池顶洗净擦干，刷纯水泥浆 2～3 遍。

③ 大出料以后，要及时进料，以防池子干裂并保持池内外压力平衡。

④ 在地下水位高的地方，雨季不要大换料。

（7）开始产气很好，三四个月后明显下降　主要是池内发酵原料已结壳，沼气很难进入气箱，而从出料口翻出去。其原因是加了部分草料造成的，一般利用纯人畜粪很少出现此种情况。

排除方法是进行破壳，安装抽粪器，经常进行强回流搅拌。

（8）气量明显下降或陡然没有气　这是因为开关或管路接头处松动漏气，或是管道开裂，或是管道被老鼠咬破；活动盖被冲开；沼气池胀裂，漏水漏气；压力表中的水被冲走；用气后忘记关开关或关得不严；池内加入了农药等有毒物质，抑制或杀死了沼气细菌。

排除方法是：先看活动盖上的水是否冒泡，再对池和输气系统分别进行试压、检查，看是否漏气或漏水，如找出漏气、漏水处进行维修。如无漏气、漏水，可换掉一部分或大部分旧料，添加新鲜原料。

(9) 压力表水柱很高但储存的沼气很少　气压表水柱位置的高低，只表示沼气池内沼气压力的大小，并不完全说明池内沼气量的多少。有的沼气池因为大量的雨水经进料口流进沼气池或发酵料液过多，造成气箱容积减小。当沼气产生时，池内压力增大，压力表上的水柱很快上升，但储存的沼气量并不多。所以，当使用时，池内的沼气迅速减少，水柱很快下降，用气不久，池内的沼气就用完了。另外一种可能的情况是沼气气箱容积正常，即沼气的量够，但沼气中甲烷过少，使沼气热值降低，为了保证火旺，沼气的耗量增加，沼气很快耗完。

(10) 低压时压力表上升快，以后上升越来越慢直至停止上升　其原因是：

① 气箱或输气系统慢跑气，漏气量与压力成正比，压力越高漏气越多。压力低，产气大于漏气，压力表水柱上升，当压力上升到一定程度时，产气与漏气相平衡，就不再上升了。

② 进出料管或出料间有漏孔，当池内压力升高，进出料间液面上升到漏水孔位置时，粪水渗漏出池外，使压力不能继续升高。

③ 池墙上部有漏气孔，粪水淹没时不漏气，当沼气把粪水压下去时，便漏气了。

④ 粪水淹没进出料管下口上沿太少，当沼气把粪水压至下口上沿时，水封不住沼气，所产的沼气便从进出料口逸出。

排除方法是：

① 检查沼气池及进出料间输气系统是否漏气或漏水，找到漏处进行维修。

② 如发酵料液不够，从进料口加料加水至零压线。

③ 定期出料，始终保持液面不超高。

(11) 用气时开关一打开，压力表水柱上下波动　其原因及排除方法是：

① 输气管路内有凝结水，特别是冬季这种现象多见。应放掉管道内的凝结水，并在输气管最低处安装积水瓶。

② 输气管路漏气，从漏气处剪断再用接头连接好，如接头漏气时应拔出管子，在接头上涂上黄油，再将管道套上并用扎线捆紧。

(12) 在从水压间取较多的肥时压力表内水柱倒流入输气管内　这是由于开关未打开，而在出料间里出肥过多，池内液面迅速下降，使其出现负压，把压力表内水柱吸入输气管中。因此，出料过多时应将输气管从导气管上拔下来，取完肥再插好输气管，或出多少料进多少料，使液面保持平衡，防止出现负压。

(13) 压力表水柱被冲掉　这种情况只在U形压力表上出现。这是压力表管道过短，或久不用气使池内产生过高压力造成的。当池内沼气压力大于管道水柱的高差时，沼气便会把管内水柱冲出来。因此，安装压力表应按设计压力满足10 kPa量程，不可过短或过长，压力表上端要装安全瓶，这样压力表既可反映池内压力，又可起超压安全作用。

(14) 沼气菌中毒，停止产气　当池内沼气细菌接触到有害物质时就会中毒，轻者停止繁殖，重者死亡，造成沼气池停止产气。因此，不要向池内投入下列有害物质：各种剧毒农药，特别是有机杀菌剂、抗生素、驱虫剂等；重金属化合物、含有毒性物质的工业废水、盐类；刚消过毒的畜禽粪便；喷洒了农药的作物茎叶；能制农药的各种植物如苦瓜藤、桃树叶、百部、马钱子果等；辛辣物如葱、蒜、辣椒、韭菜、萝卜等；电石、洗衣粉、洗衣服水等。如果发现中毒，应该将池内发酵料液取出一半，再投入一半新料即可正常产气。

第二节　大中型沼气工程的启动、运行及管理

一、大中型沼气工程的启动调试

1. 启动准备　大中型沼气工程启动前应做好全面验收、检查和准备工作，确认无误后方可启动调试。沼气工程完工后除了按照常规程序进行工程验收外，还要验证工艺设计和结构设计科学合理性，确保厌氧消化器及沼气储气设备不漏水、不漏气，所有附属设施完好。与沼气工程配套的所有管道阀门，应根据各自的运行压力，分别按照农业行业标准《沼气工程技术规范　第3部分：施工及验收》（NY/T 1220.3—2006）进行承压试验。对于沼气发电机组、固液分离机、压力表、管道泵、增压机、搅拌机、液位计及温度传感器等设备，均应按照各自的产品质量检验标准和设计要求进行调试运行，确保各指示仪表及安全保护装置敏感、准确、可靠，各固定连接部位牢固可靠，以保证其运行安全。

2. 启动条件

(1) 适量的接种物　如采用已有沼气工程沼液作为接种物，接种量一般为发酵料液的30%以上。如采用已有沼气工程池底污泥作为接种物，接种量一

般为发酵料液的10%以上。如采用已有污水处理厂活性污泥作为接种物，接种量一般为发酵料液的20%以上。对于大型沼气工程来说，厌氧消化器容积大，所需的菌种量也大，可能一时收集不到大量的菌种，可以提前7～10 d把新鲜畜禽粪便厌氧堆沤，然后投入调节池，加水调节，在投新料前再加入一定量的正常沼气发酵池中的污泥、沼液或足量的优质污泥也可达到启动的要求。启动期间应注意每次投加新料后，应经常测定池内料液pH。当pH＜6.8时，说明发酵液产生酸化，新料加多了，应立即停止进料，待pH回升到7.0以上再加料，或加石灰水、草木灰调节pH。当pH＞7.8时，发酵液会产生碱中毒，可能有含碱物混入料液中，应加水稀释，加大投料量。

（2）充足的原料　由于所取污泥菌种浓度不一，含菌量也不同，因此投加后，往往会造成酸化现象，发酵料液pH低，启动时间长，甚至失败。为了避免上述情况发生，应以接种污泥的量来按比例投加新料，一般投加新料量应为接种污泥的5%～10%，这样启动时间短，把握大。可以用来进行发酵的原料很多，包括各种畜禽粪便、作物秸秆等。但单一的鸡粪和人粪不能进行启动。

（3）合理的配料及碳氮比　根据沼气发酵的基本条件，碳氮比对沼气发酵有一定的影响。一方面，厌氧消化微生物的繁殖和生长需要一定数量的碳元素和氮元素，为产生沼气提供物质基础。另一方面，可以缓冲发酵液的酸碱度，避免酸化。常用的沼气发酵原料中，农作物秸秆类原料的含碳量高，而各种粪便类的原料含氮量高，为了合理地搭配料液中一定的碳氮比，在沼气启动时，混合原料中可以通过不同原料的比值来调配碳氮比。

（4）合适的发酵环境　在沼气厌氧发酵中，保持合适的料液发酵浓度、温度和pH，对于沼气工程的正常启动、提高产气率及维持正常运转是十分必要的。由于沼气工程启动时所培养的厌氧菌数量和质量尚未达到正常投产的指标，所有启动时料液的发酵浓度一般比正常发酵浓度低。一般来说，对于升流式固体反应器（USR）、完全混合厌氧消化器（CSTR）及卧式推流式厌氧消化器（HPCF）工艺沼气工程启动时料液浓度采用4%～6%，对于升流式厌氧污泥床（UASB）工艺沼气工程启动时料液浓度采用活性污泥的容积负荷来换算。采用中温发酵的沼气工程启动时温度应在25～35 ℃范围内，pH控制在6.8～7.2。

3. 启动步骤

（1）选取接种物　新的沼气发酵罐的启动需要适当量的接种物，比如堆沤后的猪粪、牛粪，原有沼气工程排出的料液、污泥或污水处理厂的活性污泥等。

（2）投料　确定系统运行温度后，选择同类工程的菌种作为接种物。接种量约占发酵容积的1/5～1/3。然后在配比等量的新鲜料液混合于发酵罐，逐步升温至25～35℃，调节pH在6.8～7.2。之后每周加一次新料，料液浓度控制在的4%～6%，依次进料，直至厌氧反应器加满料液。

（3）启动时常见问题　若发现发酵液挥发酸浓度升高，pH下降，沼气量明显减少，沼气中CO_2含量升高，CH_4含量下降，出水COD浓度升高，悬浮固体沉降性能下降，预示着设备超负荷，应采取以下措施：

① 控制有机负荷，保持或调节发酵液的pH在6.8以上。若pH已经降至6.5以下，则沼气产量显著下降，首先要停止进料，可加中和剂调整pH至6.8。这样可以避免不平衡态的进一步发展，而且还可以使消化作用在短时间内恢复平衡。

② 若上述方法不能缓解失衡，则应考虑进料中是否有毒性物质。

③ 若有有毒物质，可以采用稀释进料的方法降低有害物质浓度，或添加某种物质中和有毒物质或沉淀。

④ 如果pH下降或中毒情况严重，应考虑重新启动。

4. 沼气工程的重新启动　沼气工程运行5～7年后需对厌氧消化器进行一次全面地清底和检修，此时，消化器内的污水和污泥需全部排出。待检修完毕后，沼气站整个系统需要重新启动。

（1）制订启动方案　工程启动前，要制订工程启动实施方案，并在实施中根据现场情况及污水处理工况及时调整启动运行方案。

（2）调试和检验　系统重新启动后，首先对沼气发酵装置和系统要进行水密性和气密性的耐压试漏检查。先对单体装置进行检查。之后是系统合并检查。对运转设备需进行单机试运转试验，待单机试验合格后，再进行设备的联动试运转，只有当联动试运行合格后，才能进行工程调试运行；对测压、测温、pH计等仪表单体检查；对管道阀门开关畅顺情况检查。遇到问题在启动之前应排除故障，以保证工程正式启动的顺利进行。

（3）选取接种物　根据工程单体发酵容积的大小，选取足量较好活性的接种物。厌氧发酵装置新排出的脱水污泥活性较好。接种污泥量是越多越好，一般情况接种量是发酵有效容积的1/10～1/3，不足者可以逐渐富集到这个量。具体方法是在已验收的集水池内放入一定量的厌氧污泥，再加入经稀释后需处理的污水，刚开始富集时，浓度不宜过高，根据发酵情况（一般控制在池表面有大量的沼气气泡产生，说明发酵情况良好），再加入新鲜需处理的污水，污水浓度可逐步提高，并经常加以搅拌，直至能满足启动时所需的污泥量为止。

(4) 厌氧消化罐的启动　系统的启动首先是厌氧发酵装置的启动。要明确正常厌氧发酵的参数值为：pH为6.8～7.2，运行温度为25～35℃，COD去除率为80%，生产沼气甲烷含量在50%以上，沼气火焰为蓝色。启动运行时，人为创造条件，使之达到正常运行的最佳参数。启动时，不需要追求严格的厌氧条件，水中的溶解氧会很快被污泥中的兼性厌氧菌消耗并形成严格的厌氧条件。启动时所进的料液宜为经熟化的料液（畜禽污水经1～2 d水解酸化，即可认为料液已经熟化）。在进行发酵装置启动时，如装置内放有一定量的清水，更有利于厌氧装置的启动。进料浓度不宜过高，一般进料浓度控制在2%～3%；进料量不宜过大，根据启动时的菌种量进行调节，启动时进料量控制在正常进料量的5%～10%，并采用少量多次的进料方法；同时加大循环量，只有当发酵装置内料液的pH和产气情况正常时，才能加入新的料液。在启动初期，打开沼气的放气阀，将前期产生的沼气全部排放。待罐内沼气含量较高，沼气管中排出的沼气能够燃烧时则可以收集。

(5) 启动期间的组织管理　工程启动能否顺利成功，启动期间的组织管理很重要。在制订启动工作方案的基础上，要对员工进行运行前培训。要组织专人负责监测相关数据，认真记录每天工作情况及发生的一切现象。必须准确记录进料时间和进料量、进料和排出料液以及发酵罐内料液的pH和温度等。在没有掌握正常运行规律的情况下，除了监控上述参数外，还必须监测料液的生化需氧量（COD）和产气的甲烷含量。用上述参数的变化曲线，预测发酵的发展趋势，制订进料方案（包括进料量、进料的pH和温度等）。

二、大中型沼气工程的运行及管理

大中型沼气工程运行管理人员必须熟悉沼气工程常见的处理工艺和设施、设备的运行要求与技术指标。尤其必须了解所在沼气站的处理工艺，熟悉各岗位设施、设备的运行要求和技术指标。各岗位的操作人员，应切实执行本岗位操作规程中的各项要求，进行科学管理，按时准确地填写运行记录，以备查验。运行管理人员应定期检查原始记录。操作人员应保证设备处于良好工作状态，当发现设备运行异常时，应采取相应措施并及时报告负责人。管理人员还应保证生产环境良好，各种设施、设备应保持整洁，避免水、物料、气泄漏。

1. 总则　沼气工程要做到计划周详、定期保养。建（构）筑物及设备的维护保养计划（包括长期、短期），计划应包括下列几项：

(1) 设备、仪器、固定资产卡。

（2）部件记录。

（3）维修保养时间表。

（4）全年维修保养预算及开支。

沼气工程应建立日常保养、定期维护和大修三级维护保养制度。专业维修人员必须熟悉机电设备、处理设施的维修保养计划及检查验收制度。压力容器等设备重点部件的检修，应由安全劳动部门认可的维修单位负责。沼气工程场内的建（构）筑物的避雷、防爆装置的维修应符合消防部门的规定，并申报有关部门定期测试。维修人员应按设备使用要求定期检查、更换安全和消防等防护设施、设备。消防器材应按新产品要求进行检修，确保安全用品的可靠性。定期检查、紧固设备连接件，定期检查自动控制的控制元件、手动与自动的连锁装置。构筑物之间的明渠等应定期清理，确保畅通无阻。保证生产条件的必要措施及生产环境的要求。维修机械设备时，不得随意搭接临时动力线。沼气工程的设施、设备完好率均应达95%以上，杜绝设备带故障运行。

2. 安全操作　沼气工程的安全操作包括各类设备的运行安全及沼气供应的安全。通过设备选型、工艺设计及布局设计加强其安全性能，同时，通过加强管理与培训工作，避免运行阶段的安全事故。

（1）防疫　根据项目建设地点地形地貌、常年主导风向、生产工艺流程和卫生等要求，做到合理布局。

（2）防火与防雷　主要建筑物之间保持合理的消防及生产安全距离，尤其是沼气发酵及储气设备与生活场区之间保持适当距离。一般情况下，由于发酵罐及储气设备较高，所以必须保证防火与防雷措施。

（3）设备与电气　沼气工程选定的电气与机械传动设备，宜设置防护罩和接零保护装置以及设备故障报警装置。

（4）沼气安全　沼气净化设备、储气设备及管道应选择有压力容器生产资质单位的产品和生产设备，在使用前进行压力实验检测，使设备使用安全得到保证。

（5）安全培训　进入沼气工程的员工必须进行系统的安全教育，还应建立定期安全学习制度。从事电气、锅炉及化验分析等特殊工种的人员，必须通过职业技能测试和安全技术培训，经鉴定合格并取得相应行业的职业资格证书后方可上岗操作。专业技工应取得相应的职业技能证书。

3. 运行管理制度

（1）厌氧发酵系统运行管理制度

① 认真检测运行参数。运行参数包括每班每天的进料量、排料液以及罐

内各个采样点料液温度、pH、生化需氧量（COD）及悬浮物（SS）含量。对于特殊污水厌氧处理尤其需要密切监视运行参数，更需要用检测挥发酸含量代替 pH 监测，这将会对监测 pH 跟踪得更及时。

② 利用监测数据指导工程运行。通过监测沼气发酵运行中的各项数据，控制污泥的回流量、进料量和进料温度等。把上述参数列成表格，用按时填报表的方式督促岗位操作者认真负责地监控系统运行。也可以通过这些数据分析产气率和 pH、温度的变化趋势，指导系统运行。

③ 原料的前处理。原料前处理是保证沼气发酵罐稳定正常运行的首要条件。前处理包括沉砂、去除大块杂物、清除浮渣等杂质，把进料温度提高到高于正常运行温度的 2～3 倍（指中温或高温运行的沼气工程），用回流上清液调节进料的 pH 和料液浓度。对于有特殊要求的污水厌氧处理，还要适当调整进料的生化需氧量（COD），工程启动初期进料液生化需氧量（COD）不宜过高。

④ 进料量控制。根据监测上述参数，确定每天的进料量。进料量过多，容易引起运行酸化，甚至导致运行失败。进料量过少，不能充分发挥装置的效益。每天或每次进多少原料，应在参考设计进料量的基础上，依据工程运行效果来确定：生化需氧量（COD）去除率达到 80%，或沼气中甲烷含量在 50%以上，沼气火焰呈蓝色，罐内发酵料液 pH 为 7 左右。

⑤ 排出液的后处理。畜禽粪污沼气发酵的后处理，一般有两种途径。一是实现零排放目标。沼液用于稀释畜禽粪便循环使用，或是经过调质浓缩成为营养液的叶面肥和无土栽培的液体肥，沼渣经过调质处理生产生物复合有机肥。另一种途径是达标排放。沼渣可用作生物复合有机肥的原料，沼液或是流经氧化塘或人工湿地做进一步处理，或是采用污泥好氧处理方法，最终达标排放。可以看出，发酵排出液实现零排放是较为经济的处理方案，而达标排放方案运行费用较高、经济效益差，所以有条件消纳沼液的地方应尽量采用零排放的方法进行污水处理。

⑥ 沼气发酵罐排泥。沼气发酵罐排泥应该定期进行。排泥开始前必须使罐顶储气空间与大气或缓冲罐连通和畅通，排污阀渐渐开启，一定避免罐内形成负压。

⑦ 沼气发酵罐定期清理。沼气发酵罐排空清理时，必须使罐底人孔与罐顶观察孔敞开，经过充分通风换气，并且注意安全防火和人身安全。进入罐内作业要有安全防护措施和他人监护措施。沼气发酵罐恢复正常工作要按启动时的准备工作进行。

⑧ 防寒防冻管理。进入冬季前，特别是我国北方地区，应认真做好寒冷天气正常运行的管理工作，认真检查和加强阀门、水封、人孔、凝水器、管道、正负压保护器及固液分离装置等部位的防寒保温措施。

（2）泵及搅拌器等设备运行管理制度

① 操作人员应认真读懂设备出厂的使用说明书，严格按规定操作管理。

② 水泵在运行中，必须严格执行巡回检查制度，并符合下列规定：

a. 应注意观察各种仪表是否正常、稳定。

b. 轴承温度不得超过 75 ℃。

c. 应检查水泵填料压盖处是否发热，滴水是否正常。

d. 水泵机组不得有异常的噪声或振动。

e. 严禁潜污泵泵体管道无水运行，也不能调节吸入口来降低排量，禁止在过低的流量下运行。

f. 确保机械密封有充分冲洗的水流，水冷轴承禁止使用过量水流。

③ 应使泵类机电设备（搅拌器等）保持良好状态。

④ 操作人员应保持泵房的清洁卫生，各种器具应摆放整齐。

⑤ 应及时清除叶轮、阀门、管道的堵塞物。

⑥ 水泵启动或运转时，操作人员不得接触转动部位。

⑦ 严禁在短时间内频繁启动水泵。

⑧ 水泵润滑剂不要使用过多。

⑨ 水泵运行中发现下列情况时，应立即停机：

a. 水泵突然发生异常声响。

b. 轴承温度过高。

c. 电压表、电流表的显示值过低或过高。

d. 管道或阀门发生大量漏水。

⑩ 按规定的周期进行检查。建立运行记录，包括运行小时数，填料的调整和更换，添加润滑剂及其他维护措施和时间。对泵抽吸和排放压力、流量、输入功率、洗液和轴承的温度以及振动情况都应该定期测量记录。

（3）电器及检测仪表的运行管理制度

① 认真读懂各仪表的出厂使用说明书，严格按规定使用操作。

② 操作者应注意观察各种设备或系统的控制信号是否正常，并做好运行记录，发生故障应立即通知检修人员或运行管理人员。

③ 对控制仪表和显示记录仪表应按时察视，发现异常情况应及时采取措施。

④ 各类检测仪表的传感器、变送器和转换器均应按要求清污除垢。

⑤ 当仪表出现故障时，不得随意变动已布设的检测点，也不得随意拆卸变送器和转换器。

⑥ 控制室内所有控制仪器与设备应在规定的电压下工作。

⑦ 当发现某个工序故障报警或设备因故跳闸时，必须立即停机，检修必须在设备断电的情况下进行，在排除故障后方可重新合闸。

（4）调节池的运行管理制度

① 调节池是厌氧发酵罐进料的前处理池，液位应保持设计要求的高度。

② 经常检查浮渣去除装置的排渣情况。

③ 按设计要求定期排泥，排后及时关闭阀门。

④ 清捞浮渣、清扫堰口时，应采取安全监护措施。

⑤ 与排泥管道接连的闸井、廊道等，应保持良好通风。

4. 责任管理制度　沼气场区在平常运行管理过程中需要多工种的配合，为此，针对各工种制订了岗位责任制，运行管理人员必须按照管理制度进行工作。由于沼气发酵是一个生物技术过程，除了按制度进行管理以外，还要按照制度检测沼气池的运行情况，并进行必要的调整，以保证沼气池的稳定运行。

（1）沼气工程负责人岗位责任制　大中型沼气工程是有效地处理畜禽粪便污染和获得大量优质能源的系统工程。沼气工程的稳定正常运行，关键在于运行管理工作，而沼气工程负责人又是关键中的关键。沼气工程负责人的职责如下：

① 沼气工程负责人全面负责场区运行管理、设备维护及安全生产等工作。上任后尽快熟悉工艺和掌握沼气站内的所有机械性能和关键技术，合理安排工作，带领员工完成沼气工程相关的技术指标和经济指标。

② 定时检查工程的运行情况，发现故障及时排除，确保工程正常运行。

③ 严格执行相关规章制度，根据运行实际情况，不断完善各项制度，定期考核，确保各项工作顺利进行。

④ 搞好绿化，美化环境，不断完善工作环境。

⑤ 认真学习，不断接受新事物，在本职工作范围内，不断开发沼液、沼渣、沼气的综合利用，为沼气场区运营降低成本、提高经济效益而尽心尽力。

（2）沼气站管理区岗位责任制

① 严格遵守场区规章制度，管理区内确保 24 h 不脱岗。

② 管理区列为重点防火单位，必须严格执行消防法规。

③ 外来人员未经许可不得入内，禁火区内严禁动用明火、吸烟、燃放烟花爆

竹等，严禁使用电炉、电饭锅及白炽灯等非防爆电器，以防意外事故发生。

④ 随时观察沼气储气设备的情况，发生问题及时汇报，确保正常供应。

⑤ 加强管理区内绿化管理和果树的种植管理工作。

⑥ 搞好管理区内清洁卫生和设备的清洁保养工作，确保相关设备外观无水渍、水锈现象。

(3) 进料工及机修工的岗位职责　进料是大中型沼气工程运行中的重要一环，进料好坏直接关系到产气量的多少，所以进料工一定要具有高度的责任心和自觉性，其职责如下：

① 进料工首先要能掌握好进料的浓度、温度及 pH 等指标。在非采暖期，进料总固体（TS）浓度保持在设计进料浓度范围内，罐体温度为 25～28 ℃；在采暖季节，进料浓度保持在 TS 为 6%～8%，罐体温度控制在 25～35 ℃。

② 每天早、晚各进料一次，每次进料的投配率为 6%～8%或按需要进料，每次进料不能超过罐体容积的 10%。

③ 进料后必须对厌氧罐、计量室进行巡视，以防出现只进料不出料及罐顶上水封槽冲料等现象发生，一旦发现问题，应及时处理。

④ 启运 2 个月后每 3～5 d 应排放污泥 1 次，防止发生管路堵塞、料进不去、排不出等情况。

⑤ 进料泵工作时应避免杂质吸入，应注意工作泵发生空转或倒转时容易出现的断销、机械损伤或吸不上料等状况。还应及时更换泵的油盘根和密封圈，保持泵的正常运行。

(4) 化验室岗位责任制

① 负责每天所规定进行的化验及记录，监视并记录发酵罐的运行情况，保证一线生产的正常运行。

② 各种数据要准确无误，每天上报 1 次，月底负责整理存档。出现紧急情况时及时上报。

③ 负责化验室内各种仪器、电器的维护保养工作。

④ 负责化验室所需各种化学药品和用具的正常使用及保管工作。

⑤ 一切试剂、药品必须有明显的标签，强酸、强碱、剧毒废液要按要求进行处理。

⑥ 一切化验测定工作及仪器的使用都要按照操作规程进行。

⑦ 保持化验室的整齐、清洁和卫生。

(5) 电工岗位责任制

① 电工主要负责生产用电器设备的正常运行及生活用电的正常用电，无

电气操作合格证人员，不得独立管理和装拆电器设备。

② 非工作时间出现的电气问题，电工要随叫随到，及时修理。

③ 在检修保养中要尽量节约，在保证安全运行的前提下，可以修复的做到不调换，确实无法修复的再调换。

④ 经常检查各类电器设备的情况，消除隐患，发现故障立即排除。

⑤ 发现电器设备出现漏电或损坏现象应立即停止使用，并及时检修。

⑥ 手湿、赤足时不得接触电器设备。

⑦ 使用水管冲水、清洗地面及护网时，当心水冲到设备上，防止触电、火灾及设备损坏。

⑧ 下雨时不准露天使用移动电具。

⑨ 电器设备或线路起火不可用水或酸碱泡沫灭火器扑救，应首先切断电源，然后用二氧化碳、干粉灭火器灭火。

⑩ 不准在电器设备载负荷的情况下，合闸或插上保险丝。

5. 运行管理

（1）消化系统的运行管理　启动后厌氧消化系统管理的基本要求，在于通过控制各项工艺条件使消化器稳定运行。只有稳定运行的消化器才会有好的运行效果。不稳定情况的出现，常常是由于操作人员在控制上的疏忽，如进料量过多或过少，温度骤然升高或下降等引起，或和控制条件以外的原因，如停电、停水、进水浓度大幅度波动，进水中混入强酸、强碱、农药、抗菌素等有毒物质有关。因此，除日常运行坚持正常控制各种运行条件外，还要随时关注消化器内酸化与甲烷化的平衡，及早发现出现的问题并尽快予以解决。

（2）酸化与甲烷化的平衡　酸化与甲烷化的失调，主要因为酸化细菌的繁殖速度远远高于甲烷化细菌的繁殖速度。失调的具体表现是：

a. 发酵液挥发酸浓度升高，pH 下降。

b. 沼气产量明显减少，沼气中 CO_2 含量升高，CH_4 含量下降。

c. 出水 COD 浓度升高，悬浮固体沉降性能下降。

上述三个方面如能经常进行检查，均可较早发现不平衡现象。经验表明，测定有机酸的组成，可以预报可能发生的事故。在一般情况下，有机酸是由95%的乙酸和5%的丙酸组成的，而丁酸和戊酸含量很少。如果丁酸、戊酸含量上升，就预示着设备超负荷。用检查丁酸含量的办法可以在 24 h 之内预告可能发生的事故，这就给操作人员以足够的时间防止事故发生。

根据观察测定，一经发现不平衡现象，就应按以下步骤采取措施：

① 控制有机负荷，保持或调节发酵液的 pH 在 6.8 以上 首先要减少进料量以至暂停进料来控制有机负荷，这样有机酸会逐渐被分解，使 pH 回升。如果 pH 降到 6.5 以下，则沼气产量严重下降，停止进料后 pH 仍不能恢复，可加中和剂调整 pH 至 6.8 以上。这样可以避免不平衡状态的进一步发展，而且还可以使消化作用在短期内恢复平衡。

② 确定引起不平衡的原因，以便采取相应措施 如果控制有机负荷后，短期内消化作用恢复正常，说明不平衡主要由超负荷所引起。如果控制负荷并调节 pH 后，消化作用仍不正常，则应检查进料中是否含有有毒性物质。

③ 排除进料或消化液中的有毒物质 可用稀释进料的方法降低有毒物质浓度，或添加某种物质中和有毒物质或沉淀。

④ 重新启动消化器 如果 pH 下降或中毒情况严重，短期内又难以排除，则应考虑重新启动。

（3）污泥持留量的调节 厌氧消化器保持足够的污泥量，是保证消化器运行效率的基础。但经较长时间运行后，污泥持留量过度时，不仅无助于提高厌氧消化效率，相反会因污泥沉积使其有效容积缩小而降低效率，或者因易于堵塞而影响正常运行，或者因短路使污泥与污泥混合情况变差，使出水中带有大量污泥。因此，当消化器运行至该时间阶段后就应适时、适量地排泥，使污泥沉降的上平面保持在溢流出水口下 0.5～1.0 m 的位置，这样既可以保证物料流动的畅通，又可使悬浮污泥有沉降的时间。

排泥的方法多从底部排泥管排出，一般每隔 3～5 d 排放一次。每次排放量应视污泥在消化器内积累高度而定。特别是在原料内含沙砾较多的时候，从启动开始就应经常排泥，洗刷排泥管，保证管道畅通，一旦沙砾沉积造成排泥管阻塞，再想排泥就十分困难。在启动阶段，沼气池内污泥量不足时，排出的污泥经沉沙后可回流入沼气池内循环使用。

（4）搅拌的控制 搅拌的目的主要是为了增加微生物与原料的接触面积和接触时间。在厌氧消化器内，由于进料的冲击及沼气的产生都具有一定的搅拌作用，因此，在厌氧消化过程中一般不需要连续搅拌，特别是在出料时应尽量使发酵原料保持自然沉降状态，这样可以延长固体滞留期（SRT）和微生物滞留期（MRT）而获得较高的消化率。例如，升流式厌氧污泥床（UASB）不需要搅拌，升流式厌氧固体反应器（USR）如无浮渣结壳现象也不需要搅拌，所以在厌氧消化器的搅拌一般应用在完全混合厌氧消化器中，其搅拌规律为每天定时开机搅拌 2～4 次，每次搅拌 5～20 min，也可结合消化器的料液浓度和发酵温度适当调整搅拌次数和搅拌时间。

（5）沼气管网的运行管理

① 运行管理的基本任务

a. 把沼气安全地、不间断地供给用气场所。

b. 经常对沼气管网及其附属构筑物进行检查、维修，保证沼气设施的完好。

c. 迅速地消除沼气管网中出现的漏气、损坏和故障。

d. 负责新的沼气用户的接线。

e. 负责对沼气管线的施工质量监督，并参加管线竣工验收工作。

f. 负责其他单位施工时与正在运行的沼气管线发生矛盾或需要配合的事宜处理。

g. 排除沼气管网中的冷凝水。

② 沼气管网的运行和安全

a. 带气作业。运行中的沼气管道的检修和抢修工作，常遇到带气作业，因此，要严禁明火，戴好防毒面具。当需要在沼气管道带气操作时，沼气压力应控制在 200～800 Pa 范围之内。带气操作时，必须两人以上，地面留一人观察。

b. 定期检查。对低压沼气管道每月至少检查两次，对阀门井、正负压保护器的定期预防检查应同时进行。主要检查阀门井的完好程度、沿线凝水器定期排水情况以及其他地下设施被沼气污染的程度。在打开阀门井时，严禁吸烟、点火、使用非防爆灯等。

c. 管道检漏。沼气管道日常维护管理的主要工作之一是管道的检漏。巡查检漏的周期、次数应根据管道的运行压力、管材、埋设年限、土质、地下水位、道路的交通量以及以往的漏气记录等全面考虑后决定。巡查检漏工作应有专人负责、常年坚持、形成制度。除平时的检漏外，每隔一定年限还应有重点地、彻底地检漏一次，检漏方法可结合管道的具体情况适当选定。

③ 管道阻塞及排除

a. 阻塞预防与诊断。沼气中往往含有水蒸气，温度降低或压力升高，都会使其中的水蒸气凝结成水而流入凝水器内或管道最低处，如果凝结水达到一定数量，而不及时排出，就会阻塞管道。为了防止积水堵管，每个凝水器应建立位置卡片和排水记录，将排水日期和排水量记录下来，作为确定排水周期的重要依据，同时还可尽早发现地下水渗入等异常情况。

b. 阻塞排除。对无内壁涂层或内涂层处理不好的钢管，其腐蚀情况比较严重，产生的铁锈屑也更多，不但使管道有效流通断面减少，而且还常在支管的地方造成堵塞。清除杂质的办法是对管进行分段机械清洗，一般按 50 m 左右作为一清洗管段，管道转弯部分、阀门和排水器如有阻塞，可将其拆下清洗。

(6) 发电机组的运行管理

① 开机前的准备工作

a. 气。依次打开两个分气缸沼气阀门，打开增压风机，使气压保持在 4～6 kPa 范围内。

b. 油。检查机油液面高度，正常情况下机器静止时液面在高低位之间。

c. 水（冷却液）。液位在水箱上面刻度处，水不要加得过满，防止高温溢出。

d. 电。检查电瓶电量及接线头是否松动。

e. 尾气。保证发电机尾气阀门畅通。

② 发电机的启动及运转。启动发电机应按以下程序操作：

a. 闭合脚踏开关，打开蓄电池电源。

b. 打开发电机沼气阀门。

c. 启动柜面上的启动开关。启动时间一般不超过 5 s，若一次打火不成功，为保证蓄电池启动电压，再次启动时须间隔 1～2 min。

d. 发电机启动时在低速状态运行，电压为 220 V，频率为 0 Hz，电流为 0 A。运行至水温升达到 40 ℃(10～15 min)。

e. 低速运行一段时间后，切换到高速状态。电压为 400 V，频率稳定在 50 Hz，电流为 0 A。

③ 发电机的加载。发电机的加载应按照以下程序进行：

a. 确保所有用电设备处于关闭状态，发电机输出电柜开关切换到“备合”状态。

b. 闭合发电机空开。

c. 逐步开启用电设备。为了使发电机连续稳定运转，一定要依次开启用电设备，且每个用电设备的开启要留有时间间隔。依次开启用电设备后，柜面电流示数依次增加，直至发电机稳定工作。

④ 停机。发电机停机应按照以下程序操作：

a. 依次关闭用电设备。

b. 断开发电机空开。

c. 将发电机由高速运行模式切换为低速运行模式。

d. 发电机在低速状态下将水温冷却至 60 ℃以下（低速运行 10～15 min）方可停机。

e. 机组停机先关闭气源，然后切断蓄电池电源。

⑤ 日常维护

a. 开机前每天检查气、油、水、电状况。

b. 及时检查皮带松紧度及皮带完好程度（是否有断裂），出现问题及时更换。

c. 发电机长期运行时有振动，检查机组各部件电线接头和螺栓是否松动，及时紧固。

d. 机组第一次运行 100 h 更换机油及机油滤清器，运行正常后每 500 h 更换一次。

e. 空气滤清器每间隔 200 h 清理一次。

f. 蓄电池运行时间过长时应加注电瓶补足液（液面高于锌板 10 mm）。

g. 蓄电池长时间不用时应切断电源连接。

三、大中型沼气工程的常见故障与排除方法

1. 停电故障　沼气站内突然停电，首先要关闭总电源开关及正在运行的搅拌器、进料泵、回流泵、沼气发电机组等设备。然后联系单位电控室值班人员或者供电部门调度人员，查找停电原因，检查线路，待确认解决问题后复电，按开车步骤进行开车。

2. 机械故障　场区内的泵、搅拌器、固液分离机及鼓风机等设备出现故障时应及时切断电源，判断故障位置，常见问题可自行或请维修工进行检修解决。如螺杆泵常遇问题主要有：

（1）泵体剧烈振动或产生噪声　产生原因：水泵安装不牢或水泵安装过高；电机滚珠轴承损坏；水泵传动轴弯曲或与电机主轴不同心、不平行等。

处理方法：装稳泵或降低泵的安装高度；更换电机滚珠轴承；矫正泵传动轴或调整好水泵与电机的相对位置。

（2）传动轴或电机轴承过热　产生原因：缺少润滑油或轴承破裂等。

处理方法：加注润滑油或更换轴承。

如遇到无法排除的复杂故障，建议与设备制造厂联系解决。

3. 漏气故障　沼气是由多种气体混合而成的混合气体。其中含有微量的

H_2S。H_2S是一种具有臭鸡蛋味的有毒气体。所以，在场区内一旦闻有臭鸡蛋味，应立即排查是否有漏气现象。可能发生漏气的地方主要有：沼气管线、储气设备、沼气净化间及发电机房。

（1）沼气净化间　沼气净化间发生泄漏后应采取以下措施：

① 立即疏散附近的人员，在采取防毒措施的情况下打开净化间的门窗，保持通风。

② 房间如果安装有防爆排风扇应立即打开风扇，吹散泄露的沼气。

③ 打开净化管道的放空阀，关闭进气阀。

④ 待沼气散尽后，请专业人员对设备进行检修，寻找漏气原因。

⑤ 查出原因后，有针对性地进行修理。

⑥ 一切恢复正常后，按步骤使沼气净化间重新投入使用。

（2）储气设备　储气设备发生泄漏后应采取以下措施：

① 紧急疏散附近的人员，并设立警示标志。

② 请专业维修工进行检查，查看漏气处。

③ 确系膜体损坏的，先打开放气阀，将储气设备内沼气排出，再进行维修。

④ 故障无法排除时迅速与设备厂商联系。

（3）发电机房　沼气发电机房发生泄漏后应采取以下措施：

① 关闭发电机前的进气阀及出气阀。

② 打开发电机房的门窗，开启房内排风扇，吹散房内的沼气。

③ 与专业维修工人取得联系，查看漏气处。

④ 故障无法排除时迅速与设备厂商联系。

（4）排水故障　沼气厌氧发酵消化器出水宜采用有压自流排水，水通过出水套管流到排水口，至排水管高度后流出。确定排水、排泥不通畅后，应请专业工人查找原因、疏通管道。如故障无法排除，立即与设备厂商联系。

四、大中型沼气工程安全生产与劳动保护

1. 安全生产

（1）厌氧消化器日常安全生产　厌氧消化器日常安全管理技术要点如下：

① 每天观察厌氧消化罐进出料液是否正常。

② 检查管线是否有跑气、跑料现象，如有跑气、跑料情况，应检查出水

管和沼气管是否阻塞。

③ 定期给正负压保护器补充因蒸发而损失的水分，并防止水封圈内水结冰。

④ 厌氧消化罐周围和顶部严禁吸烟和进行电、气割等操作。

⑤ 定期检查厌氧消化罐的罐体、栏杆等金属构件的腐蚀状况，及时进行防腐处理。

⑥ 定期检修厌氧消化罐，防止罐内设备腐蚀损坏。

⑦厌氧消化罐进行大检修时，在厌氧消化罐排空后，用鼓风机从人孔向罐内鼓风 2～3 d 后方能进入。为确保安全，鼓风机停机后操作人员不能立即进入，应先用活鸡、鸭做试验，检验罐内对人是否有危险。在罐内停留时间不得超过 30 min，如有不适应尽快撤离，防止窒息。

（2）沼气输配系统安全运行

① 压力控制。压力是沼气系统正常稳定运行的重要参数，必须随时观察沼气压力的情况，如有异常应立即检查。如管道压力升高，必须检查是否有管道堵塞、凝水器积水及积水结冰、脱硫塔中脱硫剂结块等情况，如发现应立即排除。如管道压力降低，则必须检查是否有管道及沼气设备（缓冲罐、脱硫塔及气水分离器等）是否有破裂、泄露等情况。

② 沼气管道的阻火。如果沼气系统存在负压，将在沼气管道内产生回火。回火会使温度升高，产生气体膨胀，从而破坏管道和设备，严重时会导致沼气泄露并发生爆炸。因此，沼气管道上的阻火器应加强日常管理。湿式阻火器应经常检查水封罐内的水位，随时补充蒸发掉或沼气带走的水分。水封高度一般控制在 50～100 mm 范围内。干式阻火器应定期取出金属丝网用洗涤剂清洗，目的是防止其阻力增大，更重要的是金属丝网上结垢过多时，其吸热速度及效率降低，影响其阻火功能。

（3）沼气发电系统安全运行

① 安全防火。沼气发电机房周围禁止堆积易燃物，严禁明火。发电机房的照明或电炉取暖需采用防爆装置，车间内须配备可靠的灭火工具，并定期对灭火工具进行检查。发电机车间应设置专门的电工和安全责任人，进行专人管理，且定期进行防火和灭火知识培训。

② 安全操作。操作前，操作人员须穿戴好必须的工作安全防护用品，发电机启动前应清除机组上放置的杂物，以免启动时杂物飞出伤人。操作中沼气一旦泄露容易着火甚至爆炸，操作过程中一定要注意防火、防爆和防毒，如果发生沼气泄露，应及时采取相应措施。

2. 劳动保护　沼气中的甲烷（CH_4）是一种易燃易爆气体。所以在沼气系统的运行管理中，必须注意安全问题。主要应注意以下方面：

（1）沼气站内管理人员必须严格按照沼气系统安全运行规程进行安全生产，谨慎管理。

（2）沼气站内管理人员必须严格按照沼气设备产品说明书的规定进行管理及维护，保证沼气设备的正常运行。

（3）沼气站内禁止明火，严禁吸烟。沼气系统区域内严禁铁器工具撞击或电焊、气割操作。

（4）沼气站要建立出入检查制度，严禁小孩及闲杂人员进入，严禁带入打火机等危险物品。

（5）严禁沼气站内管理人员进入运行中的加盖集水池、加盖酸化调池、厌氧池（罐）、储气罐等含有沼气的构筑物进行操作。这些构筑物需维修时，应严格按照安全维修操作规程进行。

（6）定期检查沼气管路系统及设备的严密性，如发现泄露，应迅速停气修复。检修完毕的管路系统或储存设备再次重新使用时必须进行气密性试验，合格后方可使用。沼气主管路上部不得设建筑物或堆放障碍物，不能通过重型卡车。

（7）沼气储存压力过大需放空时，应间断释放，严禁将储存的沼气一次性排入大气。放空时应认真选择天气，在可能产生雷雨的天气严禁放空。另外，放空时应注意下风向有无明火或热源（如烟囱）。

（8）由于 H_2S 和 CO_2 比空气重，易在低凹处积聚（如检查井），必须防止人随意进入窒息。

（9）沼气站内必须配备消火栓、灭火器及消防警示牌，并定期检查消防设施和器材的完好状况，保证其正常使用。

第三节　沼气生产工的培训与管理

一、培训内容

沼气从业人员的培训是指对其组织实施有计划的、连续的、系统的学习，其目的是通过培训使沼气生产工掌握相关的理论知识、操作技能，达到国家职业标准的要求。

2002 年 2 月 11 日劳动和社会保障部颁发了《沼气生产工国家职业标

准》，标准将沼气生产工共分为五个等级：初级（国家职业资格五级）、中级（国家职业资格四级）、高级（国家职业资格三级）、技师（国家职业资格二级）、高级技师（国家职业资格一级）。同时在该标准中详细界定了沼气生产工在每个等级中应掌握的技能要求和相关知识范围。要求培训内容紧扣标准，既不能轻视理论知识，又要保证实践操作环节，真正实现等级培训的目标。

二、培训要求

《沼气生产工国家职业标准》规定，沼气生产工的晋级培训期限为：初级不少于80标准学时；中级不少于120标准学时，课堂教学和现场实习学时数比例为1∶1；高级不少于180标准学时，课堂教学和现场实习学时数比例为1∶1；技师及高级技师培训时间不少于200学时，课堂教学和现场实习学时数比例为2∶1。培训现场要有满足教学需要的标准教室，具有户用沼气池、生活污水净化沼气池或大中型沼气池工程的施工现场，以及沼气工程现场配备的必要的化验及试验条件。完成培训后，要组织安排统一考试，并严格按照《沼气生产工国家职业标准》中的“评分比重表”评分，只有达到合格分数后方可领取相应的等级证书。

三、培训原则

1. 理论与实践相结合 不搞形式主义，要突出培训的实效性，只有理论培训与现场培训相结合，理论内容与动手操作相结合，才能真正实现沼气生产工的培训目的。

2. 面上培训与点上指导相结合 点上指导与面上培训相结合是沼气生产工培训的重要原则。在保证专家培训质量的同时，要加强点上指导，技师要及时深入施工现场，亲临指导。

3. 项目实施与培训相结合 国家每年都要在沼气事业上投入大量的财政资金，以支持农村发展和改善环境，相关项目较多，开展沼气生产工培训既能推动项目的完成，又能实现沼气生产工的培训目的。

4. 专家面授与多媒体相结合 沼气生产工培训中涉及一些较为专业的知识，对于文化层次相对较低的学员来讲，深入理解相对较难。如果配置一些多媒体课件，如光盘、录像带等直观的声像教学工具及实物，培训效果会好得多。

5. 典型示范与现场参观相结合　现场参观具有形象、生动、清楚等特点，特别对一些听不明白的较难问题，通过参观可以立刻有所成效，在条件允许的情况下要多利用这种培训方式。

总之，沼气生产工是农村新兴发展的行业，发展历史较短，师资队伍短缺，培训体系不完善，有待研究的问题较多。从受训人员看，主体是农村泥瓦工，文化素质较低，甚至还有半文盲人员，因此培训很难实现同步走，而只能采取因材施教的教学方法，从培训对象的年龄、知识结构、接受能力等实际出发，才能取得良好的培训效果。

四、培训步骤

1. 讲解工作内容及程序　先系统了解培训教材内容，在初步掌握的基础上了解工作程序。要求讲解内容详细系统，目的是熟悉过程。

2. 示范　由授课老师讲解后，再向受训人员逐项现场演示。演示要求规范、清楚，一般以慢为宜，要保证学员都能观察到，对于复杂的工序要逐步演示。

3. 提问　培训教材讲解和现场演示完成后，要鼓励受训人员提问，耐心解答，或者根据问题重新演示。

4. 动手操作　动手操作可以反映学员对内容与程序的了解程度，及时发现问题和不足，以便改正和提高。

5. 复习与巩固　只有多次练习，才能清楚自己掌握的层次与水平，以便改进，直至能够独立完成各应知应会操作环节。技师应深入受训人员练习现场，及时发现问题，及时纠正，以利学员更好地巩固与掌握所学知识与技能。

6. 考核　考核分为理论知识考试和技能操作考核。理论知识考试采用闭卷笔试方式，技能操作考核采用现场实际操作方式。理论知识考试和技能操作考核均实行百分制，成绩皆达 60 分及以上者为合格。理论知识考试合格者方可参加技能操作考核。技师和高级技师还需进行综合评审。

7. 颁发资格证书　考核完成后，对于考核合格的沼气生产工培训学员颁发相应的等级资格证书。只有取得劳动和社会保障部颁发的沼气生产工资格等级证书才能上岗从业。

五、注意事项

1. 认真准备，制订完备的培训计划。

2. 加强管理，精心安排现场培训及现场考核，避免受训人员发生意外事故。

3. 严格考核程序，保证培训质量。

4. 严格审查晋级条件，不得越级申请。

第七章

沼气及沼渣、沼液的综合利用

第一节 沼气的净化

从发酵装置里出来的沼气中含有硫化氢、二氧化碳、水蒸气及固体杂质颗粒。

硫化氢是剧毒的有害物质，尽管含量因为发酵原料的不同有所变化，但是必须予以去除。空气中含 0.1%的硫化氢数秒内可使人致命，硫化氢对输气管、仪器仪表、燃烧设备有很强的腐蚀作用，其燃烧产物二氧化硫也是一种腐蚀性很强的气体，进入大气能产生“酸雨”。

厌氧消化装置中气相的沼气经常处于水饱和状态，沼气会携带大量水分，使之具有较高的湿度。沼气中的水分有下列不良影响：

① 水分与沼气中的硫化氢产生硫酸，腐蚀管道和设备。

② 水分凝聚在检查阀、安全阀、流量计等设备的膜片上，影响其准确性。

③ 水分能增大管路的气流阻力。

④ 水分会降低沼气燃烧的热值。因此，沼气的输配系统中应采取脱水措施。

去除沼气中的 CO_2，可以提高单位体积沼气的能量值，提高沼气品质，提高沼气燃烧质量。如果所用的沼气需要达到天然气标准或者被用作汽车燃料，那么就必须对其中的 CO_2 进行去除，但如果没有特殊要求，就没有必要脱除 CO_2。

一、沼气脱硫

沼气脱硫方法一般可分为直接脱硫和间接脱硫两大类。直接脱硫就是将沼气中硫化氢气体直接分离；沼气间接脱硫是近年发展起来的一种脱硫新方法，是通过物料的调节、过程控制等方式减少或抑制硫化氢的产生，从而达到源头脱硫的目的。沼气脱硫常用的方法是直接脱硫。直接脱硫方法按原理可分为湿法脱硫、干法脱硫和生物脱硫三类。

湿法脱硫的处理量大、脱硫效率高、可连续操作，适用于每天脱硫量小于10 t的沼气，但投资运行费用较高，一般用户难以承受。湿法脱硫有直接氧化法、化学吸收法、化学氧化法、物理吸收法。目前国内常用的主要是直接氧化法脱硫，即将硫化氢在液相中直接氧化成单质硫。这种方法比较简单，主要用于处理量大、硫化氢浓度较低而二氧化碳浓度较高的沼气。化学氧化法是通过氧化剂将硫化物转化为单质硫。如果所用氧化剂的氧化还原电位过高，产物中单质硫会进一步被转化为硫酸盐，使得脱硫不彻底，从而影响脱硫的效率。

干法脱硫常用于低含硫沼气的处理，常用方法有氧化铁法、活性炭法、膜分离法、变压吸附（PSA）法和不可再生的固定床吸附法等。沼气脱硫常用不可再生的固定床吸附法，从物系上大致可分为铁系、锌系、活性炭等，常用于低含硫沼气体的精脱过程。对于硫化氢含量较少的沼气可以采用干式法中的常温氧化铁法直接脱除硫化氢，该法同样适用于农村户用沼气的脱硫。农村沼气池产生的沼气一般含有1～3 g/m^3 的硫化氢，可以在户用沼气输送管路中串接一脱硫器，内装的氧化铁脱硫剂把沼气中的硫化氢吸收掉，从而达到净化沼气的目的。但当硫化氢含量高时，如超过10 g/m^3 时，一般应先采用湿式法对硫化氢进行粗脱，再用氧化铁干法进行精脱。

1. 湿法脱硫

（1）碳酸钠吸收法　该法采用碳酸钠溶液吸收酸性气体，由于弱酸性的缓冲作用，pH不会很快发生变化，可保证系统的稳定性。碳酸钠溶液吸收 H_2S 比吸收 CO_2 快，在沼气中这两种酸性气体同时存在，可以部分地选择吸收 H_2S。可使净化气中 H_2S 的浓度下降到20 mg/m^3。

该方法的主要优点是设备简单、经济。主要缺点是一部分碳酸钠变成了重碳酸钠而使吸收效率降低，一部分变成硫酸盐而被消耗，因而需要及时补充碳酸钠，从而增加成本。实际运行中碳酸钠溶液的吸收效率受到流速、流量、温度等因素的影响，H_2S 很难被100％吸收；此外，脱硫时易形成NaHS而非 Na_2S，NaHS会与 O_2 反应生成硫酸盐和硫代硫酸盐，使有害物质在吸收液中富集，并使溶液的吸收能力降低，因而需不定期地排除脱硫循环液，消耗了大量的原辅材料，也可能带来二次环境污染。

（2）氨水吸收法　采用碱性的氨水吸收沼气中的硫化氢，第一阶段是物理溶解过程，沼气中硫化氢溶解于氨水；第二阶段是化学吸收过程，溶解的硫化氢和氢氧化铵起中和反应。再生方法是往含硫氢化铵的溶液中吹入空气，以发生吸收反应的逆过程，使硫化氢气体解析出来。解析后的氢氧化铵溶液经补充新鲜氨水后，继续用于吸收；再生时产生的硫化氢必须进行二次处理，避免造成环境污染。如采用氨水液相催化脱硫，借助溶液对苯二酚的氧化作用，使硫化氢中的硫被氧化成单质硫而被分离，同时溶液获得再生。

该方法的缺点是由于生成的硫颗粒比较细，不易过滤回收，对填料和器壁附着力强，塔内易形成硫堵而影响生产；此外氨水吸收法采用氨水作吸收剂，对设备腐蚀较大，且污染环境。

2. 干法脱硫　干法脱硫消除沼气中硫化氢（H_2S）的基本原理是用 O_2 将 H_2S 氧化成硫或硫氧化物，也可称为干式氧化法。干法脱硫是在一个容器内放入填料，填料层有活性炭、氧化铁等，沼气以低流速从一端经过容器内填料层，硫化氢（H_2S）被氧化成硫或硫氧化物后，余留在填料层中，净化后的沼气从容器另一端排出。

（1）氧化铁吸收法　氧化铁吸收法是将 Fe_2O_3 屑（或粉）和木屑混合制成脱硫剂，以湿态（含水 40%左右）填充于脱硫装置内。Fe_2O_3 脱硫剂为条状多孔结构固体，对 H_2S 能进行快速地不可逆化学吸附，数秒内可将 H_2S 脱除到 1 mg/L 以下。

氧化铁脱硫的原理如下：

脱硫：$Fe_2O_3 \cdot H_2O + 3H_2S = Fe_2S_3 \cdot H_2O + 3H_2O$

由上面的反应方程式可以看出，Fe_2O_3 吸收 H_2S 变成 Fe_2S_3，随着沼气的不断产生，氧化铁不断吸收 H_2S，当吸收 H_2S 达到一定的量，H_2S 的去除率将大大降低，直至失效。Fe_2S_3 可以还原再生，与 O_2 和 H_2O 发生化学反应还原为 Fe_2O_3，原理如下：

再生：$2Fe_2S_3 \cdot H_2O + 3O_2 = 2Fe_2O_3 \cdot H_2O + 6S$

由以上化学反应方程式可以看出，Fe_2O_3 吸收 H_2S 变成 Fe_2S_3，Fe_2S_3 要还原成 Fe_2O_3，需要 O_2 和 H_2O，因此沼气在干法脱硫之前不需进行脱水处理，只需通过空压机在脱硫塔之前向沼气中投加空气即可满足脱硫剂还原对 O_2 的要求。

沼气直接进入脱硫塔通过脱硫剂，同时投加空气，脱硫剂吸收 H_2S 失效，空气中的 O_2 和沼气中的饱和水将失效的脱硫剂还原再生成 Fe_2O_3，此工艺即为沼气干法脱硫的连续再生工艺。

氧化铁法的优点是 Fe^{3+} 具有相当高的氧化还原电位，能够将 S^{2-} 转化为单质硫，又不能将单质硫进一步氧化为硫酸盐；在硫化氢的吸收过程中所生成的单质硫颗粒对整个吸收过程具有催化作用；此外氧化铁资源丰富，价廉易得，因而氧化铁吸收法是目前使用最多的沼气脱硫方法。其缺点是脱硫剂的吸收与再生需交替进行，从而增加了劳动强度，影响了设备运行的连续性。

（2）活性炭法 活性炭与其他吸附剂（如分子筛）相比所具有的优点是微孔结构比表面大、热稳定性好、能选择性地脱除液相或气相中某些化学物质、在湿气中的吸附容量高以及价格低廉等。它在常温下具有加速 H_2S 氧化为硫的催化作用并使之被吸附。吸附在活性炭上的游离硫，可用含量为 12%～14%的硫化铵溶液萃取而得到回收。

活性炭法适用于 H_2S 含量小于 0.3%的沼气的脱硫，故可以考虑使用活性炭法来净化大中型沼气工程的沼气。据有关在天然气中的脱硫化氢试验研究表明，其脱硫率可达 99%以上，净化后气体的 H_2S 含量小于 1×10^{-7} g/m^3。其优点在于简单的操作便可以得到纯净度高的硫，如果选择合适的活性炭，还可以除去有机硫化物。H_2S 与活性炭的反应快（活性炭吸附 H_2S 的速度比氢氧化铁快）、接触时间短、处理气量大。

如采用双床活性炭系统，还具有以下优点：当两个吸附床串联工作，在第一个吸附床吸附 H_2S 时另一个吸附床并不起作用。当第一个吸附床吸附饱和时，H_2S 会穿过进入第二个吸附床被吸附。当第一个吸附床流出的 H_2S 的含量等于进气中的 H_2S 含量时，更换第一个吸附床的活性炭。更换后，新的吸附床作为第二个活性炭床继续工作。这种工作方式能够最大限度地利用活性炭进行吸附。

3. 生物脱硫 生物脱硫技术包括生物过滤法、生物吸附法和生物滴滤法。三种系统均属开放系统，其微生物种群随环境改变而变化。在生物脱硫过程中，氧化态的含硫污染物必须先经生物还原作用生成硫化物或 H_2S，然后再经生物氧化过程生成单质硫，才能去除。在大多数生物反应器中，微生物种类以细菌为主，真菌为次，极少有酵母菌。常用的细菌是硫杆菌属的氧化亚铁硫杆菌、脱氮硫杆菌及排硫硫杆菌。最成功的代表是氧化亚铁硫杆菌，其生长的最佳 pH 为 2.0～2.2。

目前国内生物脱硫技术还未形成一定规模的工业应用。预计优化脱硫工艺，更有效地控制溶解氧，提高单质硫的产率，并与目前已得到广泛应用的湿法脱硫技术相结合，是今后生物脱硫技术发展的方向。

4. 干法脱硫、湿法脱硫、生物脱硫的比较

（1）干法脱硫的特点

① 结构简单，使用方便。

② 工作过程中无需人员值守，定期换料，一用一备，交替运行。

③ 脱硫率在新原料时较高，后期有所降低。

④ 与湿式相比，需要定期换料。

⑤ 运行费用偏高。

（2）湿法脱硫的特点

① 设备可长期不停地运行，连续进行脱硫。

② 用控制 pH 来保持脱硫效率，运行费用低。

③ 工艺复杂，需要专人值守。

④设备需保养。

（3）生物脱硫的特点

① 不需催化剂和氧化剂（空气除外）。

② 不需处理化学污泥。

③ 产生很少生物污染，低能耗，回收硫的效率高，无臭味。

④ 缺点是过程不易控制，条件要求苛刻等。

二、沼气脱水

根据沼气用途不同，可用冷分离法、液体溶剂吸收法和固体物理吸收法等三种方法将沼气中的水分去除。

1. 冷分离法　冷分离法是利用压力能变化引起温度变化，使蒸汽从气相中冷凝的方法。常用的方法有节流膨胀冷却脱水法和加压后冷却法两种。

（1）节流膨胀冷却脱水法　该法一般用于高压燃气。含水燃气经过节流膨胀或低温冷凝分离，使部分水冷凝下来，达到去除水分的目的。这种方法简单、经济，但除水效果欠佳。

（2）加压后冷却法　例如净化气在 0.8 MPa 压力下，冷却脱水温度与常压供气露点的关系见表 7-1。

表 7-1　净化气在 0.8 MPa 压力下的冷却脱水温度与常压供气露点关系

0.8 MPa 时脱水温度（℃）	8	6	4	2	0	−2	−4
常压供气露点（℃）	−18.5	−1.9	−21.3	−22.8	−24.3	−25.8	−27.2

从表 7-1 可见，净化气在 0.8 MPa 压力下冷却，脱水温度在−4 ℃以上，而常压供气露点却一般要低于−18.5 ℃，管道中的净化气温度基本上不会低于该露点的温度，因而就不会出现冷凝水。

对于高、中温沼气，为脱除部分蒸汽可进行初步冷却。冷却方式有管式间接冷却、填料塔式直接冷却和间-直接混合冷却三种。对于上述装置需要冷却源和热交换器。为了避免沼气在管道输送过程中所析出的凝结水对金属管路的腐蚀或堵塞阀门，常采用在管路的最低处安装凝水器的方法，并将沼气中冷凝下来的蒸汽聚积起来定期排除，使其后的沼气内所含水分减少。

2. 液体溶剂吸收法　液体溶剂吸收法是沼气经过吸水性极强的溶液，使水分得以分离。属于这类方法的脱水剂有氯化钙、氯化锂及甘醇类。氯化钙价格低廉，损失少，但与油类相遇时会乳化，溶液能产生电解腐蚀；与 H_2S 接触又会发生沉淀，为此目前该法已逐渐淘汰。氯化锂溶液吸水能力强，腐蚀性较小，不易加水分解，明显优于氯化钙，但价格昂贵。甘醇类脱水剂比其他类型脱水剂性能要优越得多，二甘醇和三甘醇吸水性能都较强，因此，三甘醇使用最多，但该方法的主要缺点是初期投资较高。

3. 固体物理吸收法　固体物理吸收法根据表面力的性质分为化学吸附法（脱水后不能再生）和物理吸附法（脱水后可再生）。能用于沼气脱水的固体材料有硅胶、氧化镁、活性氧化铝、分子筛以及复式固定干燥剂，后者综合了多种干燥剂的优点。与液体溶剂脱水比较，固体吸附脱水性能远远超过前者，能获得露点极低的燃气；对燃气温度、压力、流量变化不敏感；设备简单，便于操作；较少出现腐蚀及起泡等现象。通常使用两套装置，当一个工作的时候，另外一个可以再生。干燥剂的再生可以通过两种途径：一种是可以用一部分（3%～8%）的高压干燥气体再生干燥剂，这部分气体可以重新回流至压缩机入口。另外一种是在常压下，用空气和真空泵来再生干燥剂，此法会把空气混入沼气中，一般不会用。物理吸附法中的干燥剂的吸附和再生需要交替进行，会影响操作的连续性。

三、沼气中 CO_2 的去除

沼气中的脱碳方法主要有液体吸收法、变压吸附法（用活性炭或分子筛）、深冷（低温）分离法和膜分离法等。

1. 液体吸收法　液体吸收法分为两大类：一类是物理吸收法，不同的溶剂吸收 CO_2 的能力不同，最终达到的纯化度也不一样，但一般都比化学吸收的纯化度低。物理吸收法的优点是理论上吸收能力是无限的。另一类是化学吸收法，化学吸收法在不太高的压力下就可将气体中的 CO_2 精制到很高的程度。但用化学吸收法时，当化学吸收剂完全反应完后就不再具有吸收 CO_2 的特性，所以化学吸收剂的吸收能力是有限的。

（1）物理吸收法　利用 CO_2 能溶于某些液体的这一特性将其从混合物中

分离出来就叫物理吸收法。一般都比化学吸收的纯度低。例如，以下几种工艺都属于物理吸收。

① 水洗工艺。因为 CO_2 和 H_2S 在水中的溶解度比甲烷大，所以水洗不但可以去除 CO_2 还可以去除 H_2S，此吸收过程是纯粹的物理反应。水洗法在瑞典、法国和美国常用于处理污水污泥沼气站的沼气脱碳。研究表明采用水洗法后，沼气中的二氧化碳的体积分数仅为5%～10%。

② 聚乙二醇洗涤工艺。聚乙二醇洗涤和水洗一样也是一个物理吸收过程。Selexol是一种溶剂的商品名，主要成分为二甲基聚乙烯乙二醇（DMPEG）。和在水中一样，CO_2 和 H_2S 在Selexol中的溶解度比甲烷大，不同之处是 CO_2 和 H_2S 在Selexol中溶解度比在水中大，这样Selexol的用量也会减少，更加经济和节能。

（2）化学吸收法 根据 CO_2 是酸性气体的特性，利用碱性吸收剂与 CO_2 进行化学反应来去除。化学吸收法在不太高的压力下就可将气体中的 CO_2 精制到很高的程度。但化学吸收剂的吸收能力有限。

① 热钾碱法。该法包括一个在加压下的吸收阶段和一个常压下的再生阶段，吸收温度等于或接近再生温度。采用冷的支路，特别具有支路的两段再生流程可以得到高的再生效率，从而使净化尾气中的 CO_2 分压很低。但在采用热钾碱法时要加一过滤程序将其产生的有害物质除去。

② 氨水法。该方法既可以除掉 CO_2，又可以除掉 H_2S。利用氨水法除 CO_2 时，需首先对沼气进行加压。其缺点是脱硫过程也要在加压条件下完成。

2. 变压吸附法（PSA） 变压吸附法是近年来兴起的基于吸附单元操作发展起来的气体分离新工艺，用于混合气中某种气体的分离与精制。变压吸附是指在一定的压力下，将一定组分的气体混合物和多微孔-中孔的固体吸附剂接触，吸附能力强的组分被选择性吸附在吸附剂上，吸附能力弱的组分富集在吸附气中排出。常用的吸附剂有天然沸石、分子筛、活性氧化铝、硅胶和活性炭等。整个过程由吸附、漂洗、降压、抽真空和加压5步组成。

变压吸附法具有产品纯度高、环境效益好、工艺流程简单、自动化程度高等许多优点，但是变压吸附法能耗高，成本价格偏高，一般要求选择合适的吸附剂，而且需要多台吸附器并联使用，以保证整个过程的连续性，并多在高压或低压下操作，对设备要求高。所以变压吸附技术的应用有待于进一步提高。

3. 深冷（低温）分离法 低温纯化法指的是将气体混合物在低温条件下通过分凝和蒸馏进行分离。该处理方法的好处是允许纯组分以液体的形式回收，运输较为方便。有关天然气 CH_4 和 CO_2 液化的工艺已经非常成熟，广泛应用于工业液体CO_2和民用石油液化气中。近年来深冷分离工艺也有新的进展，例如深冷分离工艺用于回收炼厂干气中的烯烃。采用这种将热传导与蒸馏结合起来的高效分离技术，提高了深冷分离的效果，可使催化裂化干气中的烃类回收率达到96%～98%（体积分数），比常规的深冷分离技术节能15%～25%，经济效益显著。该工艺是典型的常规CO_2和CH_4分离工艺。

4. 膜分离法　膜分离法是利用一种高分子聚合物薄膜材料，依靠气体在膜中的溶解度不同和扩散速率差异，来选择“过滤”进料气组分达到分离的目的。膜分离法主要有两种：一种是膜的两边都是气相的高压气体分离。另一种是通过液体吸收扩散穿过膜的分子的低压气相-液相吸收分离。由于气体分离效率受膜材料、气体组成、压差、分离系数以及温度等多种因素的影响，且对原料气的清洁度有一定要求，且膜组件价格昂贵，因此气体膜分离法一般不单独使用，常和溶剂吸收、变压吸附、深冷分离等工艺联合使用。

第二节　沼气的利用

一、沼气的基本性质和特性

1. 沼气的基本性质

（1）沼气的成分　沼气是一种混合可燃气体，其成分不仅取决于发酵原料的种类及其相对含量，而且会因发酵条件及发酵阶段的不同而变化。一般沼气的主要成分是甲烷（CH_4）和二氧化碳（CO_2）。甲烷占50%～70%，二氧化碳占30%～40%。此外还有少量的氢、一氧化碳、氮、硫化氢等气体。沼气是无色气体，略有气味是含少量硫化氢的缘故。

（2）沼气的物理性质　沼气各物理参数见表7-2。

表7-2　沼气的物理参数

项目	符号	单位	数值
密度	ρ	kg/m³	1.095 3～1.347 3
运动黏度	υ	m²/s	9.36×10^{-6}～10.86×10^{-6}
定压比热	c_p	kJ/(kg·K)	1.497～1.764
临界温度	t_{kp}	℃	−48.42～−25.70
临界压力	p_{kp}	N/m²	0.052 89～0.058 20

2. 沼气的燃料特性　不同组分沼气的燃料特性参数见表7-3。

表 7-3 不同组分沼气的特性参数

特性参数		CH_4 50% CO_2 50%	CH_4 60% CO_2 40%	CH_4 70% CO_2 30%
密度（kg/m³）		1.347	1.221	1.095
热值（kJ/m³）		17 937	21 524	25 111
理论空气量（m³/m³）		4.76	5.71	6.67
爆炸极限（%）	上限	26.1	24.44	20.13
	下限	9.52	2.8	7.0
理论烟气量（m³/m³）		6.763	7.914	9.067
火焰传播速度（m/s）		0.152	0.198	0.243

二、沼气用于炊事、燃料

沼气是一种优质能源，沼气中含有60%左右的甲烷，其热值为23 000 kJ/m³，仅次于天然气。沼气燃烧后主要生成二氧化碳和水蒸气。对于大中型沼气工程所产生的沼气，其炊事利用主要为两个方面：一是进行沼气集中供气，根据日产气量的大小，可以外供附近的居民生活小区或职工宿舍区作为生活用能。二是作为沼气站内的自用，又分为三种用途：本场职工食堂的生活用能；可作为锅炉燃料，为沼气厌氧装置提供热能，对料液进行加温；或在冬季对厂房进行采暖。

1. 沼气炊事设备 在家庭中使用沼气制备食品、热水等，需要相应的沼气灶具。沼气炊事设备是沼气灶。沼气是一种与天然气较接近的可燃混合气体，但它不是天然气，不能用天然气灶来代替沼气灶，更不能把煤气灶和液化气灶改装成沼气灶使用，因为各种燃气都有自己的特性，它们可燃烧的成分、含量、压力、爆炸极限等都不同，而灶具是根据燃气的特性来设计的，所以不能混用。沼气炊事要用沼气灶，才能达到最佳效果，保证使用安全。

2. 沼气灶的使用方法

（1）先开气后点火，调节灶具风门，以火苗蓝里带白，急促有力为佳。

（2）在使用灶具时，应注意控制灶前压力，当灶前压力与灶具设计压力相近时，燃烧效果最好。当灶前压力大于灶具的设计压力时，虽然沼气灶具的火力大了，但沼气却浪费了，这对农户来说是不划算的。所以，当沼气压力较高时，要调节灶前开关的开启度，将开关开小点控制灶前压力，从而保证灶具较高的热效率，以达到节约沼气的目的。

(3) 对于农村户用沼气池，由于每个沼气池的投料数量、原料种类及池温、设计压力不同，所产沼气的甲烷含量和沼气压力也不同，因此，沼气的热值和压力也在变化，所以调风板的开启度应随沼气中甲烷含量的多少进行调节。当火苗发黄时，表明沼气中所含的甲烷较多，可将调风板开大一些，使沼气得到完全燃烧，以获得较高的热效率。当甲烷含量少时，火焰颜色呈橘红色，将调风板关小一些，但千万不能把调风板关死，这样火焰虽然较长却无力，形成扩散式燃烧，这种火焰温度很低，燃烧极不完全，并容易产生过量的一氧化碳，一般情况下调风板开启度以打开 3/4，使火焰呈蓝色为宜。

(4) 灶具与锅底的距离，应根据灶具的种类和沼气压力的大小而定，过高过低都不好，合适的距离应是灶火燃烧时“伸得起腰”，有力，火焰紧贴锅底，火力旺，带有响声。在使用时可根据上述要求调节适宜的距离，一般来说，灶具灶面距离锅底以 2～4 cm 为宜。

三、沼气用于发电

沼气燃烧发电是随着大型沼气池建设和沼气综合利用的不断发展而出现的一项沼气利用技术。沼气发电是利用工业、农业或城市生活的有机废弃物，经厌氧发酵处理产生沼气，驱动沼气发电机组发电，并将发电机组的余热用于沼气生产。沼气发电具有创效、节能、安全和环保等特点，是一种分布广泛且价廉的分布式能源。沼气发电是一个系统工程，它包括沼气生产、沼气净化与储存、沼气发电及上网等多项单元技术的优化组合，也涉及国家对沼气发电的扶持政策和技术法规等。

从沼气工程的产气量来看，一般适宜沼气发电上网的多采用 500 kW 以上的沼气发电机组。从沼气发电机组的性价来看，在有可以利用的动力原机的情况下，单机功率越大，越利于提高燃料发电效率，越利于降低发电机组单位功率成本，从而获得较理想的性价比。

同样，从沼气工程的产气量以及从用电负荷性质来看，100 kW 以下的发电机组也大有市场。例如，一个万头猪场沼气工程，日产气量为 500 m^3，不适合上网发电，只适宜内部用电。其沼电用途一般为驱动沼气工程污水泵和猪场通风机、照明等，因此宜配备 45 kW 左右的发电机组。

构成沼气发电系统的主要设备有燃气发动机、发电机和热回收装置。由厌氧发酵装置产出的沼气，经过水封、脱硫后至储气柜。然后沼气再从储气柜出来，经脱水、稳压供给燃气发动机，驱动与燃气内燃机相连接的发电机而产生电力。燃气发动机排出的冷却水和废气中的热量，通过废热回收装置回收余热，作为厌氧发酵装置的热源。

沼气发电要求沼气中杂质含量如 H_2S 等应控制在一定的范围内，沼气的温度为10～60 ℃，压力为0～5 kPa，具体视沼气的气质要求，一般畜禽粪厌氧处理的沼气都能满足发电的气质要求。处理污水的沼气需要脱硫等处理，处理填埋垃圾的沼气需要脱水等处理。

四、沼气在蔬菜温室大棚生产中的应用

沼气在蔬菜温室大棚生产中的应用主要有两种途径：一是燃烧沼气为大棚加温；二是应用沼气进行 CO_2 施肥促进蔬菜生长。

1. 为蔬菜温室大棚增温　燃烧1 m^3 沼气可以释放大约23 000 kJ 热量，根据这一数据可确定不同容积的大棚加温所需沼气量。例如，大棚长为20 m，宽为7 m，平均高为1.5 m，其容积为210 m^3。每立方米空气升高1 ℃大约需要1 kJ 的热量。若要将此大棚升温10 ℃，在不考虑散热情况下，需要燃烧沼气为：

$$210\ m^3 \times 1\ kJ/m^3 \cdot ℃ \times 10\ ℃ \div 23\,000\ kJ/m^3 \approx 0.1\ m^3$$

由于大棚保温性能不高，热量散失很快。所以通常大棚内每100 m^2 面积设置一个沼气灶，每50 m^2 面积设置一个沼气灯。安装的沼气灯常常一直点着，不断产生热量。沼气灶则在需要快速提高温度时使用。当用沼气灶加温时，最好在灶上烧开水，利用水蒸气加温。

使用沼气灯不仅可以节省沼气，而且可以增加光照，从而增加作物在夜间的光合作用，提高产量。一盏沼气灯，一夜约耗沼气0.2 m^3，夜间点3盏，光通量可以增加约1 300 流［明］。

2. 利用沼气为蔬菜大棚提供二氧化碳气肥

（1）原理　作物生长最适宜的二氧化碳浓度为0.11%～0.13%，是大气中二氧化碳浓度的3倍多。普通大棚内作物在光合作用旺盛期二氧化碳浓度只有0.02%～0.03%，很难满足作物生长的需要。因此，增加二氧化碳的浓度可以促进作物的生长。燃烧1 m^3 沼气可产生0.975 m^3 二氧化碳，如果在1个1 000 m^3 容积的大棚中燃烧1 m^3 沼气，产生的二氧化碳加上空气中原有的二氧化碳，浓度可达到0.13%，约1 300 mg/kg。

（2）增施气肥的方法　增施气肥时要控制好大棚内的二氧化碳浓度、温度、湿度。施用二氧化碳的浓度应根据蔬菜种类、光照强度、室内温度和作物长势等情况来定。一般在弱光低温和叶面积指数小时，采用较低的浓度；而在强光高温和叶面积指数较大时，宜采用较高浓度。不同的蔬菜适宜不同的二氧化碳浓度，见表 7－4。

表 7－4　常用蔬菜适宜的二氧化碳浓度

蔬菜种类	苗期（mg/kg）	生长期（mg/kg）
黄瓜、西葫芦、青椒	600～900	1 200～1 500
番茄、茄子	600～900	1 000～1 200
韭菜、菠菜等叶菜类		1 500～2 500

在北方“四位一体”系统中，大棚内新增二氧化碳主要有 3 个来源：一是棚内燃烧沼气；二是土壤中的有机物被微生物分解释放二氧化碳；三是位于大棚内的沼气池水压间释放二氧化碳。燃烧沼气时，每立方米沼气可获得大约 0.975 m^3 二氧化碳。土壤中释放的二氧化碳通常不多。沼气池水压间一般情况下释放二氧化碳不多，但若能将水压间料液与沼气池主发酵间内的料液循环，则可在短时间内释放大量二氧化碳。

大多数蔬菜的光合作用强度在上午 9:00 左右最强，因此增加二氧化碳浓度最好在上午 8:00 前进行。增加棚内二氧化碳的浓度措施还需要与足够的水肥条件相配合。燃烧沼气使棚内温度过高时应及时通风换气。新建沼气池或大换料时，有的地方需对发酵原料进行堆沤处理，这种堆沤将释放氨气等有毒气体，因此千万不能在有蔬菜的棚内进行。

五、沼气气调储藏水果

1. 沼气保鲜的原理　沼气气调储藏是利用沼气中甲烷和二氧化碳含量高、氧含量极少、甲烷无毒的性质和特点来调节储藏环境中的气体成分，造成一种高二氧化碳和低氧气的环境，以控制果蔬的呼吸强度，减弱其新陈代谢，防治虫、菌，减弱贮藏物产生乙烯的作用，达到延长贮藏时间并保持良好品质的目的。

2. 沼气保鲜柑橘　沼气作为一种环境气体调节剂用于柑橘储藏，可降低柑橘的呼吸强度，减弱其新陈代谢，推迟后熟期，同时使柑橘产乙烯作用减弱，从而使柑橘能较长时间保鲜和储藏，具体做法如下。

（1）采果　采果应选择晴天，露水干后进行。采收时要用果剪，轻拿轻放，不要碰伤果子。

（2）预储　选择干燥、阴凉、通风的地方对柑橘进行预储，目的是使果皮软化，略有弹性。预储时间为 2 d 左右。

（3）储藏装置　沼气储藏柑橘的装置有膜罩式、储藏室式、箱式等几种。所有储藏装置都应选择在通风、清洁、温度相对稳定、昼夜温差小的地方。

① 膜罩式储藏装置。这种储藏装置用塑料薄膜建造。选用的塑料膜厚度为 0.20～0.25 mm，机械强度大、透明、热密封性好。可按具体需要将其压制成不同容量的大帐。大帐分为帐顶和帐底两部分。在紧靠帐顶的中央设置抽气孔口，紧靠帐底中央设置充气孔口。帐顶四壁中部需留取气样的小孔。帐底除用塑料膜外也可用砖、河沙代替。此时帐顶膜与底部的连接处要用湿的泥沙密封以免漏气。另外要预先埋好沼气进气管和加水管。

② 储藏室。储藏室的储藏量较大，因此储藏空间可以分成相互隔离的小室，柑橘装在筐内放在各个小室之中。储藏室用砖和水泥砂浆砌筑。要设置沼气进气孔、排气孔、观察孔以及进出的门。门与门框之间一定要密封好。通常用胶皮就能达到要求。储藏室底部设置沼气扩散器，这种扩散器用塑料管钻孔后制成，目的是达到沼气由下向上均匀扩散。扩散器通过进气孔与沼气供气主管相连。有条件购置氧气监测仪的地方，可将从排气孔出来的沼气与监测仪相连。

③ 箱式储藏装置。这种装置储存空间较小。它用水泥砂浆、砖建成。箱口用塑料薄膜密封。整个装置除了要求密封外，要设置沼气输入管、排气孔和加水管。

（4）柑橘的储藏　入库前需要对储藏空间及四壁进行消毒。一般采用每立方米储存空间用 2～6 L 福尔马林加入等量水熏蒸。也可用福尔马林喷洒，每平方米面积用量为 30 mL。消毒之后需要通风 2 d 才能放入柑橘。

（5）储藏过程中的管理

① 沼气用量的控制。一般情况下沼气通入量为每立方米储藏空间每天输入 0.01～0.03 m^3 沼气。储藏前期沼气输入量可少一些。当气温较高，柑橘呼吸较强，适当加大输入量。应用实践表明，沼气的输入量因品种、环境条件的不同而难以制定一个统一的标准。例如，重庆市开县储藏甜橙，每 3 d 输 1 次沼气，每立方米储存容积一次输入沼气量 0.1 m^3。

② 翻果。入库后 1 周翻果 1 次，将有损伤或变质的果子取出。以后每半

月左右结合换气翻果1次。

③ 温度、湿度控制。一般要求储藏温度为4～15 ℃，超过15 ℃时要特别小心，超过20 ℃则储藏不能进行。过高温度易导致柑橘腐烂，过低温度会冻坏柑橘，影响其品质。储藏室内的湿度应控制在90%～98%，当湿度不够时可从加水孔处向储藏室添加水分。

④ 周围消毒。每20 d左右，用2%石灰水对储藏室外地面、外墙进行消毒。

⑤ 出果。出果之前应先通风3～5 d，让柑橘逐步适应库外环境，防治出库后“见风烂”。

⑥ 防止火灾、爆炸等事故发生。沼气是一种可燃气体，一份沼气与大约20份空气混合时，遇火就会发生爆炸事故。因此严禁在储藏室内吸烟、点灯。

⑦ 储藏效果。在保果率大于80%，失重小于10%的情况下，一般可以储藏90 d以上，甜橙储藏期较长，可达到150 d以上。柑橘储藏期较短可接近70 d。

六、利用沼气烘烤农副产品

1. 沼气烘干玉米　用沼气烘干玉米，操作简单，节省劳力，工效高，成本低。编一个竹烘笼，约需15 kg竹子，一个烘笼一次可以烘玉米90 kg，烘1 d，相当于几床晒席在烈日下翻晒2 d的工效。

2. 方法　用竹子编织一个凹形烘笼，取5～6块耐火砖围成一个圆圈，作烘笼的座台，把烘笼放在座台上。把沼气灶具放在座台正中，用一个铁皮盒倒扣在灶具上，铁皮盒离灶具火头2～3 cm。

将湿玉米倒进烘笼内，点燃沼气，烘1 h后，把玉米倒出来摊晾，以加快水蒸气的散发。在摊晾第一笼玉米时，接着烘烤第二笼湿玉米；摊晾第二笼玉米时，又回过来烘第一笼玉米。每笼玉米烘2次，就能基本烘干，贮存时不会生芽、霉烂；烘3次，可以粉碎磨面；烘4次，可以入库贮存。

烘第一次时，烘笼冒出大量的水蒸气，烘笼外壁水珠直滴；烘第二次时，水蒸气减少，烘笼外壁已不滴水，但较湿润；烘第三次时，水蒸气微弱，烘笼外壁略有湿润；烘第四次时，水蒸气全无，烘笼外壁干燥，手摸玉米发出干燥声。

3. 注意事项

① 烘笼底部的凸出部分不能编得过矮，否则烘笼的上部玉米堆放过厚，

不易烘干。

② 编织烘笼宜采用半湿半干的竹子，不宜用刚砍下的湿竹子，湿竹子编的烘笼，烘干后缝隙扩大，容易漏掉玉米。

③ 准备作种子用的玉米，不宜采用这种强制快速烘干法。

七、利用沼气贮粮

沼气贮粮的原理是减少粮堆中的氧气含量，使各种危害粮食的害虫因缺氧而死亡，从而达到安全贮粮的目的

以下是几种粮食害虫与氧气的关系：绿豆象在氧气含量下降到 0.3%～14.8%的环境中经 48 h 全部死亡；玉米象在氧气含量下降到 0.9%～5%的环境中经过 72 h 全部死亡；拟谷盗在氧气含量下降到 0.3%～11.8%的环境中经 103 h全部死亡。通常注入沼气的粮仓的氧气含量在 1%～5%就可以杀死各种害虫。

1. 操作方法　先在粮堆上面覆盖塑料薄膜并扎紧，以不漏气为佳。在薄膜上安置一根小管作排气通道，小管与薄膜连接处不漏气。在粮堆底部放置数个“十”字形或射线形的进气扩散管，再将沼气池的输气管与沼气流量计的进气管连接，流量计的出气管与粮堆中的“十”字形或射线性进气管连接，将测氧仪安装在薄膜上方的排气管上。然后打开沼气输气开关，让沼气进入粮堆。粮堆空隙的空气被有压力的沼气排出，从粮仓膜上的排气管进入测氧仪，再排出。待氧气含量下降到要求数值时，即可关闭薄膜上的排气管，存留 3～5 d。当粮堆空隙中的氧气含量降为 1%～5%，二氧化碳含量上升为 20%～30%时，害虫将被全部杀死，保持期可达 1 年左右。

2. 注意事项

① 首先要看是否有足够的沼气和气压。充入沼气的数量一般应达到贮粮体积的 1.5 倍。

② 充气时要先将排气管打开，让粮堆内的空气尽快排出，然后关闭排气管，再继续输入沼气。

③ 粮仓通气前，要检查通气管道有无阻塞现象，管道内有无冷水，仓房是否紧闭。

④ 对充满沼气的粮堆、坛罐，应视沼气泄漏的快慢，定时向粮堆或坛内输送沼气。

⑤ 库房周围严防烟火。

第三节　沼渣的综合利用

一、沼渣成分

沼渣是人畜粪便、农作物秸秆、青草等各种有机物质经沼气池厌氧发酵产生沼气后的底层渣质。由于有机物质在厌氧发酵过程中，除了碳、氢、氧等元素逐步分解转化，最后生成甲烷、二氧化碳等气体外，其余各种养分元素基本都保留在发酵后的残余物中，其中一部分水溶性物质残留在沼气肥水中，另一部分不溶解或难分解的有机、无机固形物则残留在沼肥残渣中，在残渣的表面又吸附了大量的可溶性有效养分。所以残渣含有较全面的养分元素和丰富的有机物质，具有速缓兼备的肥效特点。

沼渣作为优质固体肥料，营养成分较丰富，养分含量较为全面，其中有机质36%～49%，腐殖酸10.1%～24.6%，粗蛋白5%～9%，氮0.4%～0.6%，钾0.6%～1.2%，还含有一些矿物质养分。沼渣由于是在厌氧条件下形成的，与通常的堆肥比较，营养成分保留情况较好。沼渣由3种不同成分组成，发挥着3种不同的作用：一是有机质、腐殖酸，对改良土壤起着重要作用；二是氮磷钾等元素，满足作物生长需要；三是未腐熟原料，施入农田发酵，释放养分。这就是沼渣肥速缓兼备的原因。

沼渣中的主要养分含量有有机质、腐殖酸、总氮（N）、总磷（P_2O_5）、总钾（K_2O）。由于发酵原料种类和配比的不同，沼渣养分含量常有一定差异。根据对四川一些地区沼渣的分析结果，其主要养分含量见表7-5。

表7-5　沼渣中主要养分含量（%）

养分	有机质	腐殖酸	总氮（N）	总磷（P_2O_5）	总钾（K_2O）
含量	30～50	10～20	0.8～2.0	0.4～1.2	0.6～2.0

二、沼渣作肥料

1. 直接施用　沼渣作肥料直接施用，对当季作物有良好的增产效果，若连续施用，则能起到改良土壤、培肥地力的作用。沼渣对当季作物的增产效果见表7-6。

表 7-6　沼渣对当季作物的增产效果

作物	比对照区亩增施沼渣数量（kg）	亩产量（kg）		亩增产	
		沼渣区	对照区	kg	%
甘薯	1 125	1 618.00	1 431.50	186.5	13.0
水稻	1 000	435.95	399.45	36.5	9.1
玉米	1 500	333.75	308.85	24.9	8.1
棉花	1 500	83.30	77.15	6.15	8.0

四川省在不同土壤上，对不同作物进行的肥效试验结果表明，沼渣对不同土壤都有明显的增产效果（表 7-7）。

表 7-7　沼渣在不同土壤上的增产效果

试验地点	土壤	作物	比对照区增施沼渣亩数量（kg）	亩产量（kg）		亩增产	
				沼渣区	对照区	kg	%
四川遂宁	紫色土	水稻	1 125	375.0	336.5	38.5	11.4
四川遂宁	紫色土	甘薯	1 125	323.6	286.3	37.3	13.0
四川绵阳	灰色冲土	水稻	1 000	435.95	399.45	36.5	9.1

从以上数据可以说明，沼气普及的地方，在轮作周期内，长期连续施用沼渣代替其他有机肥，对各季作物都有一定的增产效果。一般亩施用沼渣 1 000～1 500 kg，增产 10%～15%。

2. 制成沼腐磷肥施用　沼渣与磷矿粉堆沤可制成沼腐磷肥。沤制沼气腐殖酸类肥料的方法是，把沼气池中取出的沼渣与有机垃圾或泥土一起堆沤，一层垃圾（或泥土），加一层沼渣，每层沼渣厚 20～30 cm，堆成一个大圆台形的肥料堆，然后在表面敷些泥土，并打紧拍实，堆沤 15～20 d，即成沼气腐肥。若堆沤时每立方米沼渣中加钙镁磷肥或生磷矿粉 20～25 kg，则成沼腐磷肥。沼腐磷肥对豆科作物增产效果显著。堆好的沼气腐肥或沼腐磷肥，使用前 3～4 d，在堆肥的顶部不同地方朝下打几个孔，向内加入浓氨水或碳铵。加入比例为每立方米沼渣加浓氨水（含氮 16%左右）或碳酸铵 10 kg。加入方法是先将浓氨水或碳酸铵加水稀释后，从孔口慢慢灌入肥堆内，然后用泥土封闭孔口，即成沼腐氮肥或沼腐碳酸铵。这是一种有机肥与无机肥相结合的复合肥料。这种制肥方法，还具有杀灭寄生虫卵的作用。堆沤沼气渣肥时，不宜加草木灰和石灰。

沼腐磷肥具有明显增产效果。据四川省试验结果，沼腐磷肥施于水稻、小麦、油菜、甘薯都有较好的增产效果。一般增产6%～15%。在缺磷土壤上施用这种肥料，增产效果尤为明显。一般增产在12%以上。北京市农林科学院试验，沼腐磷肥对小麦等作物有一定磷肥效果，而单施磷矿粉的磷肥效果不明显（石灰性土壤）。沼腐磷肥对小麦、玉米、茄子、青椒等增产效果都比较明显。玉米施沼腐磷肥比单用沼渣增产13.8%，青椒增产15%。小麦盆栽试验测定植株吸收的磷素，施沼渣比对照增加45%，施沼腐磷肥又比施沼渣增加30%。

为了更有效地合理利用中、低品位磷矿资源，沼腐磷肥应在农村就地堆沤就地使用。为取得较高的磷素利用率，磷矿粉的配比量应尽量小些为好。含水50%～70%的沼渣和磷矿粉的配合比例以100∶(3～5) 为宜。

3. 沼渣与氮肥配合施用 磷酸氢二铵和氨水均易挥发，如能将沼渣与其混合施用，能促进化肥在土壤中的溶解和吸附，并刺激作物吸收，这样可减少氮素损失，提高化肥的利用率（表7-8）。因为氮素损失减少，实践证明，可使玉米增产30%左右。

表7-8 沼气发酵原料与氨水混施方法减少氮素损失效果

处理	用量及方法	48 h内地面氮素损失（%）
单施沼气发酵原料	5 g/株穴，涂7 cm覆土	微量
单施氨水	5 g/株穴	19.6
氨水和沼气发酵原料混施	氨水2.5 g/株穴，发酵原料2.5 g/株穴，涂7 cm覆土	7.4

三、利用沼渣栽培食用菌

食用菌是一种腐生真菌，不能利用太阳光进行光合作用，需要完全依靠培养基质中的营养物质生长发育。随着人们生活水平的不断提高，食用菌作为一类营养丰富、味道鲜美的高级食品，消费量越来越大。沼渣和沼液营养全面，其中的纤维素、腐殖酸、粗蛋白、氮、磷及各种微量元素等，能满足食用菌生长的需要。此外，沼渣和沼液还具有酸碱度适中、质地疏松、保墒性好的特点，是一种人工栽培食用菌的优良培养料。多年的研究和生产实践证明，利用沼渣和沼液栽培食用菌，具有成本低、省料、操作方便、出菇快、菇质好、杂菌少等优点，通常比使用传统菇料增产10%以上。以沼渣栽培蘑菇为例，具体方法如下。

1. 培养料的准备和堆制

（1）沼渣的选择　一般来说，沼渣都能栽培蘑菇，但优质沼渣更能促进蘑菇的增产。所谓优质沼渣，是指在正常产气的沼气池中停留 3 个月后出池的无粪臭味的沼渣。

（2）栽培料的配备　蘑菇栽培料的碳氮比要求 30∶1 左右，所以每 100 m^3 栽培料需要 5 000 kg 沼渣、1 500 kg 麦秸或稻草、15 kg 棉子皮、60 kg 石膏、25 kg石灰。含碳量高的沼渣可直接用于栽培蘑菇。

（3）栽培料的堆制　栽培料按长 8 m，宽 2.3 m，高 1.5 m 堆制，顶部呈龟背形。堆料时，先将麦秸铡成 30 cm 长的小段，并用水浸透铺在地上，厚 16 cm；然后将发酵 3 个月以上的沼渣晒干、打碎、过筛后均匀铺撒在麦秸上，厚约 3 cm。照此方法，在第一层料堆上再继续铺放第二层、第三层。铺完第三层时，向堆料均匀泼洒沼液，每层 160～200 kg，第四层至第七层都分别泼洒相同数量的沼液，使料堆充分吸湿浸润。

（4）翻料　堆料 7 d 左右，当温度升到 70 ℃时，第一次翻料。如果温度低于 70 ℃，应适当延长堆料时间，使温度上升到 70 ℃时，再进行翻料。注意控制温度不能超过 80 ℃，否则原料腐熟过度，会导致养分被过多地消耗。第一次翻料时，加入 25 kg 碳酸氢铵、20 kg 钙镁磷肥、50 kg 油枯粉和 23 kg 石膏粉。这是因为加入适当化肥，可补充养分和改变培养料的理化性状，石膏可改变培养料的黏性使其松散，并可缓慢长效地为所栽培的食用菌提供其生长成熟必需的硫、钙矿物质元素。翻料混匀后继续堆料 5～6 d，当堆料温度达到 70 ℃时，第二次翻料，并用 40％的甲醛（福尔马林溶液）用水稀释 40 倍后，向料堆均匀泼洒，用量以料堆充分吸湿浸透为度，进行料堆的消毒处理，杀灭原料携带和在堆料腐熟过程中仍存在或滋生起来的杂菌。如果条件允许，最好进行无菌检验，以尽量减少福尔马林溶液的用量。如果料堆变干，应适当泼洒沼液，泼洒量以手捏滴水为宜。如料堆偏酸，可适当加石灰水；偏碱加沼液，以调整料堆的酸碱度，使其保持中性到微碱性（pH7～7.5）为宜。然后继续堆料 3～4 d，即可作为栽培食用菌的基料移入菌床使用。整个堆料以及 3 次翻料，共需 18 d 左右。

2. 菇床和菇房　蘑菇是一种好气性菌类，需要充足的氧气，属中温型菌类。其菌丝生长的最适温度为 22～25 ℃。子实体的形成和发育，需要较高的湿度。菌丝体和子实体对光线要求不太严格，在散光和无光条件下均能正常生长。因此，为满足食用菌生长发育需要的环境条件，菇房要求通风和换气良好，保温和保湿性能强。菇床的大小根据具体条件而定。

（1）菇房消毒 用 0.5 kg 36%或 40%甲醛液兑入 20 kg 水，喷菇房内壁、菌架、菌床；也可用点燃硫黄进行熏蒸；或者用容器盛放高锰酸钾后，加入甲醛溶液，用量以 10 m^2 的菇房用高锰酸钾约 100 g、36%或 40%甲醛液 300 mL 左右计，立即关闭所有门窗，闷熏过夜，在清晨空气新鲜时适当开一会儿门窗。

（2）装床播种 先把培养料铺在菌床上 80～100 mm 厚，然后用 5%的高锰酸钾水溶液或 2%的过氧化氢（俗称双氧水）消毒菌种瓶口，用消毒的竹竿或铁丝将菌丝勾出，均匀地撒在菇床培养料上，最后再铺一层 50 mm 厚的培养料。

3. 管理

（1）覆土 播种 10 d 左右，菌丝体开始长出培养料表面，这时要进行覆土。先均匀地覆盖一层粒径为 16 mm 左右的壤黄泥细土，使细土盖住粗土，不露出粗土为宜，总厚度不超过 50 mm。然后给土层喷水，湿度保持能捏拢不沾手、落地能自行松散为宜。

（2）调节温度和湿度 菌丝体生长的最适宜温度为 20～25 ℃，相对湿度为 70%左右。调节湿度的办法是每日向菇床喷水 1～2 次。湿度过高时，开窗排湿。如果菌丝体生长稀疏不致密时，可喷洒浓度为 0.25～1 μL/L 的三十烷醇（植酸生长调节剂），即用 10 mL 三十烷醇加水 10～40 kg 混匀后喷洒菌床。如果菌丝体生长瘦弱时，用 0.25 kg 葡萄糖加 40 kg 水喷洒菇床。

（3）加强检查 保持菇房的空气流通，避免光线直接照射菌床。采摘完一次食用菌后，应将菇窝处用泥土填平，以保持下一批菇良好的生长环境。

四、沼渣养鱼

沼渣养鱼是将沼气池内充分腐熟发酵后的沼渣施入鱼塘，为水中的浮游动、植物提供营养，增加鱼塘中浮游动、植物产量，丰富滤食性鱼类饵料的一种饲料转换技术。沼渣养鱼有利于改善鱼塘生态环境。有研究表明，在鱼池中施加沼渣，可使水体含氧量提高 13.8%，水解氮含量提高 15.5%，铵盐含量提高 52.8%，磷酸盐含量提高 11.8%，因而使浮游动、植物数量增长 12.1%，质量增长 41.3%，从而增加鱼的饵料，达到增加鱼产量的目的，同时可减少鱼的病虫害。

1. 施用方法

（1）基肥 一般在春季清塘、消毒后进行，每亩施沼渣 150 kg，均匀撒施。

（2）追肥 4～6 月，每周每亩施沼渣 100 kg；7～8 月，每周施沼渣

75 kg；9～10 月，每周施沼渣 100 kg。

（3）施用时间　晴天上午 8:00～10:00 施用最好，有风天气，顺风泼撒，雨天不施。

2. 注意事项

（1）沼渣养鱼适用于以花白鲢为主要品种的养殖塘，其混养优质鱼（底层鱼）比例不超过 40%。

（2）水体透明度大于 30 cm 时，说明水中浮游动物数量多，浮游植物数量少，施用沼渣可迅速增加浮游植物的数量，办法是每两天施一次沼肥，每亩每次施 100～150 kg，直到透明度回到 25～30 cm 后，转入正常投肥。

第四节　沼液的综合利用

一、沼液的营养成分

沼气发酵不仅是一个生产沼气能源的过程，也是一个造肥的过程。在这个过程中，作物生长所需的氮、磷、钾等营养元素，基本上都保持下来，因此沼液是很好的有机肥料。沼液中存留了丰富的氨基酸、B 族维生素、各种水解酶、某些植物激素、对病虫害有抑制作用的物质或因子，因此它还可用来养鱼、防治作物的某些病虫害，有着较广泛的综合利用价值。

沼气发酵是农村积造有机肥的一个有效方法。它不仅可以制取沼气，而且积造的有机肥的养分含量比任何一种堆沤方法制取的有机肥的养分含量都高，氮、磷、钾的回收率高达 90%以上。

沼液是沼气发酵后的残留液体，其总固体含量小于 1%。沼液与沼渣比较，虽然养分含量不高（表 7-9），但其养分主要是速效性养分。这是因为发酵物长期浸泡水中，一些可溶性养分自固体转入液相，提高了速效养分含量。

表 7-9　沼液中主要养分含量（%）

养分	总氮（N）	总磷（P_2O_5）	总钾（K_2O）
含量	0.03～0.08	0.02～0.07	0.05～1.40

二、沼液在种植业中的应用

1. 沼液作肥料　沼液中含有丰富的氮、磷、钾养分和微量元素，且这些养分主要以速效态形式存在，作物的利用率较高，因此常被直接作为液体肥料应用。目前，沼液作为液体肥料施用于各种作物如粮食、蔬菜和果树等，具有明显的增产和改善品质的作用。

施用沼液还会对土壤环境产生影响，可以改善农田土壤结构，增加土壤有机质的含量，还会促进土壤微生物的均衡生长，提高土壤酶活性和土壤呼吸强度，从而改良土壤，有利于土壤的可持续开发利用。

根据生产实践，一般果类蔬菜每亩追施沼液 2.5～3 t，可增产 10%以上。通常结合灌水，直接将沼液追施到垄面或垄沟内效果更好。

2. 沼液浸种　沼液浸种就是利用沼液中所含的生理活性物质、营养组分以及相对稳定的温度对种子进行播种前的处理。它优于单纯的温汤浸种、药物浸种，具有出芽率高、幼苗生长旺盛、能防治某些病虫害、作物产量高等优点。沼液浸种方法简单，几乎不需要额外投资，因此得到较为广泛的应用并产生了较大的经济效益。全国每年浸种面积都在 100 万 hm^2 以上。

（1）浸小麦种

① 浸种方法。在播种的前一天浸种，将晒过的麦种装袋后在沼液中浸种 12 h，取出种袋，用清水洗净，沥干，然后将麦种取出摊在席子上，待种子表面水分晾干后即可播种。如果要催芽，可以按常规方法催芽播种。若天旱时播种，则不要采用沼液浸种。

② 浸种的效果。发芽率比清水浸种高 3%左右；促进根芽的生长，根的数量和长度都有所增加；在同等地力、同样播种条件下，麦种出芽早，芽壮而齐，播种后较清水浸种和干种直播生长快；在同等栽培管理下，比清水浸种产量提高 7%左右，比药剂（多菌灵）拌种干播增产 10%左右。

（2）水稻浸种　种子纯度应达到 95%以上，种子发芽率应在 95%以上。要求用上年生产的新种，陈种最好不要用沼液浸种。

3. 沼液叶面喷洒

（1）沼液叶面喷洒的主要作用　沼液叶面喷洒后，作物主要利用的物质是沼液中所含的厌氧微生物的代谢产物，特别是其中的生理活性物质、沼液中的营养物质、沼液中的水分。

叶面喷洒的主要作用是调节作物生长代谢，为作物提供营养，抑制某些病虫害。

（2）注意事项

① 必须使用正常产气沼气池的沼液，沼液选其澄清液。勿使用病态池中沼液。

② 喷洒量要根据作物品种、生长的不同阶段及环境条件确定。

③ 沼液喷洒时间在早上 8:00～10:00 进行。不要在中午高温时进行，以防灼烧叶片。在下雨前不要喷洒，因为雨水会冲走沼液使其不产生作用。

④ 尽可能将沼液喷洒于叶子背面，这样有利于作物快速吸收。

⑤ 喷洒用的沼液应用纱布或细密的纱窗进行过滤以去除其中的固形物。喷洒工具为手动或自动喷雾器。

⑥ 根据作物不同、目的不同可采用纯沼液、稀释沼液、沼液与某些药物的混合液进行喷洒。

4. 沼液水培蔬菜　水培用的沼液从水压间取出后需要放置 3 d 以上去除部分还原态物质。由于沼液成分变化较大，需要根据目前国内水培蔬菜采用的营养配方补充各种元素。pH 调节到 5.5～6.0（采用 98%磷酸调节）。沼液添加其他营养元素作为培养液，种植番茄、黄瓜，产量与人工合成营养液相当，采收期也大致相同。

5. 果园沼液灌溉　沼液滴灌技术只适合山地果园。沼气池需建在最高处（高于果树种植区）。

（1）修建沼液沉淀过滤槽　首先要对沼液进行处理，去除其中的固形物，防止滴孔堵塞。方法是修建沼液沉淀过滤槽，此槽围绕沼气池修建可以节省土地。有条件的地方也可将沼液沉淀过滤槽修建成长条形。过滤沉淀槽的容积为主发酵池容积的 1/4。在槽内设置多处插式过滤屏。滤屏由滤框和滤板组成。滤框形状大小由槽的横断面决定。滤板分为粗板和细板。粗板采用贝壳，厚度为 5～10 cm。细板用聚乙烯泡沫板，厚度为 2～3 cm。沿沼液流动方向先安粗板再安细板。具体安装块数要根据沼液中的固形物多少及大小决定。固形物被拦截，沼液颜色变浅就达到了目的。

（2）管道安装　主管用 PVC 高压管，埋于地下 30～50 cm。分管采用有弹性、强度高的塑料管，埋置深度为 30～60 cm。分管截面积小于主管截面积。柑橘树的每一根系配置两个滴孔，滴孔孔径通常为 1.5～2.0 mm，滴孔总面积小于分管截面积。滴孔周围半径 5～7 cm 区域填充细石和粗沙以防滴孔堵塞。

在主流管上，每隔 20～30 m 设置一个排淤口，口端配同径阀门。分管末端或每隔 5～10 m 也应设置排淤口，此口口径较小可用橡皮塞封紧。

（3）日常管理　经常清洗滤板。检查系统是否在果树根部外漏水，若发现要立即修好。最好采用同一系统既可滴灌沼液又可滴灌清水。此时只需将水管接到沉淀过滤槽。

三、沼液在养殖业中的应用

1. 沼液养鱼 养鱼用的沼液不必进行固液分离处理，通常所含的固形物比用于叶面喷洒的沼液要多。沼液和沼渣可轮换使用。由于沼液有一定的还原性，放置 3 h 以上使用效果会更好。

（1）操作要点 施用量要根据鱼塘情况确定。一般每次每亩鱼塘沼液用量不超过 300 kg。用沼渣不超过 150 kg。每周施用不超过 3 次。施用应在晴天进行，采用泼洒方式。高温季节，鱼类生长快，需饵料多，可适当增加施用次数，具体的控制方法可根据季节和鱼塘水质来确定。一般在每年 4、5、10、11 月 4 个月，鱼塘水的透明度不低于 25 cm，6、7、8、9 4 个月鱼塘水的透明度不低于 15 cm。若鱼塘水的透明度低于上述标准，则不能施用沼液。要经常对施用沼液的鱼塘进行检查，如发现鱼浮头等问题时要及时采取增氧措施。利用沼液的鱼塘通常采用滤食性鱼和吃食性鱼混养的方法，即放养滤食性鲢鱼 30％左右，杂食性鲤鱼、鲫鱼 40％～50％，吃食性草鱼 20％～30％。

（2）沼液养鱼效果 沼液进入鱼塘可使鱼塘浮游生物量增加；鱼塘光合作用加强使其产氧量增加；沼液养鱼具有减少鱼病，节约化肥、饵料等优点，鱼产量也有一定程度的增加（表 7－10）；因而有较大的经济效益。

表 7－10 沼液养鱼与常规方法鱼塘光合作用产氧量比较

养鱼方法	产氧量（g/m³·d）	
	8 月 3 日	8 月 19 日
沼 液	3.616	5.292
对 照	2.786	3.228

2. 沼液喂猪 沼液喂猪是在常规饲养的情况下，利用沼液作为添加剂，促进生猪生长的一项技术措施。使用该技术，猪的生长速度快，饲料转化率高，而且降低了饲料消耗，从而开辟了新的饲料来源，是一项安全的饲养技术，深受农村广大养猪户的欢迎。

在饲料中添加沼液饲喂，猪食欲旺盛，皮毛油光发亮，不生病或少生病，同时节省饲料，增重快。沼液喂猪安全可靠，农民群众易掌握，经济效益高。常规饲养的猪，日增重 0.38～0.53 kg；添加沼液喂的猪，日增重 0.5～0.7 kg，可提前 1～2个月出栏。添加沼液喂的猪料肉比为（3.02～4.12）：1，饲养一头同样体重的猪（如 100 kg），喂沼液比不喂沼液的猪每头可节省精饲料 80 kg 以上。

经农业部食品质量检测中心对饲喂沼液的猪的肉质进行的检验鉴定认定，沼液喂猪安全可靠，屠宰前猪的体温、精神、外貌正常，体态发育良好，屠宰后各组织器官的色泽、硬度、大小、弹性均无异常，无有毒物质、金属残留、传染病或寄生虫病，肌肉较为丰满，肉质与普通饲养的猪相同，味鲜无异味，各项检验指标均符合部颁标准。

（1）技术要点

① 用沼液作添加剂喂猪的方法十分简单，在喂猪时，用粪勺或者其他容器从沼气池出料口中取出适量的中层沼液，放入饲料中搅拌即可。夏季饲料拌好后可放置 3～5 min，春季可放置 5～10 min，冬季可放置 10～15 min，目的主要是让沼液渗透到饲料里，另一方面让其氨味挥发掉。开始添加沼液时，如猪不适应沼液的臭味时，可在饲料中加少量的沼液，适应后适当加大沼液量。

② 由于猪的不同生长发育阶段，其体重、摄食量和采食习性等情况有所不同。因而，沼液添加量也要因猪制宜，不能千篇一律。一般分为三个阶段：一是仔猪阶段（体重在 25 kg 以下），这个阶段的仔猪一般不宜添加沼液，即使要加也要少量地加。二是架子猪阶段（体重为 25～50 kg），这一阶段猪的骨骼发育迅速，质量增大，开始添加沼液，每次沼液用量为 0.5 kg 左右，每日3～4次，如在饲料中增加少量骨、鱼粉，增重效果更为显著。三是育肥阶段(50～100 kg)，这一阶段猪全面发育，食量大，增重快，因而沼液量也应增加到每次 1 kg 左右，每日 3 次，当猪的体重达到 100 kg 以上时，虽可添加沼液饲料，但增重速度减慢，超过 120 kg 时，增重速度与日常饲养的增重速度相差不大，如长期不出栏，可停止添加沼液。

用沼液生拌饲料至半干半湿，如沼液量不够，可另加清水，饲料以猪吃完不剩为标准。每次沼液添加剂的用量要根据沼液浓度来控制，沼液浓度大的可以少添一些。绝不能看猪十分爱吃时就多加，不爱吃时就少加，甚至不加，这样会打乱猪的口味适应性，对猪的生长十分不利。

（2）注意事项

① 需用正常发酵的沼气池中的沼液，严禁用不产气的或病态池及投入了有毒物质的沼气池中的沼液喂猪。

② 新建池或大换料的沼气池，必须在投料 1 个月正常产气利用后，才能使用沼液，否则，因酸度大或粗纤维、粗蛋白未充分分解及致病因子未充分杀灭而不能使用。

③ 从沼气池出料口取沼液时，应撇开浮渣，舀取中层清液。按要求的时间喂猪，不能放置时间过长。

④ 沼液的酸碱度以中性为宜，即 pH 在 6.5～7.5。

⑤ 沼液仅是添加剂，不能取代基础饲料，只是在满足猪生长所需饲料的基础上才能体现添加剂的效果，所以应按要求添加沼液。

⑥ 应采取驱虫措施，除去猪的肠道寄生虫后，再用沼液喂猪。

⑦ 开始添加沼液喂猪时，要观察猪的行为动态，特别注意其粪便形状，如发现猪拉稀或粪呈饼状，应适当减少沼液用量，待症状消失后，再添加沼液。

⑧ 母猪在产仔断奶后，宜减少沼液喂量或暂停使用，以免增膘过快影响发情和降低受胎率。

⑨ 要定期向沼气池内投入新料，以利提高池内有机成分。

第八章

建筑识图

第一节　基本知识

建筑工程图是把几个投影平面组合起来表示一个客观实物，它能完整准确地表达出建筑物的外形轮廓、大小尺寸、结构构造和材料做法。设计人员通过图面表示其设计思路，施工和制造人员通过看图理解实物的形状和构造，领会设计意图，按图纸施工建造，使建造的实物准确地达到设计要求。所以说，图纸是指导施工的主要依据，直接参加施工的工人和管理人员都应熟练地掌握识图技能。

一、正投影法与视图

投影的现象在日常生活中随处可见，如在晚上，把矩形纸片放在灯和墙之间，墙壁上就会出现矩形的影子，这个影子就叫该纸片在墙壁上的投影。在制图中，把灯所发出的光线称为投影线，墙壁称为投影面，投影面上呈现出的物体影子称为物体的投影，如图 8-1 所示。

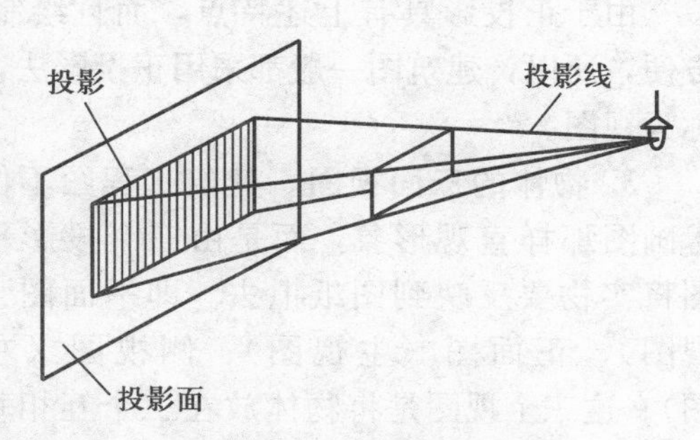

图 8-1　物体的投影图

要将物体的形状投影到平面上，就必须具有投影线和投影面，并使投影线通过物体照射到投影面上。在投影面上得到图形的方法称为投影法。

1. 正投影法及正投影图　若将图 8-1 中的光源移至无穷远处，光线即可视为相互平行，如果纸片与投影面相互平行，光线又与投影面垂直，光线通过纸片照射到投影面上，这样得到的影子，就反映纸片的真实形状。

投影线相互平行且垂直投影面的投影称为平行正投影法，简称正投影法，如图 8－2 所示。用正投影法画出来的物体轮廓图形叫正投影图，它反映物体的真实大小，如图 8－3 所示。

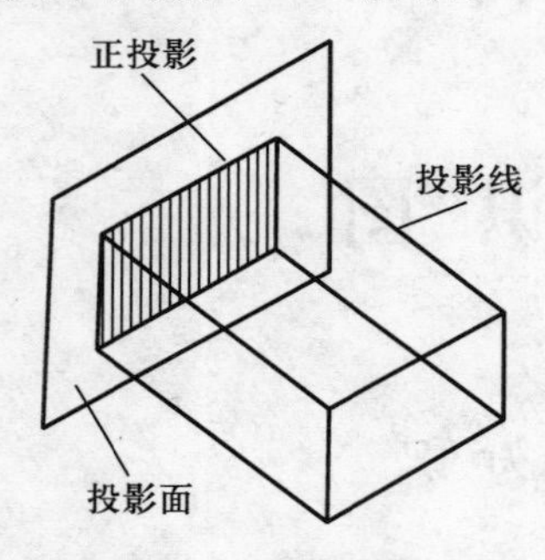

图 8－2 正投影法

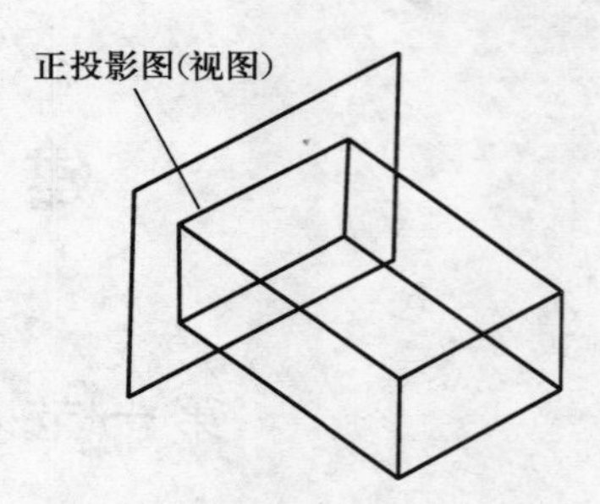

图 8－3 正投影图

2. 正投影法的基本特点 任何物体的形状都可以看成是由点、线、面组成，以矩形纸片的正投影为例，讨论正投影，其基本特点如下（图 8－4）：

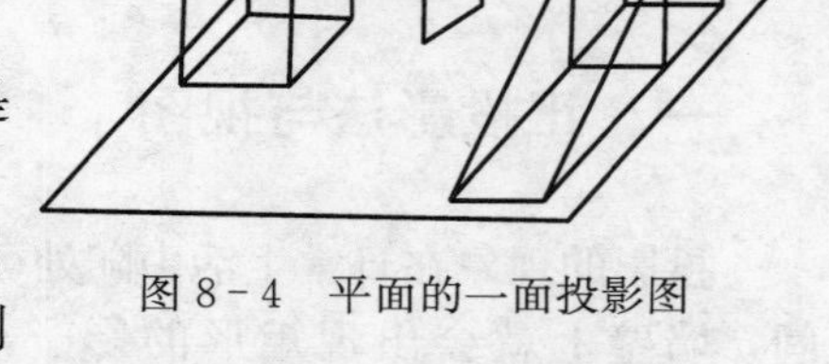

图 8－4 平面的一面投影图

如果纸片平行于投影面，投影图的形状大小和投影物一样。

如果纸片垂直于投影面，投影图就是一条直线。

如果纸片倾斜于投影面，其投影图变小。

由于正投影具有上述特点，而且绘制方便，所以，建筑图一般都采用正投影法，简称投影法，用投影法画出的图形称为视图。

3. 物体的三面视图 建筑工程图不像美术画图那样直观形象，而是由三个投影平面图将实物要反映到图纸上去。即平面图（俯视图）、正面图（主视图）、侧视图（左视图）。这三个视图是将物体放在三个互相垂直的投影面内进行投影得到的（图 8－5）。所谓俯视图是从物体上方向下观看的水平面投影，主视图是从物体前方向正面观看的投影，左视图是从物体左方向侧面进行投影。除上述三个平面图外，为了看清物体内部结构，用剖切平面的方法将物体从适当的地方切开，移去观察者与剖切平面之间的部分，再从正面观察剩余部分的投影图

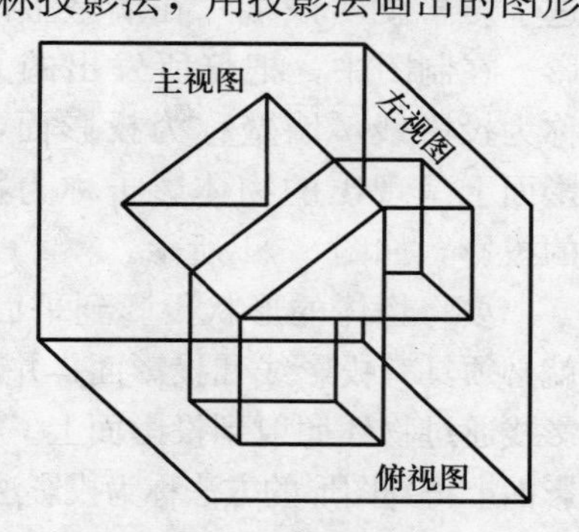

图 8－5 正三角块的三视图

像称为剖面图。将物体从纵方向切开的剖面图为纵剖面图，从横方向切开的剖面图为横剖面图，重要部位部分切开的剖面图为局部剖面图。

4. 视图的投影规律　为了把三视图画在同一个平面上，即将三个互相垂直的视图展开在一个平面上，规定正面不动，水平面向下，侧面向右分别旋转直至展平，与正面处于同一个平面，再去掉投影面边框，就得到了常见的三视图，如图 8-6 所示。

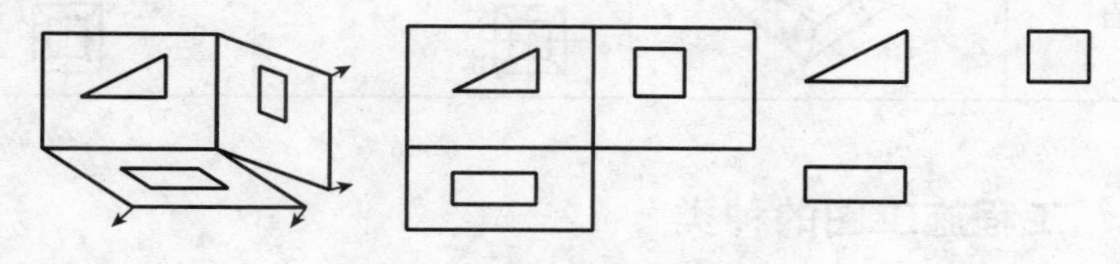

图 8-6　展开的三视图

三视图具有"长对正，高平齐，宽相等"的投影规律，是绘图和识图时应遵循的基本投影规律。

二、基本几何体视图

基本几何体，按其表面的几何形状可分为两类：如棱柱、棱锥等表面都是平面的，称为平面立体；如圆柱、圆锥、球、环等表面有曲面或都是曲面的，称为曲面立体。无论物体的结构怎样复杂，一般都由这些基本几何体组成（表 8-1）。

表 8-1　常见的基本几何体图例

几何体	立体图	三面图	施工图
长方体			
圆柱体			
圆筒体			
球体			$S\phi$
三圆锥体			

（续）

几何体	立体图	三面图	施工图
三圆台		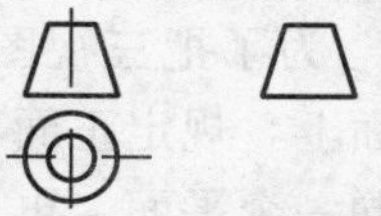	
棱台	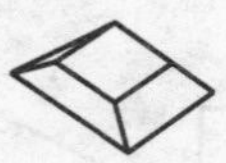		

三、工程施工图的种类

1. 总平面图 总平面图是说明建筑物所在地理位置和周围环境的平面图。一般在总平面图上标有建筑物的外形、建筑物周围的地形、原有建筑和道路，还要表示出拟建道路、水、暖、电、通信等地下管网和地上管线，还要表示出测绘用的坐标方格网、坐标点位置和拟建建筑的坐标、水准点和等高线、指北针、风玫瑰等。该类图纸一般以“总施 XX”编号。

2. 建筑施工图 建筑施工图包括建筑物的平面图、立面图、剖面图和建筑详图，用以表示建筑物的规模、层数、构造方法和细部做法等。该类图纸一般以“建施 XX”编号。

3. 结构施工图 结构施工图包括基础平面图、剖面图及其详图，各楼层和屋面结构的平面图，柱、梁详图和其他结构大样图，用以表示建筑物承受荷重的结构构造方法、尺寸、材料和构件的详细构造方式。该类图纸一般以“结施 XX”编号。

4. 水暖电通施工图 该类图纸包括给水、排水、卫生设备、暖气管道和装置、电气线路和电器安装及通风管道等的平面图、透视图、系统图和安装大样图，用以表示各种管线的走向、规格、材料和做法。该类图纸分别以“水施 XX”、“电施 XX”、“暖施 XX”、“通施 XX”编号。

四、施工图的产生及分类

建筑物的设计一般分为两个阶段：初步设计阶段和施工图设计阶段。

1. 初步设计阶段 初步设计是根据该项目的设计任务，明确要求，收集资料，调查研究。对于建筑中的主要问题，如建筑的平面布置，水平与垂直交通的安排，建筑外形与内部空间处理的基本意图，建筑与周围环境的整体关系，建筑材料和结构形式的选择等进行初步考虑，做出较为合理的设计方案。设计方案主要用平面图、立面图和剖面图等图样，把设计意图表示出来，以便于与建设单位做进一步研究和修改。重要建筑常做多个方案以便比较选用。

设计方案确定后，需进一步解决结构选型与布置，各工种之间的配合等技术问题，从而对方案做进一步修改，按一定的比例绘制初步设计图。此外，通常还加绘彩色透视图等表达建筑物外表面的颜色搭配及其立体造型效果，必要时还要做出小比例的模型，以表示建筑物竣工后的外貌。

2. 施工图设计阶段　施工图设计主要是依据报批获准的初步设计图，按照施工的要求予以具体化。各专业各自用尽可能详尽的图样、尺寸、文字、表格等方式，将工程对象在本专业方面的有关情况表示清楚。为施工安装、编制工程概预算、工程竣工后验收等工作提供完整的依据。

一套完整的施工图，根据其专业内容或作用的不同，一般的编排顺序为：

（1）图纸目录　列出本套图纸有几类，各类图纸有几张，每张图纸的编号、图号和图幅大小。

（2）设计总说明　内容包括本工程项目的设计依据、设计规模和建筑面积；本工程项目的相对标高与绝对标高的对应关系；建筑用料和施工要求说明；采用新技术、新材料或有特殊要求的做法说明等。以上各项内容，对应简单的工程，可分别在各专业图纸上表述。

（3）建筑施工图（简称“建施”）　包括建筑总平面图、建筑平面图、建筑立面图、建筑剖面图及建筑详图。

（4）结构施工图（简称“结施”）　包括结构平面图和构件详图。

（5）设备施工图（简称“设施”）　包括给排水施工图、暖通空调施工图、电气施工图等。

各专业施工图的图纸编排顺序为：全局性的图纸在前，局部性的图纸在后。

五、施工图中常用的符号和图例

1. 定位轴线　定位轴线是用来确定建筑物主要结构及构件位置的尺寸基准线。凡承重构件如墙、柱、梁、屋架等位置都要画上定位轴线并进行编号，施工时应以此为定位的基准。定位轴线应用细单点长画线表示，在线的端部画一细实线圆，直径为 8～10 mm，圆内注写编号，如图 8－7 所示。在建筑平面图上编号的次序是横向自左向右用阿拉伯数字编写；竖向自下而上用大写英文字母编写。其中，英文字母中的I、O、Z不得用作轴线编号，以免与数字1、0、2混淆。定位轴线的编号一般注写在图形的下方和左侧。

对于某些次要构件的定位轴线，可用附加轴线的形式表示。附加轴线的编号以分数表示，其中分母表示前一根轴线的编号，分子表示附加轴线的编号，用数字依次编写，如图8-8所示。

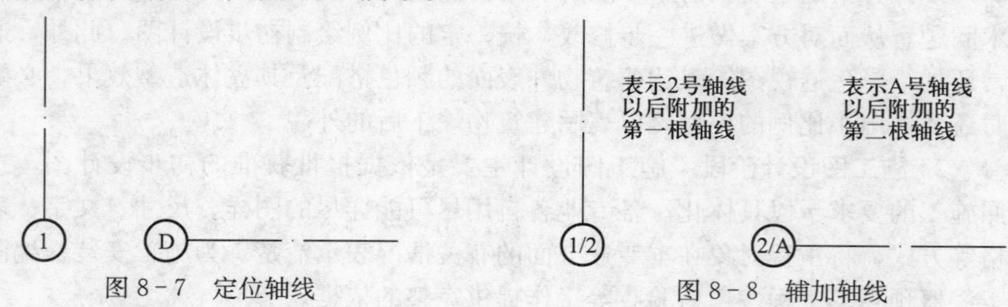

图8-7　定位轴线　　　　图8-8　辅加轴线

平面图上需要画出全部的定位轴线。立面图或剖面图上一般只需画出两端的定位轴线即可。

2. 标高符号　标高符号表示某一部位的高度。在图中用标高符号加注数字表示，单位为m，注写到小数点后三位（总平面图上可注到小数点后两位），如图8-9a所示。标高符号用细实线绘制，符号中的三角形为等腰三角形，高度为3 mm（图8-9b）。总平面图上室外地坪标高符号，用涂黑的三角形表示（图8-9c）。标高符号的尖端指至被注高度，尖端可向下，也可向上（图8-9d）。

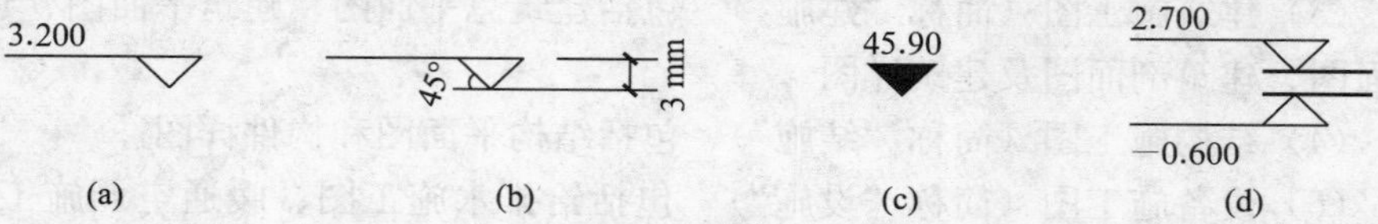

3.200　45°　3 mm　45.90　2.700　−0.600

(a)　(b)　(c)　(d)

图8-9　标高符号

常以建筑物的底层室内地面作为零点标高，注写形式为：±0.000。零点标高以上为“正”，标高数字前不必注写“+”号，如3.200；零点标高以下为“负”，标高数字前必须加注“−”号，如−0.600。

3. 索引符号和详图符号　在房屋建筑图中某一局部或构配件需要另见详图时，应以索引符号索引。

（1）索引符号　用一细实线为引出线指出要画详图的地方，在线的另一端画一直径为10 mm的细实线圆，引出线应指向圆心，圆内过圆心画一水平线。如索引出的详图与被索引的图样同在一张图纸内，应在索引符号的上半圆内用阿拉伯数字注明该详图的编号，并在下半圆内画一段水平细实线（图8-10a）。如索引出的详图与被索引的图样不在同一张图纸内，应在索引符号的下半圆中用阿拉伯数字注明该详图所在图纸的图号，图 8－10b 表示索引的 5 号详图在 2 号图纸中。如索引出的详图采用标准图，应在索引符号水平直径的延长线上加注该标准图册的编号，图 8－10c 表示索引的 5 号详图在 J103 标准图册中的 2 号图纸上。

索引符号如用于索引剖面详图，应在被剖切的部位绘制剖切的位置线，并以引出线引出索引符号，引出线所在的一侧应为投射方向，图 8－10d 表示剖切后向右投射，图 8－10e 表示剖切后向上投射。

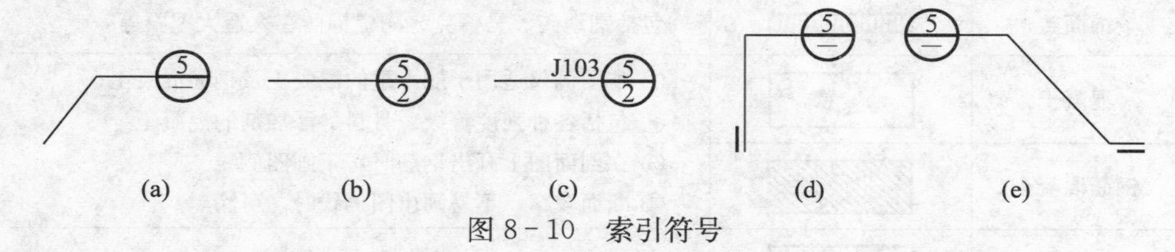

图 8－10　索引符号

（2）详图符号　详图符号为一粗实线圆，直径为 14 mm。图 8－11a 表示这个详图的编号为 5，被索引的图样与这个详图同在一张图纸内；图 8－11b 表示这个详图的编号为 5，与被索引的图样不在同一张图纸内，而在 2 号图纸内。

图 8－11　详图符号

4. 指北针　在首层建筑平面图上，均应画上指北针（图 8－12）。指北针用细实线绘制，圆的直径为 24 mm，指针尾部宽度为 3 mm，指针头部应注“北”或“N”字样。

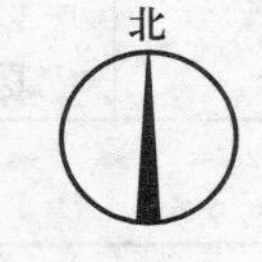

图 8－12　指北针

六、建筑施工图的常用图例

建筑施工图中常用约定的图例表示建筑材料、建筑构造与建筑配件，分别见表 8－2、表 8－3。在房屋建筑图中，对比例小于或等于 1∶50 的平面图和剖面图，砖墙的图例不画斜线；对比例小于或等于 1∶100 的平面图和剖面图，钢筋混凝土构件（如柱、梁、板等）的建筑材料图例可简化为涂黑。

表 8－2　常用建筑材料图例

名称	图例	说　明
自然土壤		包括各种自然土壤
夯实土壤		

（续）

名称	图例	说 明
砂、灰土	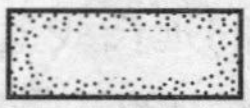	靠近轮廓线绘较密的点
粉刷	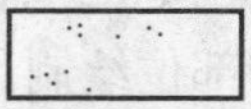	绘以较稀的点
普通砖		① 包括砌体、砌块 ② 断面较窄、不易画出图例线时，可涂红
饰面砖		包括铺地砖、马赛克、陶瓷锦砖、人造大理石等
混凝土		① 本图例仅适用于能承重的混凝土及钢筋混凝土 ② 包括各种强度等级、骨料、添加剂的混凝土 ③ 在剖面图上画出钢筋时，不画图例线 ④ 断面较窄，不易画出图例线时，可涂黑
钢筋混凝土	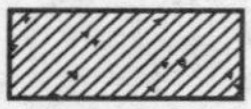	
毛石	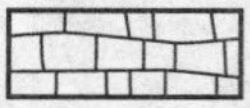	
木材		① 上图为横断面，左上图为垫木、木砖、木龙骨 ②下图为纵断面
金属		① 包括各种金属 ② 图形小时，可涂黑

表 8－3 常用建筑构造与配件图例

名称	图例	说明	名称	图例	说明
楼梯	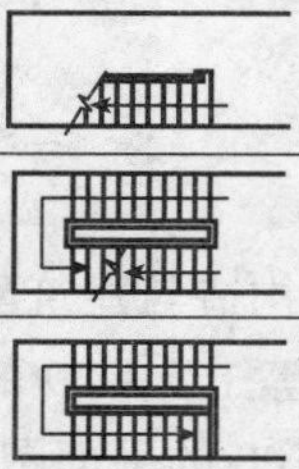	① 上图为底层楼梯平面，中图为中层楼梯平面，下图为顶层楼梯平面 ② 楼梯的形式及步数应按实际情况绘制	坑槽	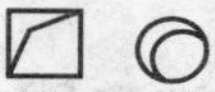	
			墙预留洞	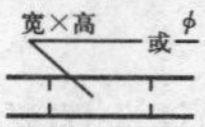 宽×高 或 φ	
			墙预留槽	 宽×高×深 或 φ	
坡度	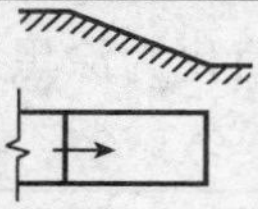		烟道		
检查孔		左图为可见检查孔，右图为不可见检查孔	通风道		

（续）

名称	图例	说明	名称	图例	说明
孔洞			空门洞	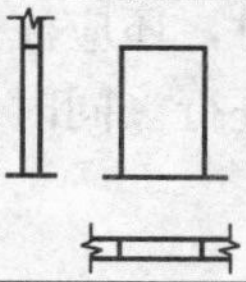	
单扇门（包括平开或单面弹簧）	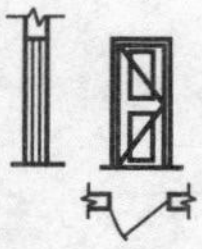	①门的名称代号用M表示 ②剖视图上左为外，右为内，平面图上下为外，上为内 ③立面图上开启方向线交角的一侧为安装合页的一侧，实线为外开，虚线为内开 ④平面图上的开启弧线及立面图上的开启方向线，在一般设计图上不需表示，仅在制作图上表示 ⑤立面形式应按实际情况绘制	单层固定窗	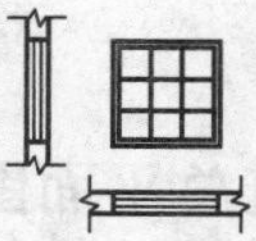	①窗的名称代号用C表示 ②立面图中的虚线表示窗的开关方向，实线为外开，虚线为内开；开启方向，线交角的一侧为安装合页的一侧，一般设计图中可不表示 ③剖视图上左为外、右为内，平面图上下为外，上为内 ④平面图、剖视图上的虚线仅说明开关方式，在设计图中不需要表示 ⑤窗的立面形式应按实际情况绘制
单扇双面弹簧门	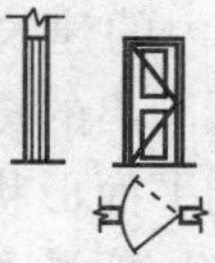		单层外开上悬窗	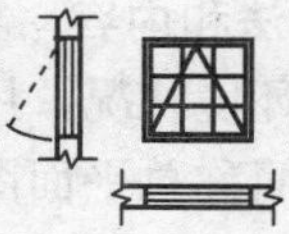	
双扇门（包括平开或单面弹簧）			单层中悬窗	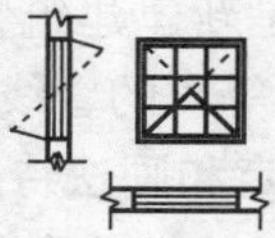	
双扇双面弹簧门	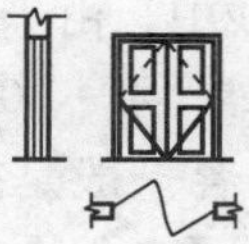		单层外开平开窗	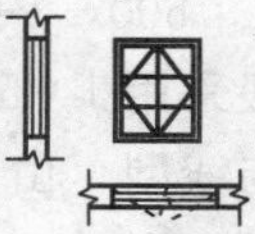	
对开折叠门	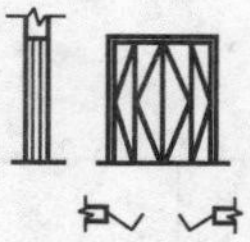		左右推拉窗		

七、阅读施工图的步骤

一套完整的建筑施工图，简单的有十几张，复杂的有几十张，甚至几百张。阅读这些图纸时，究竟应从哪里看起呢？

对于全套图纸来说，应先看图纸目录和设计总说明，再按建筑施工图、结构施工图和设备施工图的顺序阅读。对于建筑施工图来说，先看平面图、立面图、剖面图（简称平、立、剖），后看详图。对于结构施工图来说，先看基础图、结构平面图、后看构件详图。当然这些步骤不是孤立的，而是要经常互相联系并反复进行。

阅读图样时，还应注意按先整体后局部、先文字说明后图样、先图形后尺寸的原则依次进行。同时，还应注意各类图纸之间的联系，弄清各专业工种之间的关系等。

第二节　建筑施工图

一、建筑总平面图

1. 图示方法和内容　将新建建筑物以及在一定范围内的建筑物、构筑物连同其周围的环境状况，用水平投影方法和相应的图例所画出的图样，称为建筑总平面图，简称总平面图或总图。它表明了新建筑物的平面形状、位置、朝向、高程，以及与周围环境，如原有建筑物、道路、绿化等之间的关系。因此，总平面图是新建建筑物施工定位和规划布置场地的依据，也是其他专业（如水、暖、电等）的管线总平面图规划布置的依据。

2. 有关规定和画法特点

（1）比例　建筑总平面图所表示的范围比较大，一般都采用较小的比例，常用的比例为1∶500，1∶1 000，1∶2 000等。工程实践中，由于有关部门提供的地形图一般采用1∶500的比例，故总平面图的比例常为1∶500。

（2）图例与线型　由于比例很小，总平面图上的内容一般是按图例绘制的，常用图例见表8-4。当标准所列图例不够用时，也可自编图例，但应加以说明。

表8-4　总平面图常用图例

名称	图例	说明	名称	图例	说明
新建的建筑物		① 上图为不画出入口图例，下图为画出入口图例 ② 需要时，可在图形内右上角以点数或数字（高层宜用数字）表示层数 ③ 用粗实线表示	填挖边坡		边坡较长时可在一端或两端局部表示
			护坡		

（续）

名称	图例	说明
原有的建筑物		① 应注明拟利用者 ② 用细实线表示
计划扩建的预留地或建筑地		用中虚线表示
拆除的建筑物		用细实线表示
新建的地下建筑物或构筑物		用粗虚线表示
围墙及大门		① 上图为砖石、混凝土或金属材料围墙 ② 下图为镀锌铁丝网、篱笆等围墙 ③ 如仅表示围墙时不画大门
露天桥式起重机		
架空索道		“I”为支架位置
坐标	X105.00 Y425.00 A131.51 B278.25	① 上图表示测量坐标 ② 下图表示施工坐标
方格网交叉点标向	−0.50　77.85 78.35	①“78.35”为原地面标高 ②“77.85”为设计标高 ③“−0.50”为施工高度 ④“−”表示挖方，“+”表示填方

名称	图例	说明
雨水井		
消火栓井		
室内标高	151.00	
室外标高	143.00	
新建道路	6 101.00 R9 150.00	①“R9”表示道路转弯半径为 9 m；“150.00”为路面中心标高；“6”表示 6%，为纵向坡度；“101.00”表示变坡点距离 ② 图中斜线为道路端面示意，根据实际需要绘制
原有道路		
计划扩建的道路		
道路曲线段	JD2 R20	①“JD2”为曲线转折点编号 ②“R20”表示道路曲线半径为 20 m
桥梁		① 上图为公路桥 ② 下图为铁路桥 ③ 用于涵桥时应注明
跨线桥		道路跨铁路
		铁路跨道路
		道路跨道路
		铁路跨铁路
管线	代号	管线代号按现行国家有关标准的规定标注

新建建筑物的外形轮廓线用粗实线绘制，新建的道路、桥涵、围墙等用中实线绘制，计划扩建的建筑物用中虚线绘制，原有的建筑物、道路及坐标网、尺寸线、引出线等用细实线绘制。

（3）注写名称与层数　总平面图上的建筑物、构筑物应注写名称与层数。当图样比例小或图面无足够位置注写名称时，可用编号列表编注。层数则应注写在图形内右上角用小黑圆点或数字表示。

（4）地形　当地形复杂时要画出等高线，表明地形的高低起伏变化。

（5）坐标网格　总平面图表示的范围较大时，应画出测量坐标网或建筑坐标网。测量坐标代号宜用“X、Y”表示，例如 X1200、Y700；建筑坐标代号宜用“A、B　”表示，例如 A100、B200。

（6）尺寸标注与标高注法　总平面图中尺寸标注的内容包括：新建建筑物的总长和总宽；新建建筑物与原有建筑物或道路的间距；新增道路的宽度等。

总平面图中标注的标高应为绝对标高。所谓绝对标高，是指以我国青岛市外的黄海海平面作为零点而测定的高度尺寸。假如标注相对标高，则应注明其换算关系。新建建筑物应标注室内外地面的绝对标高。

标高及坐标尺寸宜以 m 为单位，并保留到小数点后两位。

（7）指北针或风玫瑰图　总平面图应按上北下南方向绘制。根据场地形状或布局，可向左或向右偏转，但不宜超过 45°。总平面图上应画出指北针或风玫瑰图。

风玫瑰图也称风向频率玫瑰图，一般画出 16 个方向的长短线来表示该地区的常年风向频率。其中，粗实线表示全年风向频率，细实线表示冬季风向频率，虚线表示夏季风向频率。图 8－13 是广州市的风玫瑰图，表明该地区冬季北风发生的次数最多，而夏季东南风发生的次数最多。

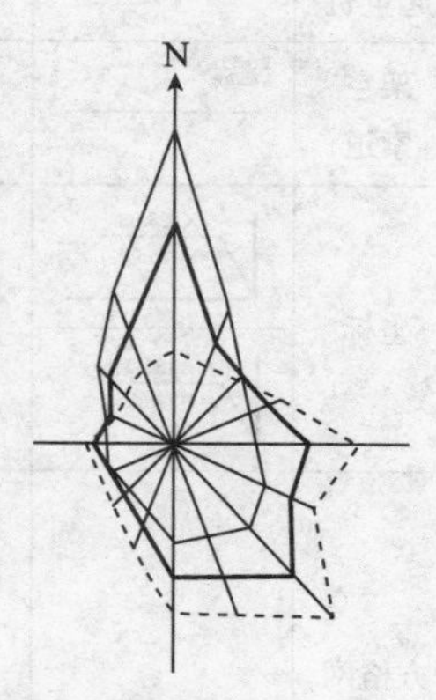

图 8－13　风玫瑰图

由于风玫瑰图同时也表明了建筑物的朝向情况，因此，如果在总平面图上绘制了风玫瑰图，则不必再绘制指北针。

（8）绿化规划与补充图例　上面所列内容，既不是完整无缺，也不是任何工程设计都缺一不可，因而应根据工程的特点和实际情况而定。对一些简单的工程，可不画出等高线、坐标网格或绿化规划等。

3. 识读建筑总平面图示例　附图 5 是某沼气工程项目总平面图，选用比例为1∶300。图中用粗实线画出的图形为新建建筑物、构筑物的外形轮廓。细实线画出的是道路、围墙和绿化等。

从图中指北针，可知总平面图按上北下南方向绘制。以新建建筑②为例，建筑室内地坪，标注建筑图中±0.000处的绝对标高为456.30 m。注意室内外地坪标高标注符号的不同。

从图中的尺寸标注，可知新建建筑②总长8.44 m，总宽6.44 m。新建建筑物的位置可用定位尺寸或坐标确定。定位尺寸应注出与原建筑物或道路中心线的距离尺寸，新建建筑物南面离道路中心线5.50 m，北面距围墙3.00 m，新建建筑②与西侧新建建筑物①、东侧新建建筑物③间距均为10.00 m。

二、建筑平面图

1. 图示方法和内容　假想用一个水平的剖切平面沿门窗洞的位置将房屋剖开，移去上面部分后，向水平投影面作正投影所得的水平剖面图，称为建筑平面图，简称平面图。

建筑平面图反映了建筑物的平面形状和平面布置，包括墙和柱、门窗，以及其他建筑构配件的位置和大小等。它是墙体砌筑、门窗安装和室内装修的重要依据，是施工图中最基本的图样之一。

如果是楼房，沿首层剖开所得到的全剖面图称为首层平面图，沿二层、三层……剖开所得到的全剖面图则相应称为二层平面图、三层平面图……。房屋有几层，通常就应画出几个平面图，并在图的下方注明相应的图名和比例。当房屋上下各楼层的平面布置相同时，可共用一个平面图，图名为标准层平面图或X～Y层平面图（如三至八层平面图）。此外还有屋面平面图，是房屋顶面的水平投影。

建筑平面图除了表示本层的内部情况外，还需表示下一层平面图中未反映的可见建筑构配件，如雨篷等。首层平面图也需表示室外的台阶、散水、明沟和花池等。

房屋的建筑构造包括阳台、台阶、雨篷、踏步、斜坡、通气竖井、管线竖井、雨水管、散水、排水沟、花池等。建筑配件包括卫生器具、水池、工作台、橱柜以及各种设备等。

2. 有关规定和画法特点

（1）比例　建筑平面图的比例应根据建筑物的大小和复杂程度确定，常用比例为1∶50、1∶100、1∶200，多用1∶100。由于绘制建筑平面图的比例较小，所以平面图内的建筑构造与配件要用表8－3的图例表示。

（2）定位轴线　定位轴线确定了建筑物各承重构件的定位和布置，同时也是其他建筑构配件的尺寸基准线。定位轴线的画法和编号已在基础知识中详细介绍。建筑平面图中定位轴线的编号确定后，其他各种图样中的轴线编号应与之相符。

（3）图线　被剖切到的墙、柱的断面轮廓线用粗实线画出。砖墙一般不画比例，钢筋混凝土的柱和墙的断面通常涂黑表示。粉刷层在1∶100的平面图中不必画出，当比例为1∶50或更大时，则要用细实线画出。没有剖切到的可见轮廓线，如窗台、台阶、明沟、楼梯和阳台等用中实线画出，当绘制较简单的图样时，也可用细实线画出。尺寸线与尺寸界线、标高符号、定位轴线等用细实线和细单点长画线画出。

（4）门窗布置与编号　门与窗均按图例画出，门线用90°或45°的中实线（或细实线）表示开启方向；窗线用两条平行的细实线图例（高窗用细虚线）表示窗框与窗扇。门窗的代号分别为“M”、“C”，当设计选用的门、窗是标准设计时，也可选用门窗标准图集中的门窗型号或代号来标注。门窗代号的后面都注有编号，编号为阿拉伯数字，同一类型和大小的门窗用同一代号和编号。为了方便工程预算、订货与加工，通常还需有一个门窗明细表，列出该建筑物所选用的门窗编号、洞口尺寸、数量、采用标准图集及编号等，见表8-5。

表8-5　门窗表

设计编号	洞口尺寸（宽×高），mm	数量	采用标准图集名称及编号	备　注
M1	1 200×2 900	1	—	柚木门，带半圆太阳花亮窗
M2	800×2 100	9	中南标 98ZJ601 M11-0821	双面夹板木门
M3	750×2 000	3	—	豪华塑料门
M4	800×2 700	2	中南标 98ZJ601 M12-0827	双面夹板木门，带亮窗
C1	7 820×2 100	1	见J-22铝合金窗详图	铝合金平开窗
C2	2 400×9 600	1	—	铝合金玻璃幕墙
C3	2 400×2 100	4	见J-22铝合金窗详图	铝合金推拉窗
C4	1 200×2 100	2	见J-22铝合金窗详图	铝合金推拉窗
C5	1 200×630	1	见J-22铝合金窗详图	铝合金推拉窗
C6	900×1 500	1	见J-22铝合金窗详图	铝合金中悬窗，高窗，离地面1 600
C7	2 400×1 800	8	见J-22铝合金窗详图	铝合金推拉窗
C8	1 200×1 800	5	见J-22铝合金窗详图	铝合金推拉窗
C9	1 200×1 670	1	见J-22铝合金窗详图	铝合金推拉窗
C10	900×1 100	2	见J-22铝合金窗详图	铝合金中悬窗，高窗，离楼面1 600

注：木门油漆为栗色清水漆，铝合金窗均为1.2 mm厚绿色铝合金框和5 mm厚绿色玻璃。

（5）尺寸与标高　标注的尺寸包括外部尺寸和内部尺寸。外部尺寸通常为三道尺寸，一般注写在图形下方和左方，最外面一道尺寸称第一道尺寸，表示外轮廓的总尺寸，即指从一端外墙边到另一端外墙边的总长和总宽尺寸；第二道尺寸表示轴线之间的距离，通常为房间的开间和进深尺寸；第三道尺寸为细部尺寸，表示门窗洞口的宽度和位置、墙柱的大小和位置等。内部尺寸用于表示室内的门窗洞、孔洞、墙厚、房间净空和固定设施等的大小和位置。

注写楼、地面标高，表明该楼、地面对首层地面的零点标高（注写为±0.000）的相对高度。注写的标高为装修后完成面的相对标高，也称注写建筑标高。

（6）其他标注　房间应根据其功能注上名称和编号。楼梯间是用图例按实际梯段的水平投影画出，同时还要表示“上”“下”关系。首层平面图应在图形的左上角画上指北针。同时，建筑剖面图的剖切符号，如1－1，2－2等，也应在首层平面图上标注。当平面图上某一部分另有详图表示时，应画上索引符号。对于部分用文字更能表示清楚，或者需要说明的问题，可在图上用文字说明。

3. 识别建筑平面图示例　图8－14是某沼气工程项目预处理间的平面图，用1∶150的比例绘制。从指北针可知，该建筑大门在东西两侧。大门口处设坡道，室内有集水池、调节池2、混凝池、吸附池等地下构筑物。室内标高为±0.000 m，室外地坪标高为－0.300 m。

轴线以墙中定位，横向轴线1～7，纵向轴线A～D。墙厚240 mm，外墙外有100 mm厚保温层。涂黑的是钢筋混凝土构造柱，构造柱尺寸为400 mm×400 mm。平面图上下方标注了三道尺寸。最外的一道尺寸为总体尺寸，反映建筑的总长和总宽；第二道尺寸为定位轴线尺寸，反映了柱子的间距；第三道尺寸为细部尺寸，是柱间门窗的尺寸或窗间墙尺寸。

图中剖切符号1－1表示建筑剖面图的剖切位置。

4. 绘制建筑平面图步骤　绘制建筑施工图一般先从平面图开始，然后再立面图、剖面图和详图等。平面图的绘制步骤一般为：

（1）画定位轴线。

（2）画墙和柱的轮廓线。

（3）画门窗洞和细部构造。

（4）标注尺寸等，最后完成全图。

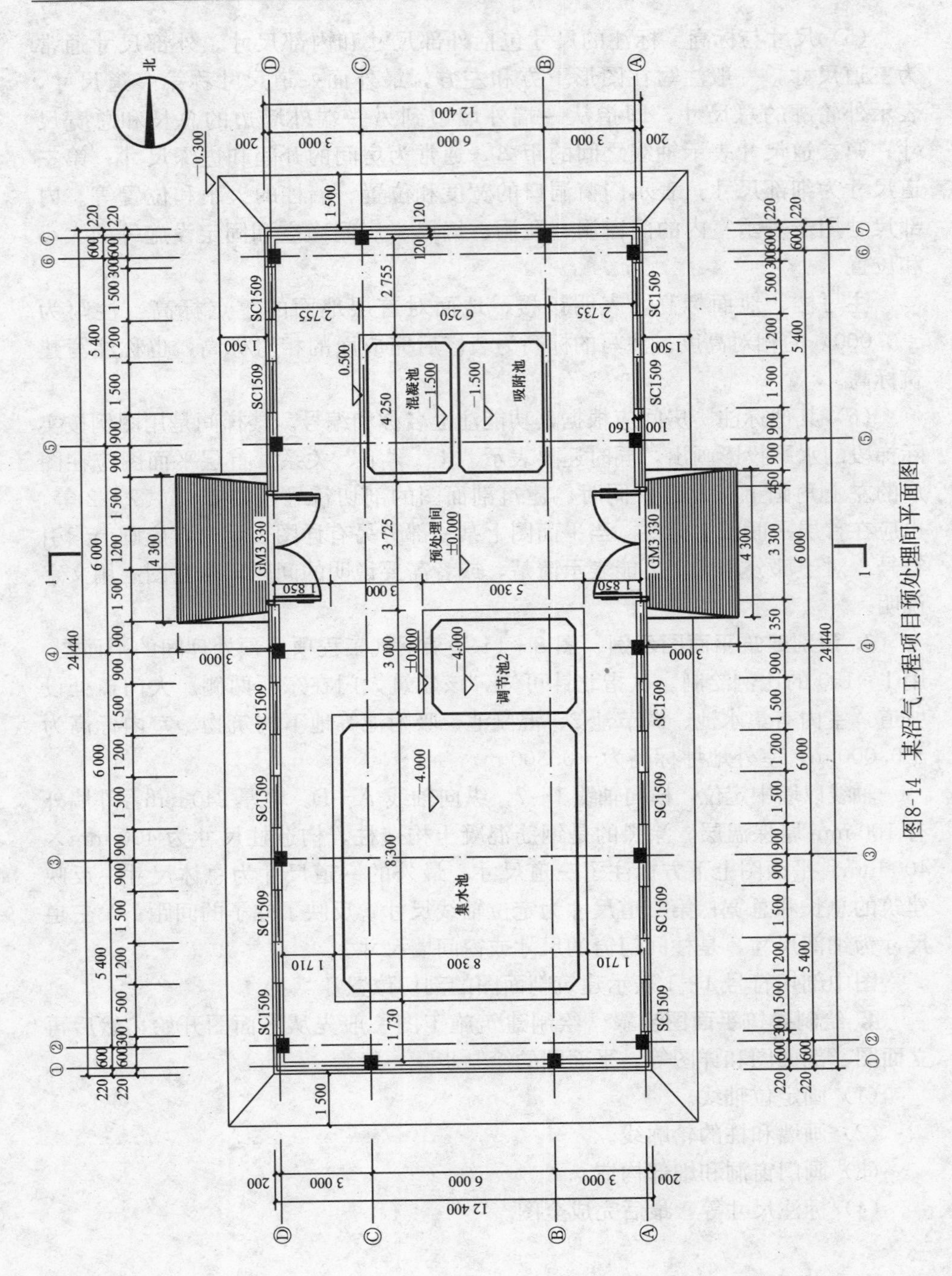

图8-14　某沼气工程项目预处理间平面图

三、建筑立面图

1. 图示方法和内容　建筑物是否美观，很大程度上取决于它在主要立面上的艺术处理，包括造型与装修是否优美。在施工图中，它主要反应建筑物的外貌、门窗形式和位置、墙面的装饰材料、做法和色彩等。

2. 有关规定和画法特点

（1）比例　建筑立面图的比例与建筑平面图相同，通常为1∶50、1∶100、1∶200等，多用1∶100。由于绘制建筑立面图的比例较小，所以立面图内的建筑构造与配件要用表8－3的图例表示。如门、窗等都是用图例来绘制的，且只画出主要轮廓线及分割线。

（2）定位轴线　在建筑立面图中一般只画出两端的定位轴线及其编号，以便与平面图对照。

（3）图线　为了加强建筑立面图的表达效果，使建筑物的轮廓突出、层次分明，通常把建筑立面的最外的轮廓线用粗实线画出；室外地平线用加粗线画出；门窗洞、阳台、台阶、花池等建筑构配件的轮廓线用中实线画出，对于凸出的建筑构配件，如阳台和雨篷等，其轮廓线有时也可以画出比中实线略粗一点；门窗分格线、墙面装饰线、雨水管以及用料注释引出线用细实线画出。

（4）尺寸与标高　建筑立面图的高度尺寸用标高的形式标注，主要包括建筑物的室内外地面、台阶、窗台、门窗洞顶部、檐口、阳台、雨篷、女儿墙及水箱顶部等处的标高。各标高注写在立面图的左侧或右侧且排列整齐。立面图上除了标高，有时还要补充一些没有详图表示的局部尺寸，如外墙留洞除注出标高外，还应注出其大小尺寸及定位尺寸。

（5）其他标注　凡是需要绘制详图的部位，都应画上索引符号。建筑物外墙面的各部分装饰材料、做法、色彩等用文字或列表说明。

3. 识读建筑立面图示例　图8－15是某沼气工程项目预处理间的立面图，用1∶100的比例绘制。该立面是建筑物的主要立面，它反映该建筑的外貌特征及装饰风格。配合建筑平面图，该建筑物为单层，东侧有一大门，大门外为坡道。立面共6扇高窗。屋面为双坡屋顶。外墙装修的主格调为白色涂料，屋面为蓝色彩钢板。

该立面采用粗实线绘制的外轮廓线显示了该立面的总长和总高；用加粗线画出室外地坪线；用细实线画出门窗分格线。该立面分别注有室外地坪、门窗洞顶、窗台、柱顶、屋架顶、屋脊等标高。从所标注的标高可知，室外

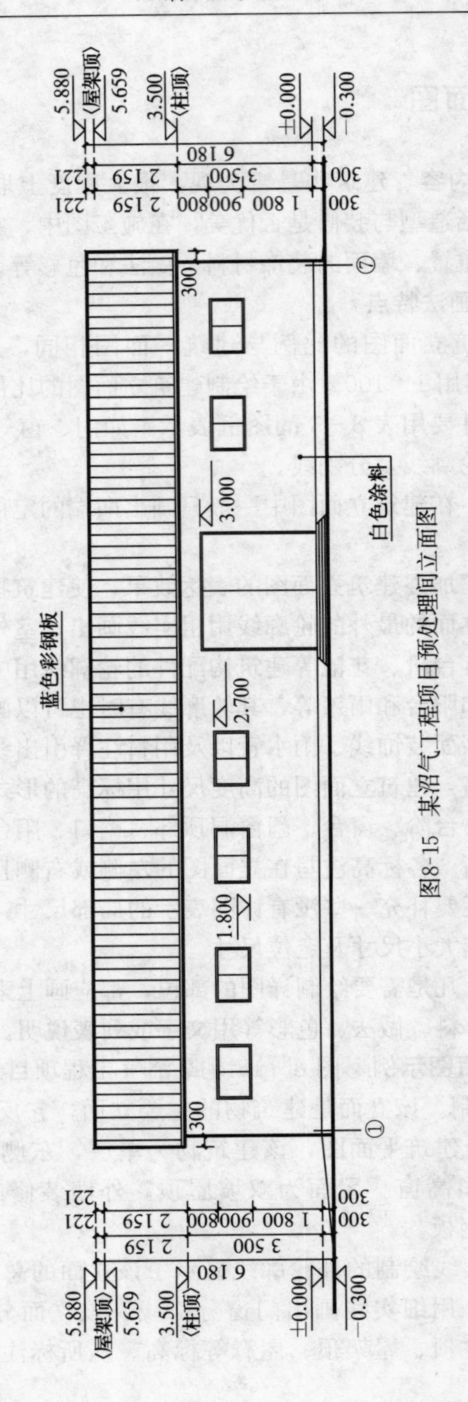

图8-15 某沼气工程项目预处理间立面图

地坪比室内±0.000 低 300 mm。房屋的最高点坡屋面屋脊处为 5.880 m。

4. 绘制建筑立面图步骤

(1) 画基准线，即按尺寸画出房屋的横向定位轴线和层高线，注意横向定位轴线与平面图保持一致，画建筑物的外轮廓线。

(2) 画门窗洞线和阳台、台阶、雨篷、屋顶造型等细部的外形轮廓线。

(3) 画门窗分格线及细部构造，按建筑立面图的要求加深图线，并注标高尺寸、轴线编号、详图索引符号和文字说明等，完成全图。

四、建筑剖面图

1. 图示方法和内容　假想用一个或多个垂直于外墙轴线的铅垂剖切面，将建筑物剖开，所得的投影图，称为建筑剖切面，简称剖面图。剖面图用以表示建筑物内部的主要结构形式、分层情况、构造做法、材料及其高度等，是与平面图、立面图相互配合的不可缺少的重要图样之一。

剖面图的剖切位置，应在平面图上选择能反映建筑物内部全貌的构造特性，以及有代表性的部位，并应在首层平面图中标明。剖面图的图名，应与平面图上所标注剖切符号的编号一致，如 1－1 剖面图、2－2 剖面图等。根据房屋的复杂程度，剖面图可绘制一个或多个，如果房屋的局部构造有变化，还可以画局部剖面图。

建筑剖面图往往采用横向剖切、即平行于侧立面，需要时也可以用纵向剖切，即平行于正立面。剖切的位置常常选择通过门厅、门窗洞口、楼梯、阳台和高低变化较多的地方。

2. 有关规定和画法特点

(1) 比例　建筑剖面图的比例与建筑平面图、建筑立面图相同，通常为 1∶50、1∶100、1∶200 等，多用 1∶100。由于绘制建筑立面图的比例较小，按投影很难将所有细部表达清楚，所以剖面图内的建筑构造与配件也要用表 8－3的图例表示。

(2) 定位轴线　与建筑立面图一样，只画出两端的定位轴线及其编号，以便与平面图对照。需要时也可以注出中间轴线。

(3) 图线　被剖切到的墙、楼面、屋面、梁的断面轮廓线用粗实线画出。砖墙一般不画比例，钢筋混凝土的梁、楼面、屋面和柱的断面通常涂黑表示。粉刷层在 1∶100 的剖面图中不必画出，当比例为 1∶50 或更大时，则要用细实线画出。室内外地坪线用加粗线表示。没有剖切到的可见轮廓线，如门窗洞、踢脚线、楼梯栏杆、扶手等用中实线画出（当绘制较简单的图样时，也可用细实线画出）。尺寸线与尺寸界线、图例线、引出线、标高符号、雨水管等用细实线画出。定位轴线用细单点长画线画出。

（4）尺寸与标高 尺寸标注与建筑平面图一样，包括外部尺寸和内部尺寸。外部尺寸通常为三道尺寸，最外面一道称第一道尺寸，为总高尺寸，表示从室外地坪到女儿墙压顶面的高度；第二道为层高尺寸；第三道为细部尺寸，表示勒脚、门窗洞、洞间墙、檐口等高度尺寸。内部尺寸用于表示室内门、窗、隔断、隔板、平台和墙裙等的高度。

另外，还需要用标高符号标出室内外地坪、各层楼面、楼梯休息平台、屋面和女儿墙压顶面等处的标高。

注写尺寸与标高时，注意与建筑平面图和建筑立面图一致。

（5）其他标注 对于局部构造表达不清楚时，可用索引符号引出，另绘详图。某些细部的做法，如地面、楼面的做法，可用多层构造引出标注。

3. 识读建筑剖面图示例 图 8-16 是某沼气工程项目预处理间的剖面图，用 1∶100 的比例绘制。其剖切位置是按图 8-14 平面中 1-1 剖切位置绘制的。室内外地坪线用加粗实线，地下墙体用折断线断开，如图中 A 轴的位置所示。剖切到的墙体用两条粗实线表示，不画图例，表示用砖砌成。剖切到的圈梁涂黑，表示材料为钢筋混凝土。剖面图中画出未剖到而可见的池体边上的栏杆，并标出了其尺寸。

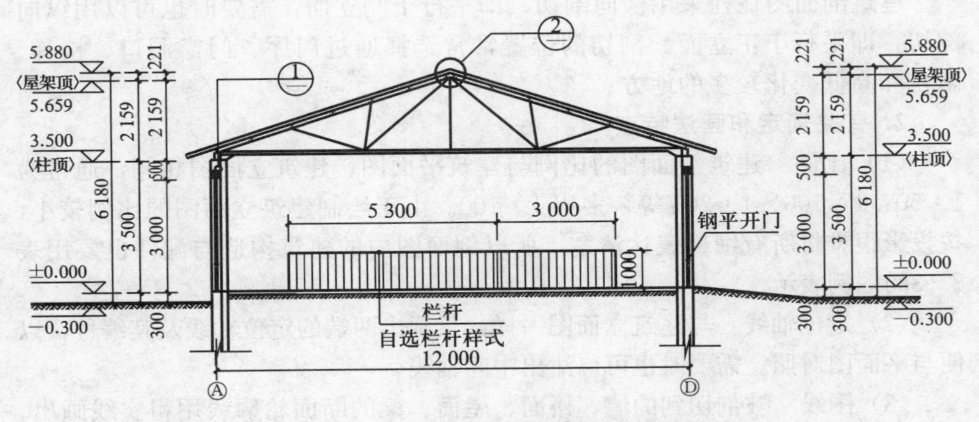

图 8-16 某沼气工程项目预处理间剖面图

从标高尺寸可知，室内外高差 0.3 m，门高 3.0 m，墙体高度 3.5 m，屋架高度 2.159 m。

剖面图的墙体及屋脊处还有索引符号，表示另有详图。详图编号分别为①、②，画在本张施工图上。

4. 绘制建筑剖面图步骤

（1）画基准线，即按尺寸画出房屋的横向定位轴线和纵向层高线，室内外地坪线、女儿墙顶部位置线等。

（2）画墙体轮廓线、楼层和屋面线，以及楼梯剖面等。

（3）画门窗及细部构造，按建筑剖面图的要求加深图线，标注尺寸、标高、图名和比例等，最后完成全图。

五、建筑详图

1. 图示方法和内容 建筑平面图、立面图、剖面图是建筑物施工的主要图样，它们已将建筑物的整体形状、结构、尺寸等表示清楚了，但是由于画图的比例较小，许多局部的详细构造、尺寸、做法及施工要求图上都无法注写、画出。为了满足施工需要，建筑物的某些部位必须绘制较大比例的图样才能清楚地表示。这种对建筑的细部或构配件用较大的比例将其形状、大小、材料和做法，按正投影图的画法，详细地表示出来的图样，称为建筑详图，简称详图。

2. 有关规定和画法特点

（1）比例 建筑详图最大的特点是比例大，常用1∶50、1∶20、1∶5、1∶2等比例绘制。建筑详图的图名，应与被索引的图样上的索引符号对应，以便对照查阅。

（2）定位轴线 在建筑详图中一般应画出定位轴线及其编号，以便与平面图、立面图、剖面图对照。

（3）图线 建筑详图的图线要求是：建筑构配件的断面轮廓线为粗实线；构配件的可见轮廓线为中实线或细实线；材料图例线为细实线。

（4）尺寸与标高 建筑详图的尺寸标注必须完整齐全、准确无误。

（5）其他标注 对于套用标准图或通用图集的建筑构配件和建筑细部，只要注明所套用图集的名称、详图所在的页数和编号，不必再画详图。建筑详图中凡是需要再绘制详图的部位，同样要画上索引符号。另外，建筑详图还应把有关的用料、做法和技术要求等用文字说明。

3. 识读建筑详图示例 图8－17是外墙剖面节点详图，是按图8－14的平面图中，在轴线Ⓐ的1－1位置剖切局部放大绘制的。它表示房屋的屋面、檐口构造、屋面与墙体的连接，门窗顶、散水、室内地面等处构造的情况，是建筑施工的主要依据。该详图用 1∶20 的比例画出。

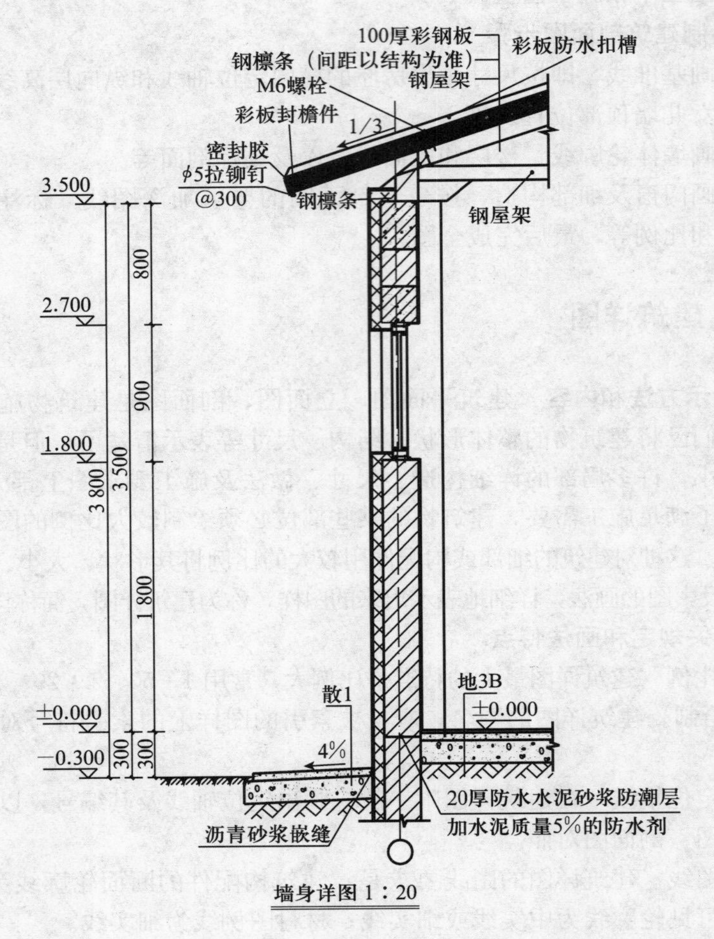

图 8－17 外墙剖面节点详图

第三节 结构施工图

一、结构施工图概述

1. 结构施工图的内容和分类 结构施工图一般包括结构设计说明、结构布置图和构件详图。

结构设计说明的内容包括结构设计所遵循的规范、主要设计依据（如地质、水文条件、荷载情况、抗震说明等)、统一的构造做法、技术措施、对结构材料及施工的要求等。

结构布置图是建筑物承重结构的整体布置图，主要表示结构构件的位置、数量、型号及相互关系。建筑物的结构布置按需要可用结构平面图、立面图、剖面图表示，其中结构平面图较常使用，如基础平面图、楼层结构平面图和屋面结构平面图等。

构件详图是表示单个构件的形状、尺寸、材料、构造及工艺的图样，如梁、板、柱、基础、屋架和楼梯等结构详图。

结构施工图可以按建筑物承重构件所用的材料分类，如钢筋混凝土结构图、钢结构图、木结构图和砖石结构图等。

2. 结构施工图常用的构件代号　房屋结构的基本构件类型很多，如板、梁、柱、屋架、基础等。为了图示简明扼要，在结构图上通常用代号来表示构件的名称。构件代号以该构件名称的汉语拼音第一个字母表示，见表 8－6。

表 8－6　常用构件代号

名称	代号	名称	代号
板	B	屋架	WJ
屋面板	WB	框架	KJ
空心板	KB	支架	ZJ
楼梯板	TB	柱	Z
盖板	GB	框架柱	KZ
墙板	QB	构造柱	GZ
梁	L	基础	J
屋面梁	WL	设备基础	SJ
吊车梁	DL	桩	ZH
圈梁	QL	挡土墙	DQ
过梁	GL	楼梯	T
基础梁	JL	雨篷	YP
楼梯梁	TL	阳台	YT
框架梁	KL	预埋件	M

二、基础图

基础是在建筑物地面以下的部分，它承受建筑物的全部荷载，并将其传递给地基（建筑物下的土层）。基础的形式与上部结构系统及荷载大小、地基的承载力有关，一般有条形基础和独立基础等形式。

表达建筑物基础结构及构造的图样称基础结构图，简称基础图，一般包括基础平面图和基础详图。

1. 基础平面图 基础平面图是假想用一水平面沿地面将建筑物切开，移去上面部分和周围土层，向下投影所得的全剖面图。

基础平面图绘制的比例一般与建筑平面图的比例相同。其定位轴线与编号也应与建筑平面图一致，以便对照阅读。基础中的梁、柱用代号表示。凡尺寸和构造不同的条形基础都需加画断面图，基础平面图上的剖切符号要依次编号。

尺寸标注方面需要标出定位轴线间的尺寸、条形基础底面和独立基础底面的尺寸。

基础平面图的图线要求是：剖切到的墙面画粗实线，可见的基础轮廓、基础梁等画中实线，剖切到的钢筋混凝土柱涂黑，如图 8－18 所示。

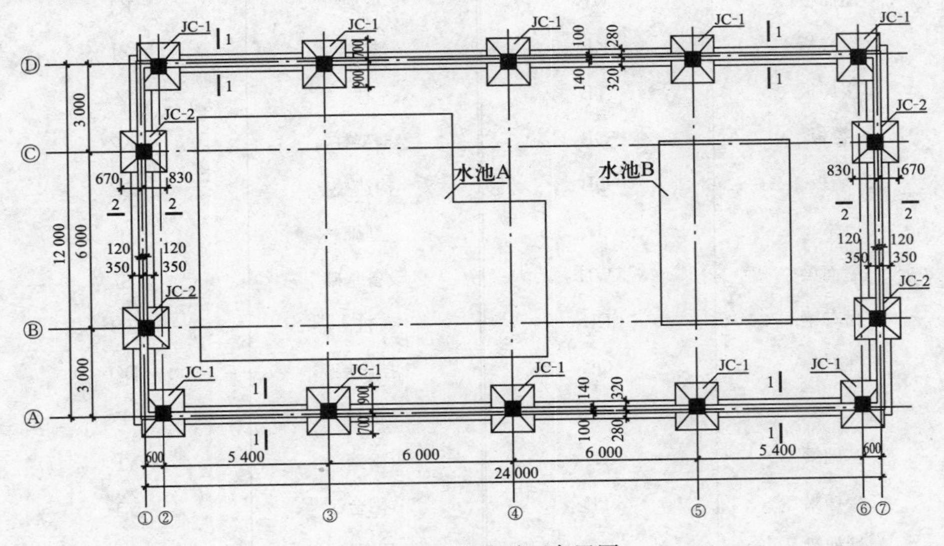

图 8－18 基础平面布置图

2. 基础详图　基础平面图仅表示基础的平面布置，而基础各部分的形状、大小、材料、构造及埋置深度需要画基础详图来表示。

各种基础的图示方法不同，条形基础采用垂直剖面图，独立基础则采用垂直剖面和平面图表示。

基础详图用大的比例绘制，常用比例为1∶20或1∶30。其定位轴线的编号应与基础平面图一致，以便对照查阅。基础墙和垫层等都应画上相应的材料图例。

尺寸标注方面除了标注基础上各部分的尺寸以外，还应标注钢筋的规格、室内外地面及基础底面标高等。

基础详图的图线要求是：对于条形基础，剖切到的砖墙和垫层画粗实线；而对于钢筋混凝土的独立基础，其基础轮廓、柱轮廓用中实线或细实线绘制，钢筋用粗实线绘制，钢筋断面为黑圆点，如图8－19所示。

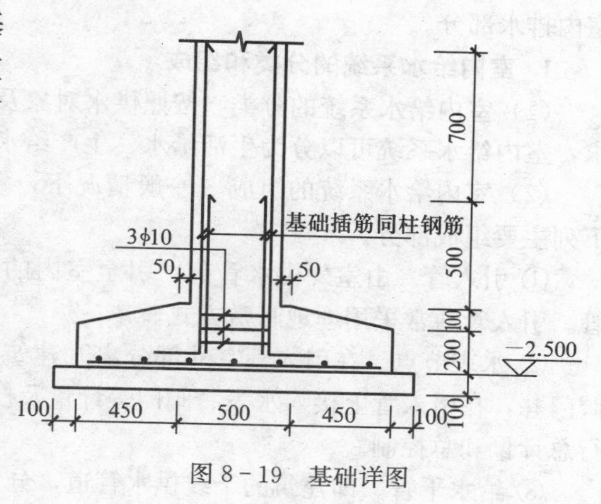

图8－19　基础详图

三、结构平面布置图

结构平面布置图主要是用平面图的形式来表示建筑物承重构件的布置情况。结构平面布置图包括基础平面图、楼层结构平面图和屋顶结构平面图等。

结构平面图绘图的比例一般与建筑平面图的比例相同，其定位轴线与编号也应与建筑平面图一致。

尺寸标注方面一般只标出定位轴线间的尺寸和总尺寸。

结构平面图的图线要求是：构件（如楼板）的可见轮廓线画中实线；构件的不可见轮廓线画中虚线，如不可见的梁用中虚线加代号表示，或在其中心位置画粗点画线并加代号表示；剖切到的钢筋混凝土柱涂黑，并注上相应的代号。

第四节 给水排水施工图

一、给水排水工程概述

自建筑物的给水引入管至室内各用水及配水设施段，称为室内给水部分。自各用水及配水设备排出的污水起，直至排至室外的检查井、化粪池段，称为室内排水部分。

1. 室内给水系统的分类和组成

（1）室内给水系统的分类　按照供水对象及对水质、水量、水压的不同要求，室内给水系统可以分为生活给水、生产给水和消防给水三类。

（2）室内给水系统的组成　一般情况下，室内给水系统（图 8－20），有下列主要组成部分。

① 引入管。由室外供水管起，引至室内的供水接入管道，称为给水引入管。引入管通常采用埋地暗敷方式。

② 水表节点。在引入管室外部分离开建筑物适当位置处，设置水表井或阀门井，在引入管上接入水表、阀门等计量及控制附件，对整支管道的用水进行总计量和总控制。

③ 给水干管。即建筑的干线供水管道，分为立管和水平给水干管两大类。

④ 给水支管。即建筑的支线供水管道，由干管接出，并向用水及配水设备过渡。

⑤ 用水或配水设备。建筑物中供水终端点。水到用水及配水设备后，供使用或提供给用水设备，完成供水过程，如水龙头属用水设备，卫生设备的水箱属配水设备。

⑥ 增压设备。用于增大管内水压，使管内水流能到达相应位置，并保证有足够的水流出水龙头，如泵站、无塔供水站等。

⑦ 储水设备。用于储存水，有时也有储存压力的作用，如水池、水箱、水塔等。

2. 室内排水系统的分类和组成

（1）室内排水系统的分类　室内排水的主要任务就是排除生产、生活污水和雨水。根据排水制度，可以将室内排水分为分流制和合流制两类。

分流制就是将室内的生活污水、雨水及生产污水（废水）用分别设置的管道单独排放的排水方式。

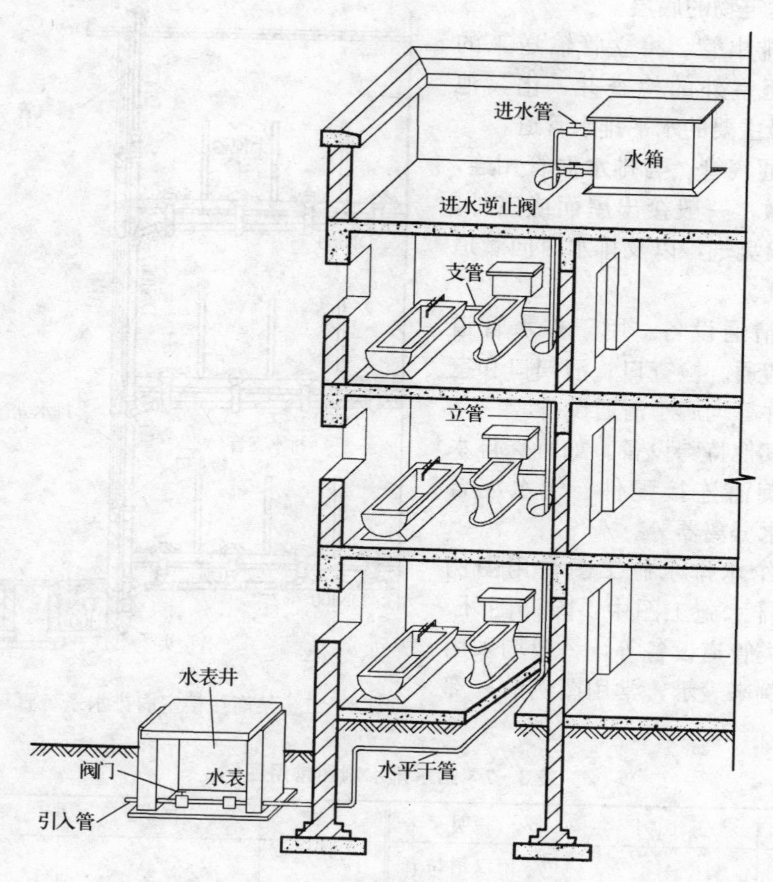

图 8-20　某商住楼室内给水系统直观图

合流制是将生活污水、生产污（废）水、雨水等两种或三种污水合起来，在同一根管道中排放。

（2）室内排水系统的组成　一般情况下，室内排水系统（图 8-21），有下列主要组成部分。

① 卫生器具。卫生器具是污水收集器，是排水的起点，建筑物中的洗面盆、大便器、地漏等均具有污水收集的功能。

② 排水支管。与卫生器具相连，输送污水至排水立管，起承上启下的作用，与卫生设备相连的支管应设水封（卫生设备、配件已带水封的可不设）。

③ 排水立管。排水立管为主要排水管道，用于汇集各支管的污水，并将

其排至建筑物的底层。

④ 排出管。将立管输送来的污水排至室外的检查井、化粪池中，是最主要的水平排水管道。

⑤ 通气管。与排水立管相连，上口开敞，一般接出屋面或室外，用于排出臭气，以及排水时向管道补充空气。

⑥ 清通设备。用于排水管道的清理疏通。检查口、清扫口和室内检查井等均属于清通设备。

⑦其他特殊设备。如特殊排水弯头、旋流连接配件、气水混合器、气水分离器等。

3. 给水排水施工图常用图例

给水排水施工图中，除详图外，其他各类管道设备等，一般均采用统一图例来表示，常用图例的一部分见表 8－7。

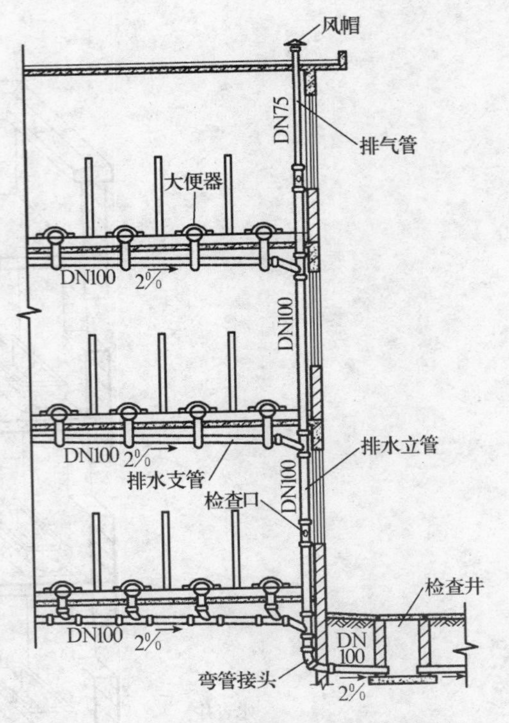

图 8－21 某商住楼室内排水系统直观图

表 8－7 给水排水制图常用图例

名称	图例	说明	名称	图例	说明
管道	J W Y	用汉语拼音字头表示管道类别。左图分别表示生活给水管、污水管、雨水管	止回阀		
			放水龙头		左图为平面，右图为系统
多孔管			室外消火栓		
管道立管	XL-1 平面 XL-1 系统	X：管道类别 L：立管 l：编号	室内消火栓（单口）	平面 系统	

（续）

名称	图例	说明	名称	图例	说明
排水明沟	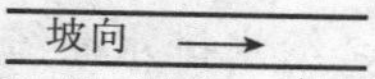 坡向		室内消火栓（双口）	平面　系统	
排水暗沟	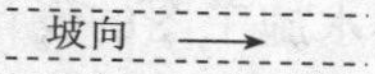 坡向		台式洗脸盆		
立管检查口			浴盆		
三通连接	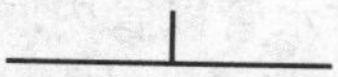		坐式大便器		
四通连接	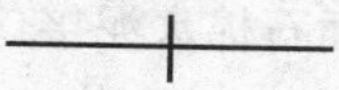		沐浴喷头		
管道交叉	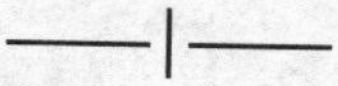	在下方和后面的管道应断开	矩形化粪池	 HC	HC 为化粪池代号
存水弯	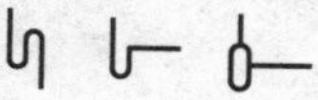		雨水口		左图为单口，右图为双口
清扫口	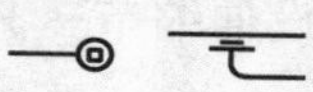	左图为平面，右图为系统	检查井 阀门井		
通气帽			水表井		
雨水斗	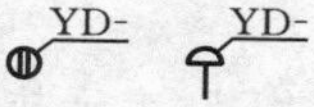 YD-　YD-	左图为平面，右图为系统	水泵		左图为平面，右图为系统
地漏			温度计		
闸阀			压力表		
截止阀	 DN≥50　DN<50		水表		

二、室内给水排水施工图

室内给水排水施工图包括说明、给水排水平面图、给水排水系统图、详图等部分。

1. 室内给水排水施工图表示的内容　室内给水排水施工图的设计总说明，就是用文字而非图形的形式表述有关必须交代的技术内容。建筑给水排水施工图应包括以下内容。

（1）尺寸单位及标高标注　图中尺寸及管径单位以毫米（mm）计，标高以米（m）计，所注标高，给水管道以管中心线计，排水管以管内底计。

（2）管材连接方式　给水管道用镀锌水煤气管或给水塑料管，丝扣连接。排水管采用硬聚氯乙烯管承插胶粘连接，或铸铁管承插石棉水泥接口。室外给水管采用混凝土管、水泥砂浆接口。

（3）消火栓安装　消火栓栓口中心线距室内地坪 1.20 m，安装形式详见国家标准《室内消火栓安装》（04S202）。

（4）管道的安装坡度　凡是图中没有注明的生活排水管道的安装坡度按以下取：DN50，$i=0.035$；DN75，$i=0.025$；DN100，$i=0.020$；DN150，$i=0.015$。

（5）检查伸缩节安装要求　排水立管检查口离地 1.0 m，底层、顶层及隔层立管均设。若排水立管为硬聚氯乙烯管，每层立管设伸缩节一只，离地高 2.0 m。

（6）立管与排出管的连接　一般采用两个 45°弯头连接，以加大转弯半径，减少管道堵塞。

（7）卫生器具的安装标准　参见国家标准《卫生设备安装》（09S304），卫生器具的具体选型在图纸中注明。

（8）管线图中代号的含义　“J”表示冷水给水管，“R”表示热水给水管，“P”表示污水排水管道，“L”表示立管。

（9）管道支架及吊架做法　参见国家标准《室内管道支架及吊架》（03S402）。

（10）管道保温　外露的给水管道均应采取保温措施。材料可以根据实际情况选定，做法参见国家标准《管道和设备保温、防结露及电伴热》（03S401）。

（11）管道防腐　埋地金属管道刷红丹底漆一道，热沥青两道；明露排水铸铁管道刷红丹底漆二道，银粉漆二道；给水管道刷银粉漆二道，为能看清给水管道的外观质量，也有要求不刷油漆的。

（12）试压　给水管道安装完毕应做水压试验，试验压力按施工规范或设计要求确定。

（13）未尽事宜　按《建筑给水排水及采暖工程施工质量验收规范》（GB 50242—2002）执行。

2. 室内给水排水平面图

（1）室内给水排水平面图的形成　给排水平面图是在建筑平面图的基础上，根据给排水制图的规定绘制出的用于反映给水排水设备、管线的平面布置状况的图样。室内给排水平面图按照以下原则绘制。

① 室内给水排水平面图是用假想的水平面，沿房屋窗台以上适当位置水平剖切，并向下投影而得到的剖切投影图。这种剖切后的投影不仅反映了建筑中的墙、柱、门窗洞口等内容，同时也能反映卫生设备、管道等内容。由于给排水平面图的重点是反映有关给排水管道、设备等内容，因此，建筑的平面轮廓线用细实线绘出，而给水管线用粗实线绘出，排水管线用粗虚线绘出，设备则按给排水施工图图例规定的线形绘出。

② 给排水平面图中的设备、管道等均用图例的形式示意其平面位置。

③ 给排水平面图中应标注出给排水设备、管道等规格、型号、代号等内容。

④ 对于房屋建筑的底层，室内给排水平面图应该反映与之相关的室外给排水设施的情况。

⑤ 对于房屋建筑的屋顶，应该反映屋顶水箱、水管等内容。

⑥ 对于雨水排水平面图而言，除了反映屋顶排水设施外，还应反映与雨水管相关联的阳台、雨篷及走廊的排水设施。

总之，给水排水平面图是以建筑平面图为基础，结合给水排水施工图的特点而绘制成的反映给水排水平面内容的图样。

（2）室内给水排水平面图主要反映的内容

① 房屋建筑的平面形式。室内给排水设施位于房屋建筑中，知道房屋建筑的平面形式，是识读给水排水施工图的基础条件。

② 有关给水排水设施在房屋平面中所处位置。这是给水排水设施定位的重要依据。

③ 卫生设备、立管等平面布置位置，尺寸关系。通过平面图，可以知道卫生设备、立管等前后、左右关系，相距尺寸等。

④ 给水排水管道的平面走向，管材的名称、规格、型号、尺寸，管道支架的平面位置。

⑤ 给水及排水立管的编号。

⑥ 管道的敷设方式、连接方式、坡度及坡向。

⑦ 管道剖切图的剖切符号、投影方向。

⑧ 与室内给水相关的室外引入管、水表节点、加压设备等平面位置。

⑨ 与室内排水相关的室外检查井、化粪池、排出管等平面位置。

⑩ 屋面雨水排水管道的平面位置、雨水排水口的平面布置、水流的组织、管道的安装和敷设方式。

⑪ 如有屋顶水箱，屋顶给水排水平面图还应反映水箱容量、平面位置、进出水箱的各种管道、管道支架和保温等内容。

图 8-22 为某沼气工程辅助用房给排水平面布置图。

（3）室内给水排水平面图的绘制步骤　绘制给水排水施工图一般都先绘制室内给水排水平面图。其绘图步骤一般为：

① 先画底层管道平面图，再画各楼层管道平面图。

② 在画每一层管道平面图时，先抄绘房屋平面图和卫生洁具平面图（因这些都在建筑平面图上布置好），再画管道布置，最后标注有关尺寸、标高、文字说明等。

③ 抄绘房屋平面图的步骤与画建筑平面图一样，先画轴线，再画墙身和门窗洞，最后画其他构配件。

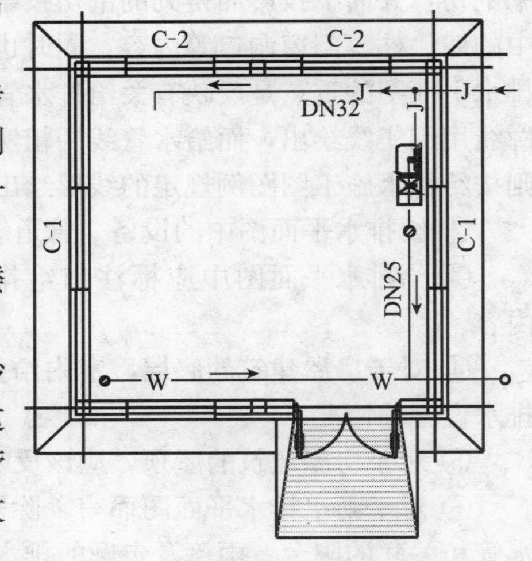

图 8-22　某沼气工程辅助用房给排水平面布置图

④ 画管道布置时，先画立管，再画引入管和排水管，最后按水流方向画出横支管和附件。给水管一般画至各设备的放水龙头或冲洗水箱的支管接口；排水管一般画至各设备的废、污水的排泄口。

3. 室内给水排水系统图　所谓系统图，就是采用轴测投影原理绘制的能够反映管道、设备三维空间关系的图样。系统图也称轴测图。

（1）室内给水排水系统图的形成　用单线表示管道，用图例表示水卫设备，用轴测投影的方法（一般采用 45°的正面斜等轴测）绘制出的反映某一给水排水系统或整个给水排水系统空间关系的图样，称为给水排水系统图。

就房屋而言，具有三个方位的关系：上下关系（层高或总高）、左右关系（开间或总长）、前后关系（进深或总宽）。给排水管道和设备布置在房屋建筑中，当然也具有这三个方位的关系。在给排水系统图中，上下关系与高相对应，是确定的，而左右、前后关系会因轴测投影方位不同而变化，人们在绘制系统图时一般并没有轴测投影的方位，但读者对照给排水平面图去理解给排水系统图的左右、前后关系并非难事。通常情况下，把房屋的南面（或正面）作为前面，把房屋的北面（或背面）作为后面；把房屋的西面（或左侧面）作为左面，把房屋东面（或右侧面）作为右面。图 8－23 为某沼气工程辅助用房给排水系统图。

（2）室内给水排水系统图主要反映的内容　给水排水平面图与给水排水系统图相辅相成，互相说明又互为补充，所反映的内容是一致的。给水排水系统图侧重于反映下列内容：

① 系统编号。该系统编号与给水排水平面图中的编号一致。

② 管径。在给水排水平面图中，对水平投影不具有积聚性的管道，可以表示出其管径的变化。对于立管而言，因其投影具有积聚性，故不便于表示出管径的变化。在系统图中要标注出管道的管径。

③ 标高。包括建筑标高、给水排水管道的标高、卫生设备的标高、管件的标高、管径变化处的标高、管道的埋深等内容。管道埋地深度，可以用负标高加以标注。

④ 小管道及设备与建筑的关系。比如管道穿墙、穿地下室、穿水箱、穿基础的位置，卫生设备与管道接口的位置等。

⑤ 管道的坡向与坡度。管道的坡度值无特殊要求时可参见说明中的有关规定，若有特殊要求则应在图中用箭头注明；管道的坡向应在系统图中注明。

⑥ 重要管件的位置。在平面图无法示意的重要管件，如给水管道中的阀门等，则应在图中引出详图；管道的坡向应在系统图中注明。

⑦ 与管道相关的有关给水排水设施的空间位置。如屋顶水箱、室外储水池、水泵、加压设备、室外阀门井等与给水相关的设施的空间位置，以及室外排水检查井、管道等与排水相关的设施的空间位置等内容。

⑧ 分区供水、分质供水情况。对采用分区供水的建筑物，系统图要反映分区供水区域；对采用分质供水的建筑，应按不同水质，独立绘制各系统的供水系统图。

⑨ 雨水排水情况。雨水排水系统图要反映管道走向、落水口、雨水斗等内容。雨水排至地下以后，若采用有组织排水，还应反映排出管与室外雨水井之间的空间关系。

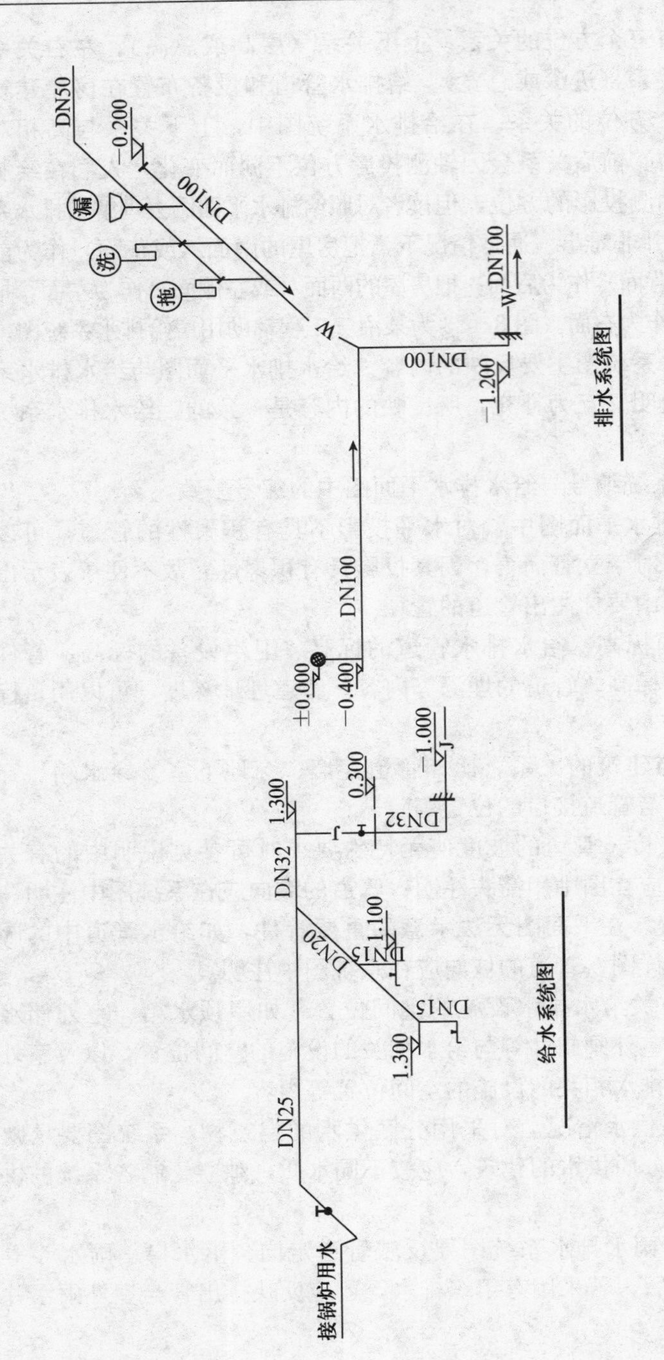

图8-23 某沼气工程辅助用房给排水系统图

第五节　建筑电气施工图

建筑电气施工图主要是指与房屋建筑密切相关的一类图样。将房屋建筑内电气设备的布局位置、安装方式、连接关系和配电情况表示在图纸上，就是建筑电气施工图。

建筑电气工程根据用途分为两类：一类为强电工程，它为人们提供能源、动力和照明；另一类为弱电工程，为人们提供信息服务，如电话、有线电视和宽带网等。不同用途的电气工程应独立设置为一个系统，如照明系统、动力系统、电话系统、电视系统、消防系统、防雷接地系统等。同一个建筑内可按需要同时设多个电气系统。现仅介绍最常用的室内电力照明施工图的有关内容和表示方法。

一、建筑电气施工图概述

1. 建筑电气施工图的组成及其主要内容

（1）按平面图、系统图来分类

① 首页图。一般包括图纸目录、工程总说明。

② 平面图。通常包括照明平面图、电力平面图、电话平面图、电视平面图、广播平面图和防雷平面图等。

③ 系统图。一般包括照明系统图、电力系统图、电话系统图、电视系统图、广播系统图和防雷系统图等。

④ 安装详图。

（2）按分项工程来分类

① 首页图。

② 建筑电气照明施工图。

③ 建筑电力施工图。

④ 建筑防雷施工图。

⑤ 建筑弱电（电话、广播、共用无线电视）施工图。

上述分项施工图又多由相应的平面图、系统图及必要的安装详图组成。

2. 建筑电气施工图的特点和有关规定

（1）导线的表示　电气设施都是用导线相连接的，导线是电气图中主要的表示对象。在电气图中导线用线条表示，每一根导线画一条线，称为线表示法，如图 8-24a 所示；这样表示有时很清楚也很必要，但是，当导线很多时画图很麻烦且不清楚，这种情况下可用单线表示法，即每组导线只画一条线，如果要表示该组导线的根数，可加画相应数量的斜短线表示，如图 8-24b 所示；或只画一条斜短线，注写数字表示导线的根数，如图 8-24c 所示。导线的单线表示法可以使电气图更简捷，因此最为常用。

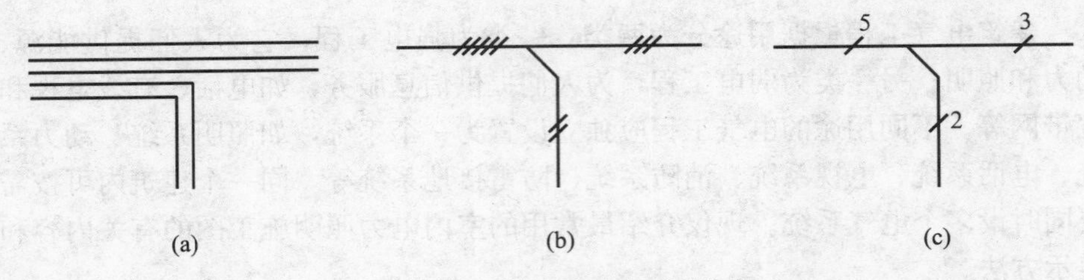

图 8-24　导线的表示法

当导线连接时，其画法如图 8-25 所示。当导线不连接，即跨越时，其画法如图 8-26 所示。

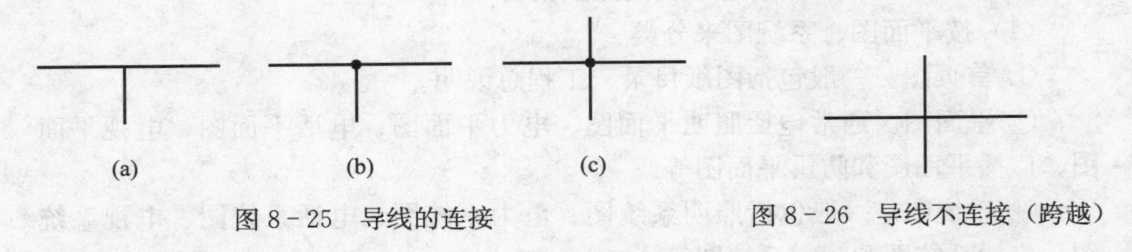

图 8-25　导线的连接　　图 8-26　导线不连接（跨越）

（2）建筑电气图形符号　建筑电气图中包含有大量的电气图形符号，各种元器件、装置、设备等都是用规定的图形符号表示的。根据《电气简图用图形符号》（GB 4728—2008），部分建筑电气施工图中常用的图形符号见表 8-8。

表 8-8　建筑电气施工图中常用的图形符号

图形符号	含　义	图形符号	含　义
	单相插座		单极开关
	单相插座（暗装）		单极开关（暗装）
	带接地插孔单相插座		双极开关
	带接地插孔单相插座（暗装）		双极开关（暗装）

（续）

图形符号	含 义	图形符号	含 义
	带接地插孔三相插座		三极开关
	带接地插孔三相插座（暗装）		三极开关（暗装）
	具有单极开关的插座		单极拉线开关
	带防溅盒的单相插座		延时开关
	配电箱		单极双控开关
	熔断器的一般符号		双极双控开关
	灯的一般符号		带防溅盒的单极开关
	荧光灯（图示为三管）		风扇的一般符号
	天棚灯		向上配线
	壁灯		向下配线

建筑电气图中还常用文字代号注明元器件、装置、设备的名称、性能、状态、位置和安装方式等。电气文字代号分基本代号、辅助代号、数字代号、附加代号四部分。基本代号用拉丁字母（单字母或双字母）表示名称，如“G”表示电源，“GB”表示蓄电池。辅助符号也是用拉丁字母表示，如“AUT”表示自动，“PE”表示保护接地。

根据《建筑电气工程设计常用图形和文字符号》（09DX001），部分建筑电气施工图中常用的文字符号见表 8－9。

表 8－9 建筑电气施工图中常用的文字符号

文字符号	含义	文字符号	含义	文字符号	含义
电光源种类					
IN	白炽灯	FL	荧光灯	Na	钠灯
I	碘钨灯	Xe	氙灯	Hg	汞灯
线路敷设方式					
E	明敷	C	暗敷	CT	电缆桥架
SC	钢管导线	T	电线管配线	M	钢索配线
P	用硬塑料管配线	MR	金属线槽配线	F	金属软管配线

（续）

文字符号	含义	文字符号	含义	文字符号	含义
线路敷设部位					
B	梁	W	墙	C	柱
P	地面（板）	SC	吊顶	CE	顶棚
导线型号					
BX(BLX)	钢（铝）芯橡胶绝缘线	BVV	钢芯绝缘线	BV（BLV）	钢（铝）芯塑料绝缘线
BXR	铜芯橡胶绝缘软线	BVR	铜芯绝缘软线	RVS	铜芯塑料绝缘绞型软线
设备型号					
XRM	嵌入式照明配电箱	KA	瞬时接触继电器	QF	断路器
XXM	悬挂式照明配电箱	FU	熔断器	QS	隔离开关
其他辅助文字符号					
E	接地	PE	保护接地	AC	交流
PEN	保护接地与中性线共用	N	中性线	DC	直流

（3）线路的标注方法　配电线路的标注格式为：

$$a-b(c\times d)e-f$$

其中　a——线路编号或线路用途的代号；

b——导线型号；

c——导线根数；

d——导线截面；

e——敷线方式符号及穿管管径；

f——线路敷设部分代号。

例如图中标注：3－BVV(4×6)TC25－WC，表示第三回路的导线为铜芯绝缘线，有4根，每根截面为6 mm^2，穿直径为25 mm的电线管敷设，暗敷设在墙柱内。

（4）照明灯具的标注方法　照明灯具的标注格式为：

$$a-b(c\times d/e)f$$

其中　d——灯具数；

b——型号；

c——每盏灯具的灯泡数；

d——灯泡功率（W）；

e——安装高度（m）；

f——安装方式，常见的安装方式代号有：CP 表示线吊式，Ch 表示链吊式，P 表示管吊式，W 表示壁装式，S 表示吸顶式，R 表示嵌入式等。

例如施工图中标注：2 - BKB140（3×100/2.1）W，表示有两盏型号为 BKB140 的花篮壁灯，每盏有 3 只灯泡，灯泡功率为 100 W，安装高度为 2.10 m，壁装式。为了图中标注简明，统称灯具型号可不注，而在施工图中写出。

二、室内电气照明施工图

室内电气照明施工图是建筑电气图中最基本的图样，一般包括电力照明平面图、配电系统图、安装和接线详图等。

1. 电气照明工程的基本知识

（1）室内电气照明工程的任务　将电力从室外电网引入室内，经过配电装置，然后用导线与各个用电器具和设备相连，构成一个完整、可靠和安全的供电系统，使照明装置、用电设备正常运行，并进行有效的控制。

（2）室内电气照明工程的组成

① 电源进户线。即室外电网与房屋内总配电箱相连接的一段供电总电缆线。

② 配电装置。对室内的供电系统进行控制、保护、计量和分配的成套装置，通常称为配电箱或配电盘。一般包括熔断器、电度表和电路开关。

③ 供电线路网。整个房屋内部的供电网一般包括供电干线（从总配电箱敷设到房屋的各个用电地段，与分配电箱相连接）、供电支线（从分配电箱连通到各用户的电表箱）和配线（从用户电表箱连接到照明灯具、开关、插座等，组成配电回路）。

④ 用电器具和设备。民用建筑内主要安装有各种照明灯具、开关和插座。普通照明灯有白炽灯、荧光灯等，与之相配的控制开关一般为单极开关，结构形式上有明装式、暗装式、拉线式、定时式、双控式等。各种家用电器如电视机、电冰箱、电风扇、空调器、电热器等，它们的位置一般是不固定的，所以室内应设置电源插座，插座分明装和暗装两类，常用的有单相两眼和单相三眼。

（3）供电方式　室外电网一般为三相四线制供电，三根相线（或称火线）分别用 L_1、L_2、L_3 表示，一根中性线（或称零线）用 N 表示。相线与相线间的电压为 380 V，称为线电压，相线与中性线间的电压为 220 V，称为相电压。根据整个建筑物内用电量的大小，室内供电方式可采用单相二线制（负荷电流小于 30 A)，或采用三相四线制（负荷电流大于 30 A)。

（4）线路敷设方式　室内电气照明线路的敷设方式可分为明敷和暗敷两种。

线路明敷时常用瓷夹板、塑料管、电线管、槽板等配线。线路沿墙、天棚或屋架敷设，线路明敷的施工简单，经济实用，但不够美观。

线路暗敷时常用焊接钢管、电线管、塑料管配线。先将管道预埋入墙内、地坪内、顶棚内或预制板缝内，在管内事先穿好铁丝，然后将导线引入，有时也可利用空心楼板的圆孔来布设暗线。线路暗敷不影响建筑的外观，防潮防腐，但造价较高。

（5）照明灯具的开关控制线路　照明灯具开关控制的基本线路，如图 8－27 所示为一只单联开关控制一盏灯，如果有接地线，还需要分别再加一根导线。线路图分别用多线表示法和单线表示法绘制，以便对照阅读。照明灯具的开关控制线路有多种形式，这里仅介绍最常见的一种，其他可参考有关的电气专业资料，它们的图示方法基本相同。

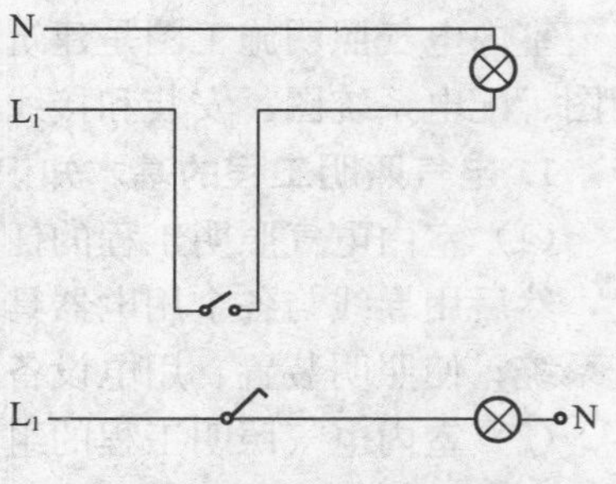

图 8－27　灯具控制的基本线路

2. 室内电气照明平面图　室内照明平面图是电气照明施工图中的基本图样，它表示室内供电线路和灯具等的平面布置情况。

（1）表达内容

① 电源进户线的引入位置、规格、穿管管径和敷设方式。

② 配电箱在房屋内的位置、数量和型号。

③ 供电线路网中各条干线、支线、配线的位置和走向，敷设方式和部位，各段导线的数量和规格等。

④ 照明灯具、控制开关、电源插座等的数量、种类、安装位置和相互连接关系。

（2）图示方法和画法

① 绘图比例。室内照明平面图一般与房屋的建筑平面图所用比例相同。土建部分应完全按比例绘制，而电气部分则可不完全按比例绘制。

② 土建部分画法。用细线简要画出房屋的平面形状和主要构配件，如墙柱、门窗等，并标注定位轴线的编号和尺寸。

③ 电气部分画法。配电箱、照明灯具、开关、插座等均按图例绘制，有

关的工艺设备只需用细线画出外形轮廓。供电线路采用单线表示法，用粗线（或中粗线）绘制，而且不考虑其可见性，一律画实线。

④ 平面图的剖切位置和数量。按建筑平面图来说，是在房屋的门窗位置剖切的，但在照明平面图中，与本层有关的电器设施（包括线路）不论位置高低，均应绘制在同一层平面图中。多层房屋应分层绘制照明平面图，如果各层照明布置相同，可只画出标准层照明平面图。

⑤ 尺寸标注。在照明平面图中所有的灯具均应按前述方法标注数量、规格和安装高度，进户线、干线和支线等供电线路也需按规定标注。但灯具和线路的定位尺寸一般不标注，需要时可按比例从图中量取。开关插座的高度通常也不标注，实际是按照施工及验收规范进行安装，如一般开关的安装高度为距地 1.3 m，拉线开关为 2～3 m，距门框 0.15～0.20 m。

图 8－28 为某沼气工程预处理间照明平面图。

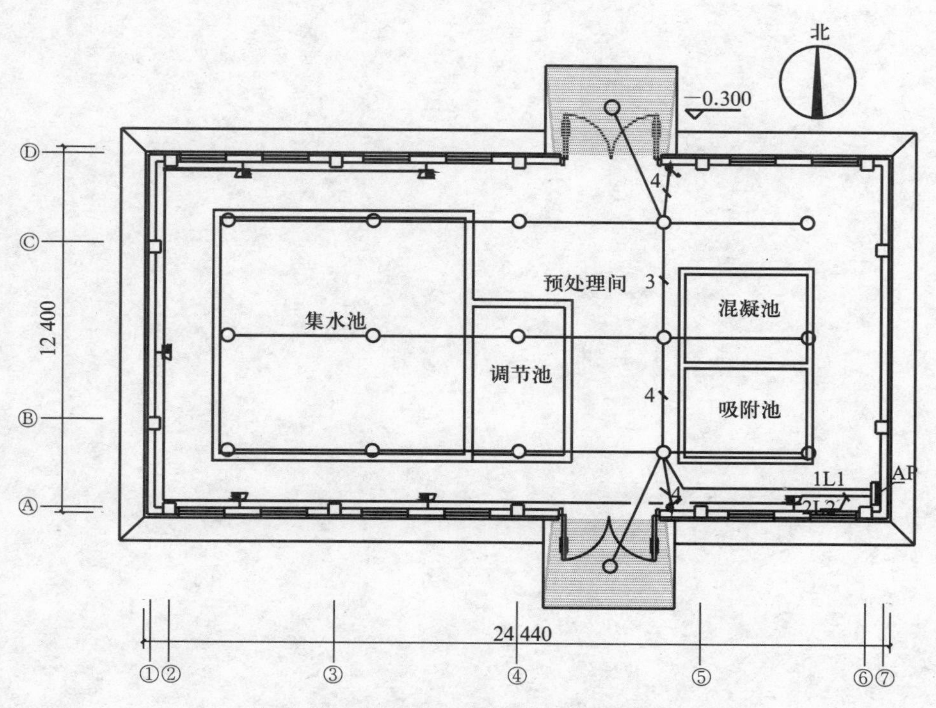

图 8－28　某沼气工程预处理间照明平面图

3. 配电系统图　一般的房屋除了绘制电力照明平面图外，还需要画出配电系统图来表示整个照明供电线路的全貌和连接关系。

（1）表达内容

① 建筑物的供电方式和容量分配。

② 供电线路的布置形式，进户线和各干线、支线、配线的数量、规格和敷设方法。

③ 配电箱和电度表、开关、熔断器等的数量、型号等。

（2）图示方法和画法　配电系统图是由各种电气图形符号用线条连接起来，并加注文字代号而形成的一种简图，它不表明电器设施的具体安装位置，所以它不是投影图，也不按比例绘制。

各种配电装置都是按规定的图例绘制，相应的型号注在旁边。供电线路采用单线表示，且画为粗实线，并按规定格式标注出各段导线的数量和规格。系统图能简明地表示出室内电力照明工程的组成、相互关系和主要特征等基本情况。

第九章

实例分析

第一节 户用沼气

在我国，沼气的研究与废弃物资源化处理、沼气发酵产物综合利用和生态环境保护等农业生产密切相关。近年来，逐步形成了以南方“三位一体”和北方“四位一体”为代表的农村沼气发展模式。

农村户用沼气池按容积分有 6 m^3、8 m^3 和 10 m^3 沼气池，按材料分有砖混结构沼气池、混凝土结构沼气池、玻璃钢沼气池和最近兴起的塑料沼气池、红泥沼气池等。

一、“三位一体”户用沼气池

“三位一体”的主要形式有“猪-沼-果”和“猪-沼-菜”，是以农村户用沼气为纽带，把农村养殖和种植有机结合起来的利用模式。沼气在解决群众生活能源的同时还能够带动生态养殖业和高效种植业的发展，同时改善了农村环境、提高了农民生活质量。

我国南方农村地区，推广“三位一体”生态模式，即在塑料大棚内一端的地下建沼气池，地上建设猪圈，棚内种植蔬菜。猪舍每天产生的粪水全部进入沼气池，在常温条件下产生沼气，沼气用来炊事，产生的沼液、沼渣是蔬菜生长的优质有机肥料，可以给果树、蔬菜施肥。另外，蔬菜的部分枝叶可作为猪的饲料或进入沼气池作为沼气发酵的原料。

一般的做法是一个面积 640 m^2 的塑料大棚（长 80 m、宽 8 m），配套 6～10 m^3 的沼气池。沼气池呈圆筒形，沼渣沼液的出料口安装搅拌器以方便出料，沼气管线通至大棚内设置的照明灯及厨房的炊具，灶具灯具要搭配合理，一个大棚内设置 1 台灶具，菜田内安装 4 盏沼气灯。沼气池的进料口与猪舍的下水道连通。猪舍建在沼气池上方，紧靠棚门，面积 30 m^2，养猪 4～5 头，四周设围墙，以防止猪窜圈。猪舍和菜田之间设置隔离墙，封闭分开，北高南低，利于采光及粪便入池。在隔墙距地面 0.7 m 和 1.5 m 处各设换气孔 1 个，便于猪舍和菜田之间气体交换。猪舍棚顶设卷帘式窗口，用于猪合与外界通风换气。猪舍每天产生 30 kg 粪水，全部进入沼气池，经过发酵后在常温条件下可产生 1.5 m^3 沼气，可满足一户一日三餐的炊事用气。

二、“四位一体”户用沼气池

“四位一体”的生态模式主要应用于我国的东北和西北等高寒地区。所谓“四位一体”是指“猪-沼-厕-果（蔬、粮）”生态农业建设模式，如图 9－1 所示。在北方地区，为提高沼气池的产气温度，一般把沼气池建在日光温室及养殖畜禽舍内。通常一座日光温室（塑料大棚），一个 20 m^2 的畜禽舍，一个 1 m^2的厕所，配套一座6～10 m^3 的沼气池。粪便污水经沼气池发酵产沼气，沼气用于取暖和炊事，沼液和沼渣用于日光温室内作物的施肥。

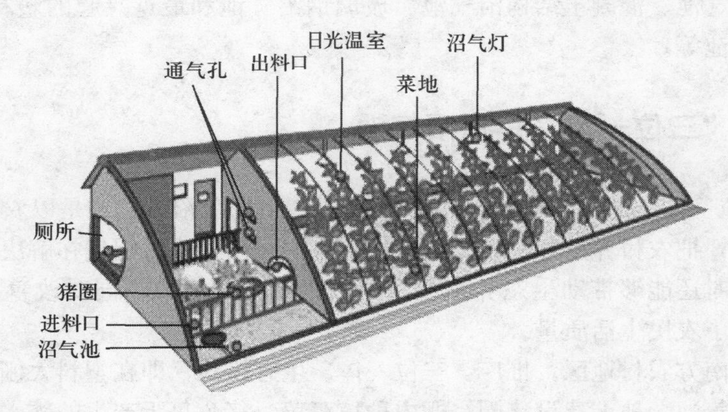

图 9－1　“四位一体”生态模式

第二节　大型沼气工程

一、养猪场沼气工程项目

1. 养殖场概况　新疆某养猪场，存栏 2 400 头父母代种猪，日产粪污 240 t，其中干物质含量为 6 t。采用水冲清粪工艺，冬季最小粪污量为 180 t。

2. 建设目标　通过沼气工程的建设对养殖场产生的粪便污水进行处理，最终出水达到《畜禽养殖业污染物排放标准》（GB 18596—2001）的规定要求，不对周围环境产生污染。沼气产气量达到 120 m^3/d。

3. 建设内容及规模　沼气工程场区预留总占地 3 863.4 m^2，具体建设内容包括污水提升井、集水池、沉淀池、酸化调节池、混凝沉淀池、好氧进料池、调节池、吸附池、滤池、预处理车间、操作间、净化间、锅炉房以及相应道路、绿化等公共配套工程。项目将建设 742 m^3 的升流式厌氧污泥床（UASB）、495 m^3 的序列间歇式活性污泥床（SBR）和储气柜等设施。日处理污水能力 240 t，污水处理后全部达标排放。

4. 工艺技术方案选择

（1）工艺选择原则

① 采用先进、成熟、运行可靠的沼气工程技术，适应企业的发展。

② 在保证沼气工程达到设计要求的前提下，尽量减少投资和运行成本。

③ 设备质量优良可靠，确保运行稳定，具有良好的性价比，创建“放心工程”。

④ 沼气系统力求操作管理简便，降低劳动强度。

该工程结合实际情况分析，为了出水达标排放，同时，也为了节省工程的运行费用和投资费用，采用搪瓷拼装板为主要池体材料。

（2）工艺技术流程　项目主要目的是出水达标，因此选择“能源环保型”处理工艺，前处理采用机械固液分离加沉淀，尽量去除水中的固形物，为后续处理创造良好条件。综合考虑工程的实际情况，尽量减少运行费用，在保证环境和社会效益的前提下，争取获得更好的经济效益，该工程选择“前处理＋厌氧＋混凝沉淀＋好氧＋吸附”联合处理工艺，确保出水水质达到标准规定的要求。工艺流程如图 9－2 所示。

① 预处理阶段。高浓度有机废水经污水提升井进入集水池，在污水提升井前的粪沟内设格栅，以清除污水中较大的杂物（包装袋等），由污水泵将粪污提升送进斜板挤压式固液分离机，进行固液分离，分离的粪渣人工清走用作有机肥原料或外卖。分离的污水进入集水池，集水池污水再泵入沉淀池内，经沉淀后的池体底部的污泥进入滤池，上清液自流进入酸化调节池，进行水质、水量的均质和水温的调节，再由污水泵泵入厌氧发酵罐。

② 厌氧处理阶段。酸化调节池的污水泵入厌氧发酵罐后，经发酵罐底部的进料布水系统均匀向上流动，经过常温厌氧发酵（15～25 ℃）使大部分有机污染物降解。自下向上流动的污水以及厌氧过程中产生的大量沼气起到一定的搅拌作用，使污水与厌氧污泥更加充分混合，有机质被吸附分解，从而使污

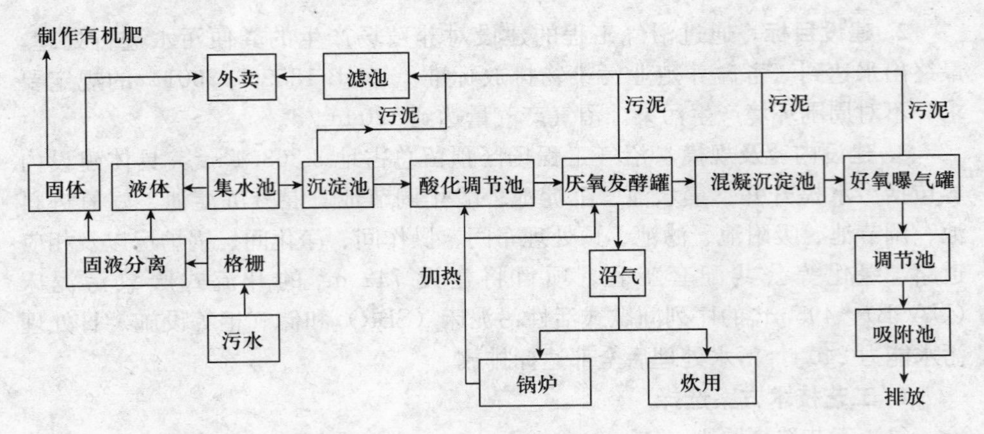

图 9-2　工艺流程图

水中有机污染物浓度大大降低。升流式厌氧污泥床上部设有三相分离器，废水、沼气及污泥在三相分离器内完成固、液、气的分离。沼气通过集气管线送至沼气净化、利用系统，出水进入后序好氧处理系统进行进一步处理，底部污泥排放到滤池中。

③ 混凝沉淀阶段。混凝沉淀的目的是去除水中悬浮物，使出水达到曝气池进水的水质要求。为保证去除率、节约占地面积，项目采用沉淀效果好的斜板沉淀池。斜板沉淀池对高悬浮物污水的处理效果较好，而且还具有构造简单、管理方便、抗冲击负荷能力强、工程投资相对较低等特点。

斜板沉淀池设计要求布水均匀、集水均匀、排泥彻底。该设计采用斜板沉淀池前端底部进水，使其均匀布水，在沉淀池出水段设置喇叭口集水管，解决均匀集水问题。为保证去除效果，在进水端增加絮凝（PAC）和助凝（PAM）加药系统一套。

④ 好氧处理阶段。该工程有机废水经混凝沉淀后出水进入后序好氧处理阶段，进一步处理达到《畜禽养殖业污染物排放标准》（GB 18596—2001）标准排放。好氧处理阶段的进水来自混凝沉淀的出水，水中的化学需氧量、生化需氧量、悬浮物，有机氮化合物、色度等指标超标。各污染物的去除方法如下。

a. 悬浮物（SS）的去除。污水中悬浮物的去除主要靠沉淀作用。污水中的无机颗粒和大直径的有机颗粒靠自然沉淀作用就可去除，小直径的有机颗粒靠微生物的降解作用去除，而小直径的无机颗粒（包括尺度大小在胶体和亚胶体范围内的无机颗粒）则要靠活性污泥絮体的吸附作用，与活性污泥絮体同时沉淀被去除。

为了降低出水中的悬浮物浓度，应在工程中采取适当的措施。例如，采用适当的污泥负荷以保持活性污泥的凝聚及沉降，采用较小的二次沉淀池表面负荷，采用较低的出水堰负荷，充分利用活性污泥悬浮层的吸附作用等。按照污水达标排放的要求，出水SS指标控制在20 mg/L以下。

b. 生化需氧量（BOD_5）的去除。污水中的生化需氧量（BOD_5）的去除是靠微生物的吸附作用和代谢作用，对污泥与水进行分离来完成的。

活性污泥中的微生物在有氧的条件下将污水中的一部分有机物合成新的细胞，将另一部分有机物进行分解代谢以获得细胞合成所需的能量，其最终产物是CO_2和H_2O等稳定物质。在这种合成与分解代谢过程中，溶解性有机物（如低分子有机酸等易降解有机物）直接进入细胞内部被利用，而非溶解性有机物则首先被吸附在微生物表面，然后被酶水解后进入细胞内部被利用。由此可见，微生物的好氧代谢作用对污水中的溶解性有机物和非溶解性有机物都起作用，并且代谢产物是无害的稳定物质。因此，可以使处理后的污水中残余生化需氧量（BOD_5）浓度很低。

c. 化学需氧量（COD_{cr}）的去除。污水中化学需氧量（COD_{cr}）去除的原理与生化需氧量（BOD_5）基本相同。其去除率取决于原污水的可生化性，它与污水的组成有关。

该工程处理的猪场废水固液分离后经厌氧处理的出水生化需氧量（BOD_5）和化学需氧量（COD_{cr}）比为0.3左右，废水碳氮比失调。因此在此段设计配水，调整碳氮比，采用好氧曝气处理，还可去除大部分的氮和磷。

d. 吸附过滤阶段。污水经过好氧曝气之后，化学需氧量（COD_{cr}）、生化需氧量（BOD_5）及氨氮等各项指标大幅降低，为保证污水进一步达到排放标准，再经过吸附过滤处理。吸附过滤在吸附池中完成，污水依次经过卵石、砾石和活性炭三层吸附材料后，水处理指标完全达到相关标准要求。

项目各流程污水处理指标见表9-1。

表9-1 项目各流程污水处理指标

序号	项目处理单元		化学需氧量	生化需氧量	悬浮物	氨氮	总磷
1	猪场排水（mg/L）		12 000	7 000	6 000	800	60
2	格栅	去除率（%）	0	0	10	0	0
		出水（mg/L）	12 000	7 000	5 400	800	60
3	污水提升井	去除率（%）	0	0	0	0	0
		出水（mg/L）	12000	7000	5400	800	60

（续）

序号	项目处理单元		化学需氧量	生化需氧量	悬浮物	氨氮	总磷
4	固液分离机	去除率（%）	30	30	55	30	30
		出水（mg/L）	8400	4900	2430	560	42
5	集水池	去除率（%）	0	0	0	0	0
		出水（mg/L）	8400	4900	2430	560	42
6	沉淀池	去除率（%）	40	30	60	30	30
		出水（mg/L）	5040	3430	972	392	30
7	酸化调节池	去除率（%）	5	5	10	5	5
		出水（mg/L）	4788	3259	875	373	29
8	厌氧曝气罐	去除率（%）	80	85	70	2	2
		出水（mg/L）	958	489	263	366	29
9	混凝沉淀池	去除率（%）	30	30	60	40	50
		出水（mg/L）	671	343	106	220	15
10	好氧进料池	去除率（%）	0	0	0	0	0
		出水（mg/L）	671	343	106	220	15
11	好氧曝气罐	去除率（%）	80	85	70	80	80
		出水（mg/L）	192	74	79	74	6
12	调节池	去除率（%）	5	5	30	0	0
		出水（mg/L）	183	71	56	74	6
13	吸附池	去除率（%）	20	20	50	20	20
		出水（mg/L）	147	57	28	60	5

注：去除率基数为上一阶段出水指标值。

5. 沼气基本参数 沼气基本参数见图9－2。

表9－2 沼气基本参数

沼气不同阶段	甲烷含量（%）	二氧化碳含量（%）	硫化氢含量（mg/m^3）	低热值（MJ/m^3）	高热值（MJ/m^3）	密度（kg/m^3）
产生的沼气	60	40	≤800	21.54	23.91	1.22
净化后的沼气	60	40	≤20	23.32	25.88	1.158

6. 物料平衡 猪场每天产生240 t污水，其中粪便量为6 t，采用水冲清粪工艺。项目正常运行时各工段水量及物料指标见表9－3。

表9-3　各工段水量及物料平衡表

序号	名称	进水量（t）	进水干物质浓度（%）	进水干物质量（t）	出水量（t）	出水干物质浓度（%）	出水干物质量（t）	滞留期（h）
1	粪沟	240	0.45	1.08	240	0.45	1.08	—
2	污水提升井	240	0.45	1.08	240	0.45	1.08	—
3	固液分离机	240	0.45	1.08	240	0.22	0.54	—
4	集水池	273.3	0.45	1.08	273.3	0.22	0.54	24
5	沉淀池	237.3	0.22	0.54	239.3	0.13	0.324	6
6	酸化调节池	239.3	0.13	0.3	239.3	0.13	0.324	6
7	厌氧发酵罐	239.3	0.13	0.324	239.2	0.02	0.06	72
8	混凝沉淀池	239.2	0.02	0.06	239.1	0.00	0.02	2
9	好氧进料池	239.1	0.00	0.02	239.1	0.00	0.02	6
10	好氧曝气罐	239.1	0.00	0.02	239.1	0.00	0.01	48
11	调节池	239.1	0.00	0.01	239.1	0.00	0	12
12	吸附池	239.1	0.00	0	239.1	0.00	0	2

7. 热量平衡计算　该工程的加温量主要用于酸化调节池内料液的升温和维持厌氧发酵罐的常温发酵。通过热水盘管的热交换进行传热加温。酸化调节池和厌氧发酵罐内，热水盘管设计图如图9-3和图9-4所示。

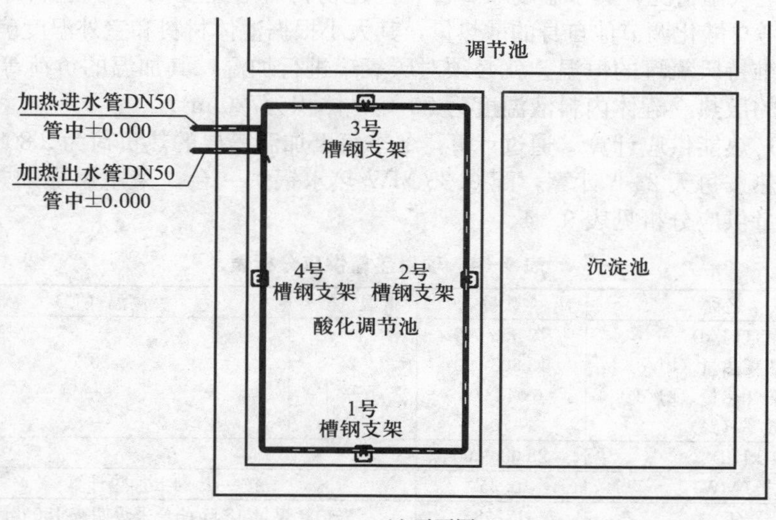

(a) 平面图

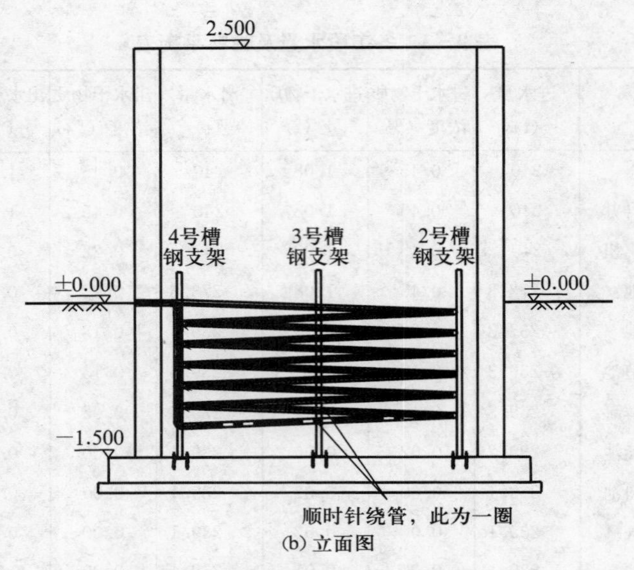

(b) 立面图

图 9－3　酸化调节池热水盘管设计图

（1）热负荷计算

① 酸化调节池进料加温负荷。进料加温是保证常温厌氧消化、保障去除效果的重要条件。为保证消化池在 20 ℃条件下正常运行，需要对进料进行升温。每天有 180 t 污水（按冬季最少量计算）需加温，利用热水锅炉对进料料液进行增温。根据当地气温情况，粪水温度取 2 ℃，上述物料需增温至 20 ℃。进料加温负荷中尚应考总酸化调节他自身的散热量，其大小根据池体材料和室外温度确定。

要维持厌氧罐的恒温，就必须对厌氧罐进行加温，其加温的负荷等于罐体和管道的散热。罐体内料液温度为 20 ℃，体积为720 m³。

（2）热能供应计算　通过计算，冬季每天加温需要的热负荷为 2 808 万 kJ。锅炉加热按每天 24 h 计算，配 0.35 MW 热水锅炉一台，采用燃煤加热方式。项目热量供应分析见表 9－4。

表 9－4　项目热量供应分析表

名称	数量	低温（℃）	高温（℃）
总耗热量（kJ/d）	19 656 000	—	—
料液加热耗热量（kJ/d）	13 608 000	2	20
罐体加热耗热量（kJ/d）	6 048 000	—	—
综合热效率（%）	70	—	—
供热量（kJ/d）	28 080 000		
配备锅炉（MW）	0.35	按一天 24 h 加热计算	
需煤量（t/年）	172.8	锅炉耗煤量 48 kg/h，采暖期按 150 d 计算	

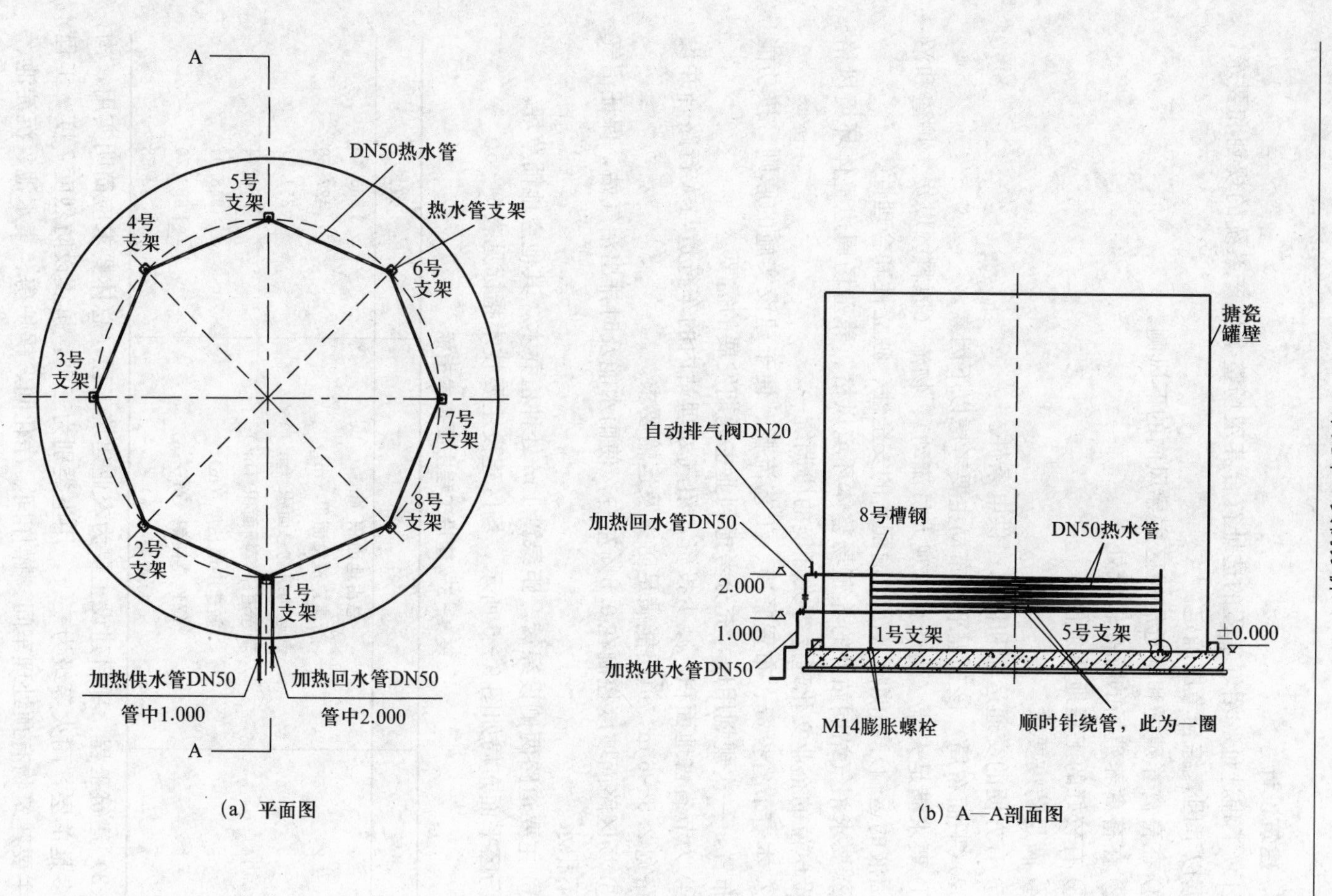

图9-4　厌氧发酵罐热水盘管设计图

8. 建筑设计

（1）工程选址　沼气工程的选址符合养殖场整个生产系统的规划和要求，并根据以下因素综合考虑确定。

① 在畜禽养殖场和附近居民区主导风向的下风侧。

② 在畜禽养殖场的标高较低处。

③ 有较好的工程地质条件。

④ 满足防疫要求。

⑤ 有方便的交通运输和供水、供电条件。

（2）平面布局　该工程平面布局主要考虑以下因素。

① 要求满足人流（生产和参观人员流动）、物流（原料、煤炭、炉渣和沼渣、沼液的运输）和能流（沼气输配）的安全性、独立性和合理性。

② 要求沼气站同站外的养殖场整体环境风格、养殖场周边整体环境风格和建设单位的企业文化理念等大环境的协调统一。

③ 本着节省投资、布置紧凑、工艺流畅、便于建设实施的原则，按功能区分布置，一次规划用地，充分考虑到业主远期发展的需要。

④ 为节省占地面积，减少投资，沼气处理站内的车行道与人行路合并设置，路宽 2.5～6 m，道路能满足防火及运输要求。

⑤ 场区路面坡度控制在0.5%左右，使雨水能及时排出沼气站，保证沼气站内不积水。

⑥ 主要道路两侧设绿篱，距绿篱 1 m 处种植乔木，其他空地铺草坪。

场区平面布局如图 9－5 所示，场区建设主要技术指标见表 9－5。

表 9－5　建设工程主要技术指标

序号	名　称	数量
1	总占地面积（m^2）	3 863.40
2	新建建筑总面积（m^2）	427.66
3	新建构筑物总面积（m^2）	354.57
4	新建道路广场面积（m^2）	894.44
5	新建围墙长度（m）	248.94
6	绿地总面积（m^2）	1 683.70
7	绿地率（%）	43.58

（3）建筑工程　项目建设主要为农业建筑工程，总体要求应简明实用，构筑物多是单层，耐火等级为三级，用电类别为三类，抗震设防烈度 7 度。工程建设主要建筑物有预处理车间、操作间、净化间、锅炉房、集水池、沉淀池、

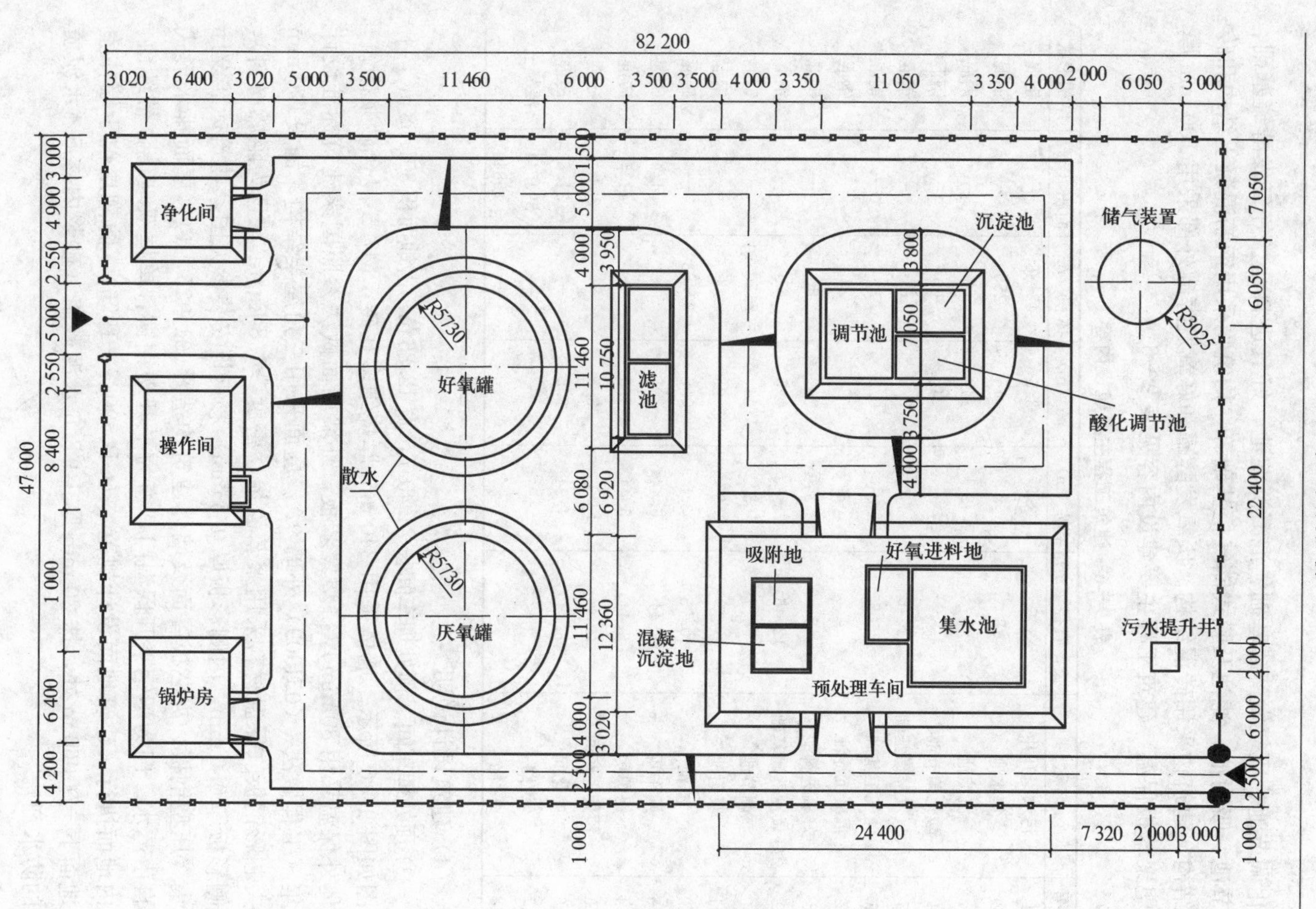
82 200
净化间
操作间
锅炉房
好氧罐
厌氧罐
R5730
R5730
散水
滤池
调节池
沉淀池
酸化调节池
储气装置
R3025
吸附地
好氧进料地
集水池
混凝
沉淀地
预处理车间
污水提升井
47 000
24 400
22 400

图9-5 场区平面布局图

酸化调节池、厌氧发酵罐基础、混凝沉淀池、好氧进料池、好氧发酵罐基础、调节池、吸附池、滤池及膜式储气柜基础等。构筑物采用钢筋混凝土结构和砖混结构，建筑物采用砖混结构。厌氧发酵罐和好氧发酵罐外部采用 100 mm 厚挤塑聚苯板保温。建筑工程主要建设内容见表 9-6。

表 9-6　建筑工程主要建设内容

序号	名称	长，直径（m）	宽（m）	高（m）	体积（m^3）	面积（m^2）	结构形式
1	污水提升井	3.5	3.5	3.5	42.88	—	钢混
2	集水池	8	8	4	256	—	钢混
3	沉淀池	5	3	4	60	—	钢混
4	酸化调节池	5	3	4	60	—	钢混
5	厌氧发酵罐基础	12.46	—	0.5	61	—	钢混
6	储气柜基础	7.05	—	0.5	39	—	钢混
7	混凝沉淀池	4	3	2	24	—	钢混
8	好氧进料池	5	3	4	60	—	钢混
9	好氧发酵罐基础	12.46	—	0.5	61	—	钢混
10	调节池	6	5	4	120	—	钢混
11	吸附池	4	3	2	24	—	钢混
12	滤池	10.75	3.5	0.8	37.63	—	砖混
13	操作间	8.44	6.44	3.5	—	54.4	砖混
14	锅炉房	6.44	6.44	4.5	—	41.5	砖混
15	预处理车间	24.44	12.44	3.5	—	304.0	砖混
16	净化间	6.44	4.94	3.5	—	31.8	砖混
17	道路	—	—	—	—	894.44	混凝土
18	绿化	—	—	—	—	1684	—

（4）建筑设计说明

① 预处理车间。预处理车间长 24.40 m，宽 12.36 m，占地面积 301.58 m^2。平面图如图 9-6 所示。墙体采用 240 mm 厚烧结多孔砖，M7.5 混合砂浆砌筑。墙体外保温采用 80 mm 厚挤塑聚苯板，外墙墙面做法参照国家建筑标准设计图集《工程做法》（05J909）外墙 9A。屋面采用三角屋架结构，铺设100 mm 厚夹芯彩钢板（保温材料采用聚苯乙烯，密度≥1.8 kg/m^3，且为阻燃材料），外侧彩板厚 0.6 mm，内侧彩板厚 0.5 mm。彩钢板安装参见国家建筑标准设计图集《压型钢板、夹芯板屋面及墙体建筑构造》（01J925-1）。屋面排水形式为自由落水。门为塑钢平开保温门，窗为平开塑钢窗，单框双玻璃，带纱窗。室内地面执行《建筑地面设计规范》（GB 50037—1996），防潮层位于墙体室内地面下－0.060 m 处，抹 20 mm 厚 1∶2.5 水泥砂浆（砂浆内掺 5%水泥质量的防水剂）。

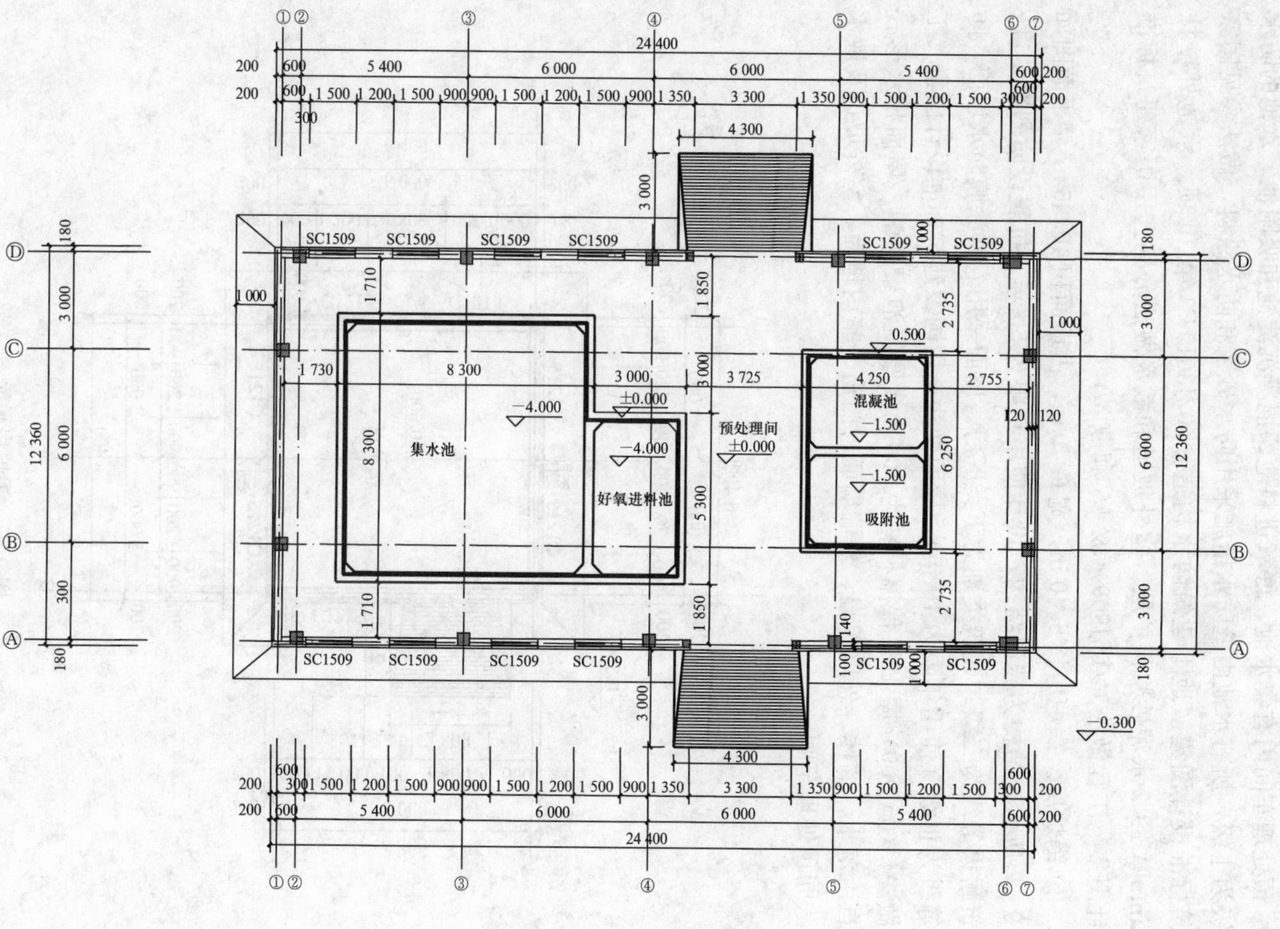

图9-6　预处理车间平面图

预处理车间内有集水池、好氧进料池、混凝沉淀池和吸附池。水池的防水等级为Ⅰ级，所有水池内壁防水措施采用防水砂浆和防水涂料，做法参见国家建筑标准设计图集《地下建筑防水构造》(02J301)P9 第 19 项。水池外壁抹 20 mm厚 1∶2 水泥砂浆保护层。室外坡道和散水做法分别选用国家建筑标准设计图集《工程做法》(05J909) 坡 4A 和散 3A。

② 锅炉房。锅炉房长 6.40 m，宽 6.40 m，占地面积 40.96 m^2。平面图如图 9-7 所示。结构为砖混结构，设计使用年限为 50 年，抗震设防烈度 7 度；建筑耐火等级为二级；建筑类别为丁类厂房。屋面采用卷材涂膜防水屋面，防水等级为Ⅲ级（使用年限为 10 年），屋面做法选用国家建筑标准设计图集《工程做法》(05J909) 屋 13，保温材料为 100 mm 厚发泡聚氨酯。屋面排水形式为自由落水。墙体、外墙保温、外墙墙面、门窗、室内地面、室外坡道及散水做法同预处理车间。

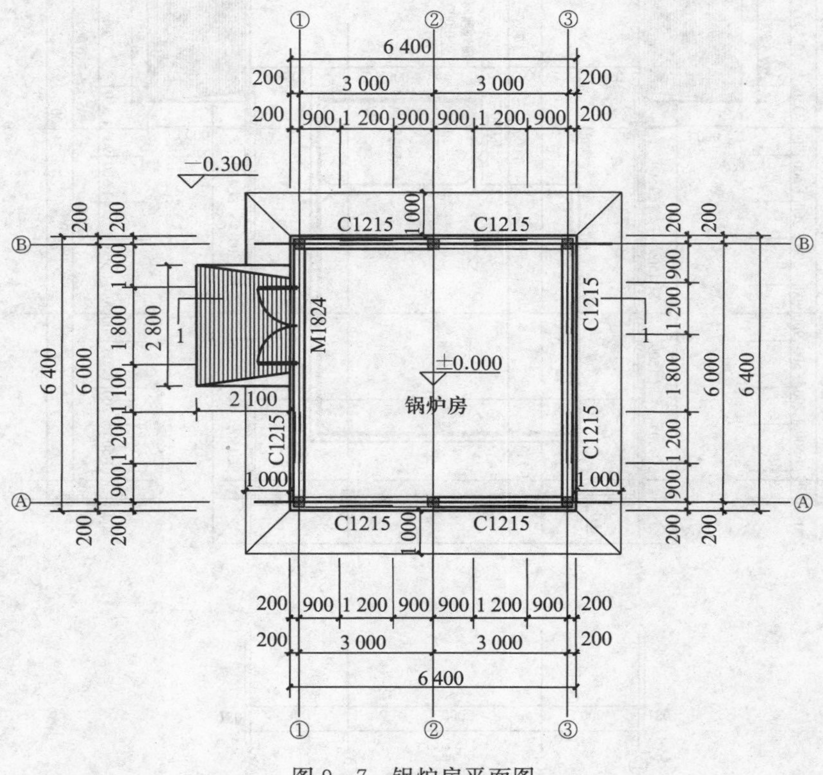

图 9-7　锅炉房平面图

（3）道路。场区道路做法如图 9－8 所示。

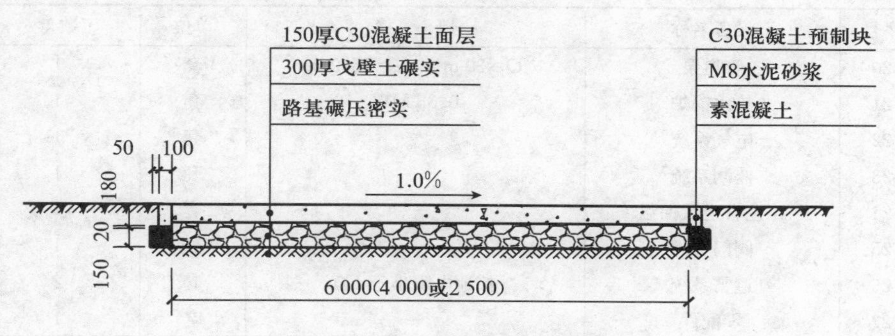

图 9－8　场区道路做法示意图

9. 设备选型　设备主要包括预处理、厌氧发酵、好氧曝气、沼气储存、沼气净化和利用过程中必需的设备。其具体选型见表 9－7。

表 9－7　设备选型一览表

序号	设备名称	规　　格	单位	数量
1	格栅	非标准	个	1
2	固液分离机	$Q=20\ m^3/h$，$P=4\ kW$	台	1
3	潜污泵	$Q=30\ m^3/h$，$H=13\ m$	台	4
4	厌氧发酵罐	$D=11.46\ m$，$H=7.2\ m$	m^3	742
5	好氧发酵罐	$D=11.46\ m$，$H=4.8\ m$	m^3	495
6	进料布水装置	非标	套	1
7	池内管道系统	非标	套	1
8	三相分离器	非标	套	1
9	曝气系统	7.5 kW	套	2
10	双层充气膜	100 m^3	套	1
11	气柜附件	—	套	1
12	增压系统	$P=0.4\ kW$	套	1
13	滗水器	200 t/h，304 不锈钢	套	1
14	加温系统	—	套	1
15	干式脱硫塔	20 m^3	套	2
16	除尘器	20 m^3	套	2
17	混凝设备	6～20 L/h，$P=0.8\ MPa$	套	1
18	凝水器	20 m^3	套	1
19	温度传感器	供电 24VDC；精度 0.5%	套	4

（续）

序号	设备名称	规　格	单位	数量
20	管道泵	Q=20 m³，H=15.9 m	套	1
21	热水锅炉	0.35 MW	套	1
22	电气系统	—	套	1
23	监测系统	—	套	1
24	工艺管道及保温	—	套	1
25	阀门管件	—	套	1
26	避雷系统	接地电阻小于 4 Ω	套	2
27	零配件	—	套	1

项目选型设备大部分为现场采购，个别设备如进料布水装置、三相分离器等为现场加工。厌氧发酵罐内的进料布水装置加工示意图如图 9－9 所示。进水管线在罐体外通过分水器分成 5 组进水管线，5 组进水管线平均分配到罐底，每组管线加工大样如图 9－10 所示。

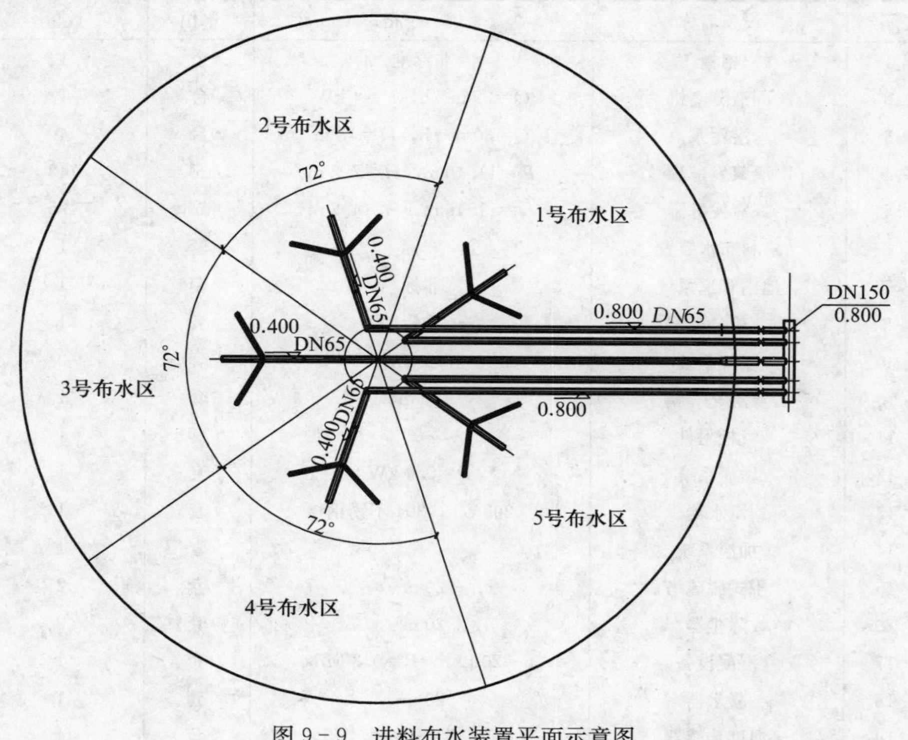

图 9－9　进料布水装置平面示意图

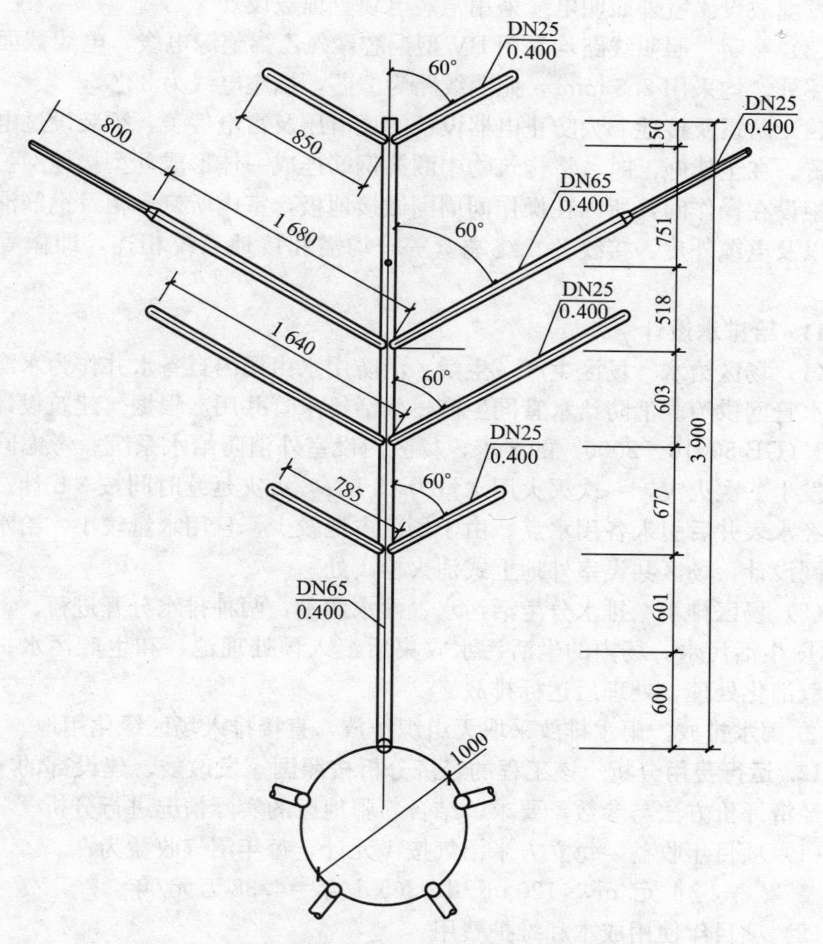

图 9-10　单个布水区布水管线平面布置图

10. 电气设计　该工程装机功率为 33 kW，均为 380/220 V 低压设备，单机容量最大为 5.5 kW，日耗电量为 500 kW·h。

（1）配电系统　该工程电源由站区配电室将 380/220 V 三相四线制引入控制室内，经操作间内总配电柜供各用电点。总配电柜上安装有电压表、电流表和电度表，以监测整个处理装置的用电情况。动力设备均采用三相 380 V 供电，照明采用单相 220 V 供电。

（2）电缆敷设　对于室外电缆敷设根数较多的线路可设置电缆沟，其他电缆根数较少的线路可采用铜芯聚氯乙烯绝缘电缆穿镀锌钢管的方式敷设或铠装电缆直埋敷设。室外照明电缆采用铠装电缆直埋敷设。

（3）照明　照明线路均采用BV型铜芯聚氯乙烯绝缘电线，电线截面除特殊标注外，均采用2.5 mm^2，照明线路为2芯，插座电线为3芯。

（4）防雷及接地　为防止电器设备的过电压及雷电侵袭，须装设过电压保护装置。在土建施工时，将构筑物中圈梁钢筋连成一体形成环型接地网。由于配电柜设在操作间，所以在操作间周围做接地极，室内所有盘柜及钢筋混凝土架构以及电缆外皮、接线盒、终端盒等，均需和接地系统相连，即做等电位连接。

11. 给排水设计

（1）场区给水　场区生产、生活、消防用水由场内自备水井作为水源，通过给水管网供给。消防给水管同生产、生活给水管共用。根据《建筑设计防火规范》（GB 50016—2006）的要求，场区内设室外消防给水系统。考虑同一时间内发生一次火灾，一次灭火用水量为15 L/s，火灾延续时间按3 h计。给水主管经水表井后引入各用水点。由于场区占地较少，且用水量较小，给水按枝状管网设计，场区共设室外地上式消火栓1处。

（2）场区排水　排水分生活污水、雨水两种，两种排水分开进行。

① 生活污水。场内的生活污水收集后汇入预处理池，和生产污水一起进行厌氧消化处理，处理后达标排放。

② 雨水排放。雨水排放采取无组织排放，直接排入场区绿化用地。

12. 运行费用分析　该工程的经济分析按照国家发改委、建设部的《建设项目经济评价方法与参数》要求，结合新疆地区的实际情况进行分析。

（1）项目年收益　每立方米沼气按1元计，每年沼气收益为：

$$1\text{ 元}/m^3\times 120\ m^3/d\times 365\ d/\text{年}=4.38\text{ 万元}/\text{年}$$

（2）项目年使用成本和维护费用

① 维护费用。每年用于系统的维护费用按建设投资1%计，约为3.6万元。

② 电费。电费按0.6元/度计算，全年运行所需电费约为：

$$0.6\text{ 元}/\text{度}\times 500\text{ 度}/d\times 365\ d/\text{年}=10.95\text{ 万元}/\text{年}$$

③ 管理成本。沼气站工作人员设计为3人，按每人平均月工资1 200元计算，则沼气站每年人员成本约为：

$$1200\text{ 元}/\text{人}\cdot\text{月}\times 3\text{ 人}\times 12\text{ 月}=4.32\text{ 万元}$$

同时企业管理费取人工费用的10%，约0.45万元。

④ 燃煤费。煤价按900元/t计算，全年燃煤172 t，则全年的燃煤费

用为：

$$900 \text{ 元/t} \times 172 \text{ t} = 15.48 \text{ 万元}$$

⑤ 其他费用。其他费用包括生产过程中的各种辅助材料，如絮凝剂等，每年估计约为 6 万元。

综合上述分析，沼气站年运行成本约为：

运行总成本＝维护费用＋电费＋管理成本＋燃煤费＋其他费用

＝3.6 万元＋10.95 万元＋4.32 万元＋0.45 万元＋15.48 万元＋6 万元

＝40.8 万元

扣除沼气收入，每年的净运行成本为 36.42 万元，也就是该项目进行污水达标处理的运行费用。

二、养牛场沼气工程项目

1. 养殖场概况　天津市某养牛场，占地为 487 亩，其中牛舍及运动场占地 387 亩，办公室、饲草饲料库、青贮坑及绿化占地 100 亩，固定资产 2 400 万元，流动资金 200 万元。公司所养奶牛品种系中国荷斯坦奶牛，现存栏 1 200头，日产无公害鲜牛奶 10 t 以上，是集养殖、饲料加工及奶牛科学研究与应用于一体的综合性畜牧养殖企业。

2. 建设内容及规模　沼气工程位于奶牛养殖场区内，总占地 1 600 m^2。主要建筑物包括粪污预处理车间、发电机房、锅炉房、净化车间、设备控制室和办公室；主要构筑物包括进料池、沼液回流池、集水池和厌氧发酵罐。其中厌氧发酵罐直径为 12.22 m，高度 8.4 m，总容积约为 1 000 m^3，结构类别为搪瓷钢板拼装结构。沼气储气装置为一体化双层储气膜，直径为 12.22 m，高度为 4.48 m，总容积为 450 m^3。沼气工程日处理养殖场奶牛粪污 30 t，正常运营期间日产沼气800 m^3，日产沼渣沼液 25 t。

3. 粪污处理工艺流程　项目采用全混合厌氧消化反应器（CTRS）工艺进行厌氧发酵。牛场污水经管道输入集水池，按发酵料液浓度为 9%所需污水稀释牛粪，在匀浆进料池经搅拌和加温达到所需浓度后由螺杆泵或潜污泵泵入厌氧发酵罐，经过 20 d 的厌氧发酵，产生沼气。产生的沼气经脱硫脱水后部分供给沼气锅炉，部分供给沼气发电机，剩余部分供场区食堂炊事用气。产生的沼渣沼液混合物料汇集到回流池，部分用于调节进料，剩余部分用于农田灌溉，达到经济、社会和生态环保效益的高度和谐和统一。项目工艺流程如图 9－11所示。

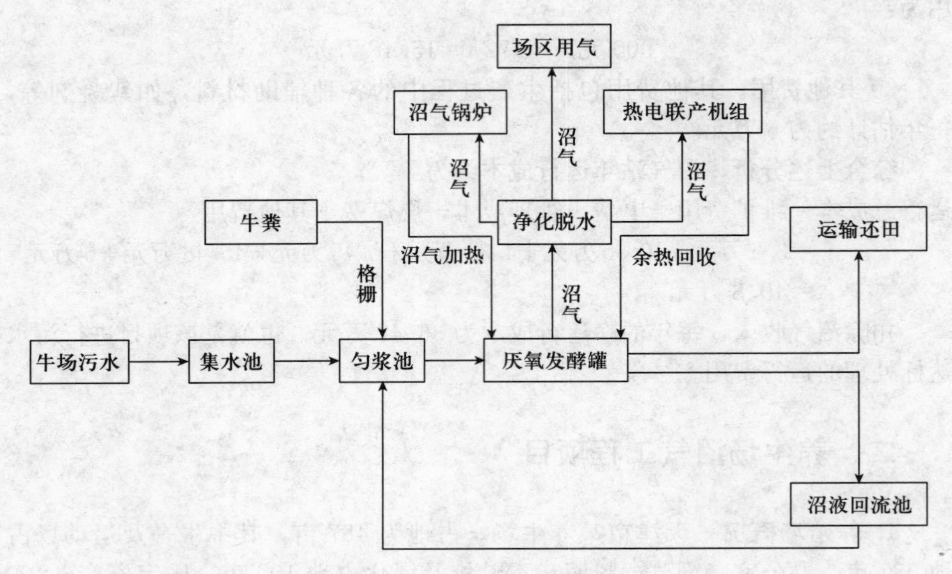

图 9-11　项目工艺流程图

4. 土建工程　发电机房、锅炉房、净化车间、设备控制室和办公室为砖混结构。基础为 C20 条形基础，厚度为 0.2 m，宽度为 1 m，基础埋深 0.8 m。墙体为 MU10 红机砖、M5 水泥砂浆砌筑。门窗采用玻璃塑钢窗。该工程装饰装修做法比较简单，内外墙为一般装饰抹灰，地面为水泥砂浆面层。

厌氧发酵罐基础为钢筋混凝土，直径为 13.32 m，砼标号为 C30，钢筋混凝土厚度为 0.5 m；基础垫层为 100 mm 厚 C10 混凝土。

粪污预处理车间由两部分组成，一部分为进料车间，另一部分为处理车间。其中进料车间为砖混结构，基础为 C20 条形基础，厚度为 0.2 m，宽度为 1 m，基础埋深 0.8 m。墙体为 MU10 红机砖、M5 水泥砂浆砌筑。屋架为钢屋架，檩条为 C 型钢，屋面采用聚苯彩钢板。檐口高度为 3.8 m。进料车间中设置一个泵坑，长宽深分别为 4 m、2.5 m 和 2 m。处理车间整体为单坡面日光温室结构，长 18 m，跨度 8 m；车间内有集水池、沼液回流池和匀浆进料池，各个池体大小相同，均为砖混结构，长宽深分别为 5.5 m、5.5 m 和 2.4 m。

5. 设备选型　项目工艺为能源生态模式，采用全混合厌氧消化反应器（CTRS）工艺，选取搪瓷拼装罐作为发酵容器，发酵和产气一体化结构。所产沼气用于沼气发电，配备 60 kW 的沼气发电机组一套，并配备余热回收装置。项目设备选型见表 9-8。

表 9-8　项目设备选型一览表

序号	名称	规　　格	单位	数量
1	隔栅	—	套	1
2	厌氧发酵罐	直径 12.22 m，高 8.4 m，体积 985 m^3	套	1
3	双层充气膜	体积 300 m^3	套	1
4	罐内管线	—	套	1
5	罐体保温	—	m^2	360
6	增压系统	—	套	1
7	温度显示系统	—	套	2
8	侧式搅拌机	5.5 kW	台	2
9	螺杆泵（新增）	—	台	1
10	潜水污泥泵（备用）	流量≥15 m^3/h，扬程≥10 m	台	2
11	潜水无阻塞切割泵	流量≥50 m^3/h，扬程≥20 m	台	1
12	搅拌桨	转速 30 r/min，功率≥5 kW	台	1
13	水封罐	—	套	2
14	脱硫塔	60 m^3/h	套	2
15	气水分离器	—	套	2
16	管路、管件	—	套	1
17	仪器、仪表	—	套	2
18	阻火器	—	套	3
19	动力控制系统	—	套	1
20	发电机	60 kW	组	1
21	罐内加热管线	—	套	1
22	发电机余热换热器	—	套	1
23	换热水泵	—	台	2

主要参考文献

樊京春，赵永强，秦世平，等．2009. 中国畜禽养殖场与轻工业沼气技术指南［M］. 北京：化学工业出版社．

符芳．2001. 建筑材料［M］. 南京：东南大学出版社．

国家发展和改革委员会 建设部编著．2006. 建设项目经济评价方法与参数（第三版）［M］. 北京：中国计划出版社．

胡纪萃，周孟津，左剑恶，等．2003. 废水厌氧生物处理理论与技术［M］. 北京：中国建筑工业出版社．

黄福明，蒲昌权，郑开敏，等．规模猪场沼气工程财务评价［J］. 现代农业科技，2004（24）：239－240.

江正荣．2009. 建筑施工工程师手册［M］. 北京：中国建筑工业出版社．

梁亚娟，樊京春．养殖场沼气工程经济分析［J］. 可再生能源，2004，115(3)：49－50.

林聪．2007. 沼气技术理论与工程［M］. 北京：化学工业出版社．

罗康贤．2008. 建筑工程制图与识图［M］. 广州：华南理工大学出版社．

农业部发展计划司等编．1999. 农业项目经济评价实用手册（第二版）［M］. 北京：中国农业出版社．

农业部人事劳动司，农业职业技能培训教材编审委员会编．2004. 沼气生产工（上册）［M］. 北京：中国农业出版社．

农业部人事劳动司，农业职业技能培训教材编审委员会编．2004. 沼气生产工（下册）［M］. 北京：中国农业出版社．

齐岳，郭宪章．2011. 沼气工程系统设计与施工运行［M］. 北京：人民邮电出版社．

宋洪川．2011. 农村沼气实用技术（第二版）［M］. 北京：化学工业出版社．

周孟津，张榕林，蔺金印．2008. 沼气实用技术［M］. 北京：化学工业出版社．

张全国．2009. 沼气技术及其应用（第二版）［M］. 北京：化学工业出版社．

住房和城乡建设部工程质量安全监管司．2009. 全国民用建筑工程设计技术措施：建筑产品选用技术（建筑·装修）［M］. 北京：中国计划出版社．

图书在版编目（CIP）数据

沼气工／周长吉主编．—北京：中国农业出版社，
2013.8
（新农村能工巧匠速成丛书）
ISBN 978－7－109－18148－9

Ⅰ.①沼…　Ⅱ.①周…　Ⅲ.①沼气工程　Ⅳ.
①S216.4

中国版本图书馆CIP数据核字（2013）第172589号

中国农业出版社出版
（北京市朝阳区农展馆北路2号）
（邮政编码 100125）
责任编辑　何致莹　黄向阳

北京中科印刷有限公司印刷　新华书店北京发行所发行
2013年10月第1版　2013年10月北京第1次印刷

开本：720mm×960mm　1/16　印张：18.25　插页：5
字数：350千字
定价：40.00元